오은영 박사가 전하는
금쪽이들의
진짜 마음속

오은영 박사가 전하는
금쪽이들의 진짜 마음속

초판 1쇄 발행일 | 2022. 5. 25.
초판 11쇄 발행일 | 2022. 8. 10.

지은이 | 오은영
그림 | 차상미

발행인 | 유정환
제작총괄 | 문재웅
기획편집 | 김미연
디자인 | 심종욱 (에고이드)
마케팅 | 신효순
발행처 | 오은라이프사이언스㈜
등록 | 2021년 9월 23일(제 2021-000127호)
주소 | 경기도 용인시 기흥구 흥덕중앙로 55, 리써밋타워 510호
전화 | (070)4354-0203
저작권자 | ©오은영, 2022

값은 뒤표지에 있습니다.
ISBN 979-11-92255-32-3(13590)

오은영 **박사**가 전하는

금쪽이들의
진짜 마음속

오은영 지음

OEUN

아이들이 말하는
'우리들의 우상'

2021년 11월, 제 인생에 정말 잊지 못할 사건(?)이
있었습니다. '초록우산 어린이재단'이라는 아동복지
단체에서 제게 '우리들의 우상' 상을 주셨거든요. 조
금 잘난 척하는 것처럼 들릴 수도 있습니다만 저는 그
동안 많은 상을 받아왔습니다. 그중 감사하고 소중하

지 않은 상은 없어요. 하지만 '우리들의 우상' 상을 받고는 정말 가슴이 울컥하며 감격했습니다. 100여 명의 어린이 심사위원이 직접 후보를 뽑고 2,787명의 아이들이 고사리 같은 손으로 직접 투표해 수여한 상이었거든요. 상을 주면서 아이들이 이렇게 말했어요. "우리를 보호해주시고 사랑해주시고 우리의 권리를 존중해주시고, 우리 부모님들을 잘 가르쳐주셔서 감사합니다." 아, 그 많은 아이들이 이 상을 저에게 준 그 절절한 마음이 느껴져 수상 소감을 말하는 내내 눈물을 참을 수가 없었습니다.

아이들은 우리의 마음에 언제나 별입니다. 우리가 길을 헤맬 때, 아이들은 캄캄한 밤하늘에 반짝반짝 빛나는 별과 같은 존재라고 생각해요. 아이를 이해하는 것은 인간을 이해하는 것이라고 믿습니다. 그리고 한 가정이, 사회가, 국가가 아이를 어떻게 대하고 어떻게 다루고 어떻게 교육하고 어떻게 존중하느냐가 결국은 그 가정이, 사회가, 국가가 사람을 보는 시각이라고 생각합니다. 그런 생각으로 지금까지 아이들의 건강과 행복과 권리를 위해 열심히 달려왔어요. '우리들의 우상' 상으로 다시 저의 소명을 확인한 듯하였습니다. 더불어 어떠한 어려움이 있어도 "우리들을 꼭 지켜주세요"라는 아이들 마음의 외침을 듣는 듯하였습니다. 가슴이 벅차오르며 눈물이 흐른 것은 그 때문이었어요. 그날 제가 살아 있는 한 아이들을 위해서 열심히 제 역량을 다해야겠다고 수도 없이 다짐하고 또 다짐했습니다.

사실 '우리들의 우상'이라니요, 과분합니다. 그런데 아이들은 정말 그래요. 자신의 마음을 알아주고 보호해주는 사람을 '우상'이라고까지 여깁니다. 마음을 알아주면 아이 마음 안에 작은 촛불이 켜져요. 그 작은 촛불이 아이 마음을 온통 밝게 만듭니다. 내 마음에 불을 밝혀주는 사람, 아이들에게는 '우상'이에요. 부모가 숱한 잘못을 하고도 미안하다고 용서를 구하면 아이들은 달려와서 꼭 안깁니다. 아이들은 부모들이 생각하는 것보다 부모를 더 사랑해요. 그래서 지금 어떤 상황이든 부모가 아이의 마음을 알아주려고 노력하면, 아이들은 아주 조금일지라도 부모를 보는 눈이, 부모에게 하는 행동이 달라집니다. 아이들은 부모가 자신의 마음을 알아주고 자신의 말을 들어주고 자신을 이해해주는 것을 가장 원하기 때문이에요.

제가 진행하는 <요즘 육아 금쪽같은 내 새끼>라는

TV 프로그램에는 매회 아이에게 직접 속마음을 들어 보는 코너가 있습니다. 아이의 상상 친구 '말하는 코끼리'가 아이 목소리로 몇 가지 질문을 합니다. 그 질문이 엄청나게 특별하고 예리한 것은 아니에요. 우리 부모들도 언젠가 해봤을 그런 것입니다. 그런데 아이들은 촬영 중이라는 것도 개의치 않고 때로는 활짝 웃으면서 때로는 울먹이면서 자신의 마음을 이야기해요. 진심으로 아이의 마음을 궁금해하고, 아이의 목소리를 들으려 하고, 아이의 입장을 이해하고 싶어 하면, 아이는 이렇듯 자신을 열어줍니다. 부모에게 자신을 전하고 싶어 자신을 열어 보여줍니다. 그리고 뒤늦게 아이들의 마음을 알게 된 부모들은 하나같이 "저런 마음인 줄 몰랐어요" 하면서 눈물을 흘려요.

아이의 진정한 마음을 안다면 세상의 어떤 부모도 아이를 오해하지 않아요. 아이의 문제를 대하는 자세가 달라집니다. 아이는 부모가 자신의 마음을 알아주는 것에 큰 힘을 얻어요. 부모의 도움을 적극적으로 받아 자신의 문제를 풀어내려고 애씁니다. 그 과정에서 아이의 많은 것이 정말 기적적으로 좋아집니다. 프로그램의 마지막에 엄마를 싫어했던 아이도, 아빠를 무서워했던 아이도, 거짓말을 일삼았던 아이도, 징글징

글하게 부모 말을 듣지 않았던 아이도 부모를 향해 환하게 웃으며 안기는 모습을 보셨을 거예요. 그러면 아직 아이의 문제가 다 풀린 것도 아닌데 부모들 또한 그 어느 때보다 행복한 얼굴이 되었습니다. 부모도 아이와 그렇게 편안한 관계이기를 무엇보다 바랐던 것이지요. 아이의 마음을 알게 되면, 아이의 목소리를 듣게 되면 누구보다 가장 달라지는 사람이 사실은 부모입니다. 부모는 아이를 사랑할 수밖에 없는 존재거든요. 부모는 아이를 포기할 수 없는 존재이기 때문입니다.

이 책은 2012년 초에 출간했던 『아이의 스트레스』에 다시 숨을 불어넣어 새롭게 다듬은 책입니다. 당시 여러 가지 사정으로 출간된 지 얼마 되지 않아 절판되었었어요. 그런데 '우리들의 우상' 상을 받으며, 『아이의 스트레스』가 떠올랐습니다. 저의 어떤 책보다 '아이의 마음', '아이의 목소리'가 많이 담겨 있었기 때문이지요. 이번 겨우내 아이들과 부모들을 생각하면서 더하기도 하고 덜어내기도 하면서 이 책과 시간을 보냈습니다. 우리 아이들의 이 마음과 목소리를 어떻게 하면 더 생생하게 부모들의 마음에 가닿도록 전할까 고민이 점점 더 깊어졌습니다. 그리고 긴긴 겨울을 지나 어느덧 봄이 오듯 『금쪽이들의 진짜 마음속』도 새롭게 움이 터서 세상에 나오게 되었네요.

　요즘 부모들을 만나면 깜짝 놀라곤 해요. 내 아이에 대해 정말 많은 것을 알고 있습니다. 아이의 성격이 어떤지, 어떤 것을 좋아하고 싫어하는지, 어느 부분에 스트레스를 받는지 어느 정도는 파악하고 있어요. 여러 매체를 통해 아이에 대해 공부를 많이 한 덕분일 겁니다. 그럼에도 정작 아이의 문제는 더 심해지는 경우가 종종 있었어요. 그 공부에 '아이의 사정', '아이의 마음', '아이의 목소리'가 빠져 있었기 때문이 아닌가 생각합니다. 힘든 것은 아이인데 당사자를 빼놓고 제3자들끼리 해답을 연구한 것이지요.

　어른들의 시각으로, 어른들이 보기에 불편한 아이의 문제를 없애주려고만 하는 경우가 많았어요. 어른들이 원하는 방향으로 아이의 행동을 통제하기 위해 아이의 문제를 해결하려고 하는 경우가 많았습니다. 아이에게 무엇이 불편한지를 묻고, 아이가 좀 더 마음 편하게 생활할 수 있는 방향으로 아이의 문제를 풀지 않았어요. 그러다 보니 아이에게는 문제가 아닌데 문제로 보고 과잉 반응한 것도 있고, 아이에게는 정말 심각한 문제인데 별것 아닌 것처럼 지나쳐 버리는 것도 있었습니다. 또 문제를 해결해 주려다가 더 큰 문제를 유발하기도 했어요.

『금쪽이들의 진짜 마음속』에는 제가 임상 현장에서 만난 아이들의 진짜 마음이 담겨 있습니다. 아이들이 정말 힘들어하는 것은 무엇인지, 그때 아이의 마음은 어떤지 아이의 목소리로 자세히 전하려고 했어요. 더불어 그럴 때 부모는 아이를 어떻게 대하면 좋을지도 담았습니다. 육아는 아이와 부모의 마음의 다리가 연결되는 것이 중요해요. 진심으로 마음을 알아주면 마음의 다리가 연결됩니다. 마음의 다리가 연결되면 그 사람을 신뢰하게 되고 관계가 친밀해져요. 부모는 아이에 대한 많은 것을 깨닫게 됩니다. 그렇게 되면 부모는 분명 아이를 더 믿게 되고 아이를 진정으로 돕는 길을 스스로 찾아가게 될 거예요. 부모는 신이 모든 곳에 있을 수 없기에 아이 옆에 보내진 사람들입니다.

아이는 우리에게 깜깜한 밤하늘 반짝반짝 빛나는 별이에요. 그리고 우리는 그 별을 품고 있는 아이의 단 하나뿐인 우주입니다. 별이 귀한 만큼 우주도 소중합니다.

함께, 아이들에게 부끄럽지 않은 우상이 되었으면
해요. 늘, 가장, 응원합니다. 사랑합니다.

오은영 드림

Contents

Chapter 4

아이들의
최고의 난제
부모

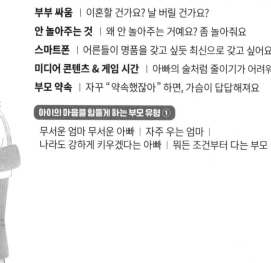

Chapter 5

아이의 마음은
언제나
신호를 보낸다

Chapter 1

절대 저절로 되지 않는
성장 과제

당연한 듯하지만
전혀 당연하지가
않아요!

　한 엄마가 말했어요. "아니, 원장님 도대체 아이가 왜 이런 행동들을 하는지 모르겠어요. 아무리 생각해도 그럴 만한 이유가 없어요." 우리 부모들이 아이의 어려움을 이해할 때 자주 놓치는 지점이 있습니다. 부모도 어린 시절 경험했고, 수많은 아이가 자연스럽게 해내기 때문에 당연하다고 여겨지는 것, 그래서 저절로 되는 줄 착각하는 것이지요. 바로 아이들이 겪는 '성장 발달'로 인한 어려움입니다.

　성장이나 발달에 의학적인 문제가 있는 경우를 말하는 것이 아니에요. 그냥 보통의 아이들도 성장 발달을 할 때 단계 단계별로 '과제'가 주어집니다. 예를 들어 목 가누기, 앉기, 기기, 서기, 걷기 등이 그런 것들이에요. 인간은 진화에 의해 그렇게 프로그램화되어 있기 때문에 이 능력들은 대부분 빠르게 얻어집니다. 극도로 불안해하며 뒤뚱거리던 아이가 하루 이틀 만에 잘 걷게 되는 것도 이 때문이지요. 하지만 이 과정이 편한 것은 아니에요. 목구멍으로 넘기는 것도 편하고 익숙한 액체만 먹다가 고체를 받아들이게 되면서, 조금이라도 우물거려 새로운 것을 받아들여야 하는 '잠깐의 스트레스'가 생깁니다. 아이는 새로운 성장 과제를 받아들 때마다 순간순간 두려움과 걱정으로 온 신경이 곤두서거든요.

아이의 성장 발달 과정이니, 당연히 이겨내야 한다는 식은 곤란해요. 성장 발달이 과도한 스트레스 없이 긍정적이고 발전적인 방향으로 진행되려면 부모의 도움은 반드시 필요합니다. 안전한 환경을 제공하고, 올바른 방향을 제시하고, 안정된 정서로 자신의 스케줄에 맞춰 성장 과제를 편안히 경험하게 해야 해요. 도움을 준답시고 잘못된 방향으로 유도하거나 부모의 여러 가지 문제로 아예 도움을 주지 못했을 경우, 잠깐의 어려움이 오랜 기간 이어지고 아이의 발달 전체에 영향을 주는 어려움이 되기도 합니다.

병원을 찾는 아이들 중에는 의학적 문제가 없는데도 두 돌이 넘어서까지 걷지 못하고, 네 돌이 되었는데도 젖병을 달고 있거나 대소변을 가리지 못하는 경우도 있어요. 이 아이들은 새로운 성장 과제를 받아들여 다음 단계의 성장으로 올라섰을 때 느끼는 행복이나 즐거움을 얻지 못합니다. 새로운 성장 과제로 인한 어려움을 극복하지 못해 겪는 더욱 안타까운 사실은, 전 단계에 머물러 있다 하여 스트레스가 줄어들지 않는다는 것이에요. 오히려 훨씬 더 큰 어려움에 시달리게 됩니다.

어떤 부모들은 아이가 새로운 성장 과제를 받아들이는 과정에서 너무 힘들어하면 '저렇게 힘들어하는데 천천히 시키면 안 될까?'라고 생각해요. 안쓰러운 마음에 아이가 힘들어하는 과제를 치워주고 익숙한 것을 마냥 고수할 수 있는 상황을 만들어줍니다. 그것이 아이를 돕는 일이라고 생각합니다. 잠시 편안하다고 느낄지 몰라요. 하지만 시간이 지날수록 부모의 그런 도움은 아이에게 큰 고통이 되어 돌아옵니다.

그 나이에 10명 중 7~8명이 하는 것은 내 아이도 해야 해요. 아이가 지나치게 어려워한다면 전문가의 도움을 받아 극복하게 해주어야 합니다. 아이의 성장 과제는 급히 서둘러 채근해서도 안 되지만 지나치게 늦게 진행되어도 안 되거든요. 아이가 당장 힘들어하더라도 긴 안목으로 성장 과제를 잘 해낼 수 있는 방향으로 아이를 끊임없이 인도해야 합니다.

성장 과제를 해내는 과정은 대부분 불편감을 동반하지만, 그 과정 속에서 아이는 인생을 행복하게 살아갈 수 있는 큰 가치들을 배우게 됩니다. 자신의 몸을 통제하고 조절하는 것을 배우고, 외부에서 오는 통제를 받아들이고 기준을 따를 때 지금보다 더 행복하고 기쁘다는 것을 배우게 되지요. 부드러운 젖꼭지만 빨다가 딱딱한 숟가락으로 먹어야 한다는 것은 고통이고 스트레스지만, 적응하게 되면 다양한 맛을 접하고 몸의 영양 상태도 좋아지고 먹는 것이 즐거운 행위라는 사실을 알게 됩니다. 숟가락이라는 외부에서 온 규제를 받아들여 더 행복해진 것이지요.

각종 성장 과제를 수행하며 조절 능력과 통제를 제대로 배우지 못하면, 아이는 외부에서 오는 규제는 무조건 자신을 억압하고 못살게 구는 것으로 오해해 꼭 지켜야 하는 규범과 규율에서도 끊임없이 실랑이를 벌이는 사람으로 자랄 수 있습니다. 인간은 사회적 동물이라 출생 순간부터 죽을 때까지 해야 할 것, 해서는 안 될 것, 배워야 할 것 등을 접하게 돼요. 아이의 성장 과제는 그런 '규제의 의미'를 배우는 시작인 셈이에요.

성장 과제가 모든 아이에게 어려움이 되는 것은 아닙니다. 겉으로 보기에는 부모가 도움을 안 주어도 아이가 잘 극복하는 것처럼 보이는 경우도 많아요. 그러나 이 아이들조차 성장 과제는 완수했지만 도움을 받지 못했다는 것 때문에 정서적인 결핍이 발생할 수 있습니다. 성장 단계마다 어떤 아이라도 부모가 도와줘야 합니다. 어떤 아이는 더 많이, 어떤 아이는 아주 조금, 어떤 아이는 그저 지켜봐 주기만 해도 될지라도 모든 아이에게는 분명히 '도움'이 필요해요. 아이가 처음 두 발로 섰을 때의 순간을 기억하시나요? 감격에 겨워 환호성을 지르고 아이를 자랑스러워했을 겁니다. 아이는 그 순간 부모가 보인 반응을 머리로는 기억하지 못하지만 가슴으로는 기억해요. 그 기억이 어려움이 닥쳤을 때 극복하고 나면 얻게 되는 느낌으로 남습니다.

낯가림,
싫어서가 아니라 해칠 것 같은 거예요

아이가 성장 발달을 하면서 겪는 어려움 중에서 어른들이 가장 크게 오해하는 것이 바로 '낯가림'입니다. 아이가 낯을 가리면 보통 '왜 이렇게 성격이 까다로워'라고 쉽게 생각해요. 그런데 낯가림을 하는 아이의 사정은 사실 이렇습니다.

'엄마, 왜 자꾸 나를 모르는 사람들 사이로 데려가는 거예요. 무서워 죽겠어요, 저 사람은 왜 나를 보고 계속 웃어요. 웃으니까 더 무서워요. 어, 어, 내 손가락을 만지네. 엄마 구해줘요! 나를 해치려나 봐요. 으악! 나보고 저 사람한테 안기라고요? 안 돼! 저 사람한테 안기면 난 죽을지도 몰라요.'

"괜찮아"

쉽게 "까다롭다"라고 말하기에는 아이는 너무나 절박한 심정입니다. "예쁘다고 하시잖아. 한번 안겨봐"라는 말이 아이 입장에서는 굉장히 잔인하게 느껴질 수도 있어요.

살아가다 보면 사람은 누구나 누군가와 관계를 맺어야 합니다. 관계는 대개 여러 선이 있는 동심원 모양이 됩니다. 동심원의 정중앙에는 보통 나에게 가장 중요한 사람들이 서 있고, 중심에서 멀어질수록 그보다 조금 덜 중요한 사람들이 위치합니다. 누구나 이런 동심원을 가지고 상대에게 얼마나 친밀도를 형성할지, 상대를 얼마나 믿을지, 나 자신을 얼마나 공개할지를 결정해요. 가족과 같이 처음부터 동심원의 정중앙에 위치하는 사람들이 있는가 하면, 어떤 사람은 동심원의 가장 바깥 원에 있다가 시간과 추억이 쌓여 중심과 가까운 위치로 이동하기도 합니다. 우리는 사람을 만날 때마다 그 사람을 동심원의 어느 위치에 놓아야 할지 매우 자연스럽게 결정하게 되지요.

낯가림은 이런 사람 관계를 배우는 초보적인 발달단계입니다. 친숙한 사람과 아닌 사람, 안전한 사람과 아직 안전이 확보되지 않은 사람을 구별해내는 능력이에요. 낯가림은 안전하고 익숙한 사람과 안전하지 않고 익숙하지 않은 사람을 구별하여 자신을 보호하는 과정에서 생겨납니다. 보통 생후 6개월부터 생겨나게 되는데, 처음에는 '낯선 사람'에 대한 반응이 거의 공포 수준이었다가 점점 약해져 두 돌 정도면 거의 사라지게 돼요.

사실 많은 사람이 낯가림은 정상적인 발달 과정의 하나라는 것쯤은 아는 듯합니다. 아이가 생후 6개월 정도 지나 낯을 가리기 시작하면 '뭐 그런가 보다' 하면서 이해해요. 그런데 낯가림 정도가 너무 심하거나 다른 아이들은 다 없어졌는데 내 아이만 남아 있으면 부모들은 생각보다 많이 힘들어합니다. 아이가 사람이든 집이든 처음 보는 것 앞에서는 울어 젖히기 때문에 부모 본인이 조금 민망하기도 하고, 남에게 피해를 주는 것 같기도 하고, 아이가 울다가 병이라도 날까 봐 걱정도 되거든요. 이런 일이 반복되면 조금씩 낯선 사람을 만나는 것을 꺼리다가 나중에는 거의 외출을 안 해버리는 부모도 있습니다. 진료 중 만난 엄마는 낯선 사람을 피하려고 놀이터조차 새벽이나 저녁 시간을 이용한다고 했어요. 간혹 아이가 유독 시댁 식구들에게만 낯가림이 심한 경우도 있었는데요, 이럴 때 엄마들의 입장은 이만저만 난처한 것이 아니었습니다.

아이가 낯가림이 심하면 부모들이 쓰는 방법은 보통 두 가지예요. 하나는 부모도 그 상황이 불편하고 아이도 힘들어하니 아예 낯선 사람을 만날 기회를 차단하는 것입니다. 이러면 아이는 대인 관계 능력을 발달시킬 수 있는 기회를 잃게 돼요. 아이가 불편하고 힘들어 일시적으로 스트레스를 받기는 하지만, 모든 자극을 차단해서는 안 됩니다. 인간은 어쨌든 기본적인 인간관계를 맺고 살아야 해요. 낯가림은 바깥세상과의 접촉에서 파생될 수밖에 없는 문제입니다. 정상적인 발달 과정인 만큼 잘 겪어갈 수 있는 방법을 고민해 보아야 해요. 나머지 하나는 낯선 사람을 더 많이 만나게 해서 스스로 극복하게 하는 것입니다. 이 방법도 좋은 방법은 아니에요. 낯가림이 심한데도 계속 자극을 주면 아이는 점점 더 신경질적으로 변합니다. 낯가림이 약해지기는커녕 아예 매사에 과민한 아이가 될 수 있어요.

아이의 낯가림을 다루려면 우선 낯가림을 하고 있는 아이의 마음을 이해해야 합니다. 지금 아이의 마음은 '싫어'가 아니라 '안전하지 않아. 두려워'예요. 아이 마음속에는 익숙하지 않은 사람은 자신을 해칠 것이라는 근본적인 공포감이 있습니다. 어둑어둑한 회사 사무실을 지나가는데 모르는 사람을 마주쳤을 때, 늦은 밤 엘리베이터를 혼자 탔는데 다음 층에서 한 번도 본 적 없는 낯선 사람이 탔을 때, 어른들조차 '나를 해치면 어쩌나?'하는 생각에 두려움과 경계심이 생겨요. 낯가림을 하는 아이의 마음도 마찬가지입니다. 성격이 까다로워서도 아니고, 상대방을 싫어해서도 아니에요. 그저 생명이 위협당할 만큼 그 상황이 너무나 공포스러운 겁니다. 아이는 부모가 어떻게 해주기를 바랄까요? 시간이 좀 걸리더라도 부모가 나의 두려움과 경계심을 낮춰주기를 바랍니다. 앞에 서 있는 낯선 사람이 그렇게 두려워할 만한 사람이 아니라는 것을 확인시켜주기를 바랍니다.

그런데 아이의 바람과는 다르게 상황이 진행될 때가 많아요. "괜찮아. 할머니께서 너를 얼마나 예뻐하시는데…", "어머, 너좋아하는 초콜릿 준대. 가서 한번 안겨봐" 합니다. 아이가 그 낯선 사람에게 호감을 가질 수 있는 여러 가지 방법을 너무 급하게 동원하는 거지요. 몇 번 이런 식으로 달래다가 부모 본인이 당황해서 아이를 야단치기도 합니다. "너 갑자기 왜 그래?", "네 할머니, 할아버지라고! 할머니, 할아버지께서 널 얼마나 사랑하시는데 네가 이렇게 하면 되겠어?"라고 일장 연설까지 해요. 아이는 할머니, 할아버지가 자신을 사랑하지 않는다고 생각해 낯을 가리는 게 아닙니다. 많이 보지 않아 익숙하지 않기 때문에 본능적으로 안전하지 않다고 느껴서 공포심과 경계심이 발동하는 거예요. 그런데 위험한 상황일 때 나를 보호해주어야 하는 부모가 그 마음은 이해해주지는 않고 소리를 지르고 화를 냅니다. 아이는 두려움이 가중되어 그 경험을 성공적으로 마무리할 수 없어요. 다음번에 비슷한 상황이 되면 더 큰 두려움을 느끼게 됩니다.

경계심과 두려움을 낮추는 데는 시간이 필요해요. 그 시간 동안 부모는 자신의 불편한 감정을 되도록 가라앉히면서 기다려주어야 합니다. 그래야 아이가 그 경험을 좋은 방향으로 돌려 자기 것으로 만들 수 있어요. 아이가 심하게 악을 쓰면서 울 때는 아이를 안고 그 자리에 가만히 있는 것이 가장 좋은 방법입니다. 안고 나가버리면 다시 들어오려고 할 때 또 울어요. 일단 집 안에 들어온 상태라면, 절대 자리를 이동하지 말고 가만히 아이를 안고 있어야 합니다. 주변 사람들도 아이를 쳐다보거나 말을 걸지 않는 것이 좋아요. 그것도 하나의 자극이거든요. 낯선 사람들로 말미암아 스트레스가 가득 찬 아이는 지금 자신에게 오는 자극을 어렵지만 처리하는 중입니다. 새로운 자극이 추가되면 진정할 틈이 없어요.

예를 들어, 아이가 악을 쓰면서 울고 있는데 옆에 있는 고모가 "슈퍼마켓으로 사탕 사러 갈까?" 하면 '가뜩이나 무서워 죽겠는데, 무슨 슈퍼마켓이야? 지금 저 사람이 나를 데려가려는 거야? 으악 더 무섭잖아' 이렇게 되는 겁니다. 당연히 더 울게 되겠지요. 낯가림이 심할 때는 모두가 아이와 멀찍이 떨어져 아이에게 최대한 신경을 쓰지 않으면서 각자의 일을 그냥 하고 있는 편이 도움이 됩니다. 그동안 부모는 아이의 울음이 잦아들 때까지 작은 목소리로 "괜찮아"라고 말하며 아이의 등을 토닥여주세요.

아이를 달래다보면 아이도 한참 울다가 지쳐요. 울다 지쳐 자신의 주변을 한번 둘러보게 됩니다. 그 시간 동안 누구도 자신을 위협하지 않았고 아무 일도 일어나지 않았다는 것을 확인하면 좀 진정이 돼요. 낯가림은 안전하다는 경험을 시키는 것이 중요합니다. 자꾸 달래려고 아이에게 많은 것을 제안하지 마세요. 어딜 가자고 하거나 무얼 준다고 하는 것이 도움이 되지 않습니다.

사실 낯가림이 전혀 없는 것도 문제예요. 낯가림이 전혀 없다는 것은 어찌 보면 익숙한 사람과 익숙하지 않은 사람을 구별하지 않는다는 말입니다. 사람은 낯선 사람과 그렇지 않은 사람을 어느 정도 구별해야 해요. 낯선 사람과 친해지는 데는 반드시 시간과 과정이 필요합니다. 그런 과정으로 피상적인 관계가 아니라 제대로 된 관계를 맺어갈 수 있거든요. 너무 금방 친해지는 사람은 피상적인 관계만 맺을 가능성이 높아요. 금방 친해지는 사람들은 상대가 꼭 그 사람이 아니어도 됩니다.

보통 아이가 낯을 가리지 않으면 '적극적이고, 외향적이고, 사회성이 좋다'고 생각합니다. 낯가림이 심하면 '성격이 별나다, 까다롭다'고 생각하는 경향이 없지 않아요. 낯가림은 그런 척도가 아닙니다. 병적인 것만 아니라면 '낯가림'은 그리 나쁜 것이 아니에요. 사람을 사귈 때 낯을 좀 가리고 쭈뼛거리는 것이 꼭 나쁜 것은 아닙니다. 그 과정을 잘 거치면 대인 관계에서 어떤 깊이나 구분이 건강하게 생기기 때문이에요. 좀 더 중요한 사람, 좀 더 내가 시간을 할애하고 배려해야 하는 사람을 구분해낼 수 있기 때문이에요. 새로 만나는 사람을 모두 같은 깊이로 대할 수는 없습니다. 자기 나름의 등급이 있어야 해요. 낯가림은 이런 대인 관계의 기초입니다.

걸음마,
하늘이 빙빙 돌고
땅이 흔들리는 느낌이에요

한번 생각해보세요. 배를 바닥에 대고 기어만 다니던 사람이 무언가를 잡고 일어나 옆으로 걷는 것이 아무렇지도 않을까요? 배를 바닥에 대고 기어 다니는 것을 안정적으로 느끼던 아이가 처음으로 허리를 곧추세우고 서게 되면, 손으로 무언가 잡고는 있어도 허리가 꺾일까 봐 앞으로 고꾸라질까 봐 겁이 납니다. 아이에 따라서는 그 자체를 엄청난 공포로 느끼기도 합니다. 게처럼 옆으로 한 발 한 발 디디지만, 그건 낭떠러지에서 외줄타기를 하는 듯한 불안한 걸음이에요. 인어공주가 처음 다리를 얻

어 발바닥으로 모래 바닥을 밟았을 때와 같은 따가움과 불편함이 아이의 발바닥으로 그대로 전해지고, 몸이 휘청거릴 때는 머리카락이 쭈뼛거리기까지 합니다. 걷기를 시작할 때 아이는 이렇게 느껴요.

'푹신푹신한 엉덩이로 앉아 있을 때 너무 편했는데 엄마가 자꾸 일어나래요. 걸어야 한대요. 나도 걷고 싶어요. 하지만 넘어질까 봐 두려워 손을 뗄 수 없어요. 난 무서워 죽겠는데 엄마는 웃으면서 박수를 쳐요. 앞으로 오래요. 한 발 디딜 때마다 세상이 빙빙 돌고 땅이 흔들려요. 아이고, 다리가 후들후들. 너무 힘들어요.'

기기, 붙잡고 일어서기, 걷기… 남들도 다 하고 어차피 해야 할 발달인 건 맞아요. 하지만 아이들이 별 불편 없이 편안하게 해내는 것은 아닙니다. 유전자에 정해진 스케줄대로 하고 있다고 해도 힘든 건 힘든 거예요. 만약 부모가 그 속도를 당기려고 한다면, 아이는 두 배로 더 힘들어질 겁니다.

운동 발달 과제는 아이에게 숙제 같은 거예요. 숙제는 완수하는 과정에서 얻는 것이 굉장히 많습니다. 꼭 공부와 관련된 지식이 아니라 나의 할 일이라는 책임감, 끝내고 났을 때의 자기 확신감, 약속을 지켜가는 것에 대한 배움, 숙제를 하는 과정을 통해 늘어난 집중력 등을 얻게 되지요. 하지만 해나갈 때는 팔도 아프고 엉덩이도 아프고 힘도 들어요. 그렇다고 "하기 싫으면 하지마"라고 말할 수는 없습니다. 어차피 해야 할 일이니 "너 7시까지는 꼭 끝내. 무슨 일이 있어도 다 해봐. 아니면 혼날 줄 알아"라고 해서도 안 됩니다. 아이는 부모가 마음을 몰라줘서 힘들고, 힘든 일을 빨리 해야 하니깐 더 힘들어질 테니까요. 아이에게 운동 발달 과제도 그렇습니다. 운동 발달 과제를 하나씩 해나가는 것이 항상 편안하지는 않아요. 그 발달 과제를 해냄으로써 얻어지는 것은 굉장히 많지만, 어쨌든 그 상황만을 봤을 때 아이도 버겁고 힘든 면이 있습니다.

'기어만 다니던 아이가 두 발로 홀로 걷게 되는 것'에는 생각보다 많은 의미가 있어요. '분리 개별화' 이론 정립에 큰 공헌을 한 헝가리 출신의 유태인 정신과 의사 마가렛 말러는 아이가 걷기 시작하는 시기를 분리 개별화의 과정 중 중요한 시기로 꼽았습니다. 걷게 되면 아이는 스스로 다니면서 뭐든지 해볼 수 있거든요. 정신분석의 창시자 프로이트 박사는 이 시기 아이들은 유아독존적이라고 보았습니다. 그동안 기어 다니면서 아래에서 위로 올려다보아야 했던 세상이, 두 발로 서니 모두 눈 아래로 내려갑니다. 아이는 우쭐해져서 뭐든 할 수 있을 것 같은 자신감에 불타오르면서 주도성과 자율성도 생깁니다.

이 시기 아이들은 엄마에게서 떨어져 세상을 좀 더 적극적으로 탐색해갑니다. 그런데 한창 자신감에 불타오르던 아이는 문득 이렇게 떨어져 있다가 '엄마가 나를 버리면 어떡하지?'라는 걱정이 생겨요. 생각보다 자신이 할 수 있는 것이 별로 없다는 사실을 깨닫기도 합니다. 갑자기 무서운 생각이 든 아이는 '내가 걷는다고 엄마 나 버릴 것 아니지?'라고 말을 하듯 이만큼 떨어져 놀다가 이만큼 걸어가다가 갑자기 뛰어와 엄마 품에 안기기도 해요. 독립에 대한 불안과 두려움 때문입니다. 아이가 이렇게 안길 때는 "괜찮아. 잘했어" 하면서 안아주는 것이 필요해요. 마가렛 말러는 이것을 '정서적인 재충전'이라고 하였습니다.

아이가 혼자 뒤뚱뒤뚱 걸어갈 때, 엄마는 아이를 계속 주시하면서 아이와 눈이 마주치면 "우리 ○○, 아이고 잘하네" 하면서 응원하고 격려해주는 것이 좋아요. 아이는 힘을 얻고 독립에 따른 두려움을 조금씩 극복해나갈 수 있습니다. 놀이터에서 아이가 혼자 잘 논다고 잠깐 자리를 비우는 행동을 해서도 안 됩니다. 이 시기 아이는 놀다가도 한 번씩 엄마에게 사랑을 재충전하러 오기 때문에 엄마가 없으면 매우 당황해요. 아이가 노는 모습을 계속 지켜보면서 아이와 눈을 마주치고 고개를 끄덕거려 주어야 합니다. 엄마는 야구로 치면 언제든지 안전하게 받아줄 수 있는 홈베이스가 되어야 해요. 그렇다고 아이가 넘어질까 봐 너무 쫓아다니는 것도 바람직하지는 않습니다. 엄마로부터 몸이 멀어지면서 심리적으로 엄마와 자신이 분리된 인간이라는 것을 경험해나가는데 엄마가 너무 딱 붙어 다니면 그 과정을 방해할 수도 있거든요.

아이는 '걷기'를 통해 엄마와 신체적으로 분리되는 경험을 합니다. 이 운동 발달 과제가 완수되면서 '독립'이나 '자율'이라는 심리적 발달이 따라와요. 아이가 편안히 심리적 발달을 이루려면, 아이의 걸음마를 지켜보는 엄마의 시선은 '든든함'을 담고 있어야 합니다. 아이가 한 발을 떼었을 때 아이의 앞에서 '걱정 마, 엄마가 지켜줄게'라는 편안한 표정으로 환하게 웃으며 박수 쳐주는 것이 필요해요. 아이의 우쭐함이 최고조에 달하도록 반응해주는 겁니다. '정말 걸을 수 있을까? 저러다 다치면 어쩌지?' 하는 걱정스러운 눈빛은 아이가 독립심이나 자율성을 키워가는 데 좋은 영향을 주기는 어려워요.

간혹 아직 준비가 안 된 아이를 자꾸 걸어보게 하거나 걷지 못하면 지나치게 불안해하는 부모들이 있습니다. 내심 혼자 걷기로 아이가 똑똑한가 아닌가, 내가 아이를 잘 키운 것인가 아닌가를 판단해보려고도 해요. 보통 전문가들은 18개월까지는 안심하라고 말합니다. 운동 기능 발달도 개인마다 편차가 있어서 그 정도는 괜찮아요. 만약 걷는 것 외에 다른 발달이 모두 늦다면 전문의와 상담해볼 필요가 있지만, 옆집 아이는 11개월 때 걸었는데 내 아이는 14개월인데도 아직 걷지 못한다며 아이를 채근하지 말아야 합니다.

아이의 심리적인 발달은 신체적인 발달과 맞물려 있어요. 첫니가 나고 엄마와 나를 다른 개체라고 알아가듯이 인간의 발육, 발달과 성장은 아주 묘하게 맞물려 있습니다. 이것은 오랜 기간의 진화를 통해 이루어지는 일들이에요. 아이가 아직 걸을 수 있을 만큼 운동 기능이 발달하지 않았다는 것은, 의기양양하며 엄마와 떨어질 심리적인 준비가 되지 않았다는 이야기이기도 합니다. 이런 시점에 자꾸 엄마에게서 떨어뜨려 걸어보게 하면 아이는 걷는 것이 더 두려워질 수 있어요. 무리하게 자꾸 "걸어 봐"라고 강요하거나 손을 잡고 걷게 하다가 갑자기 손을 확 놓아버리면 걷는 것에 대한 아이의 스트레스는 말로 표현할 수 없이 커집니다.

아이의 운동 발달 과제를 지켜보는 부모의 시선은 너무 조급해도 너무 느긋해도 안 돼요. 둘 다 아이에게 스트레스를 가중시킵니다. 진료실을 찾은 한 아이는 신체 능력에는 아무 이상이 없었으나 불안이 높아서 잘 걷지 못했어요. 부모는 다른 아이들이 걷는 시기만 보고 "뭐가 무서워. 괜찮아. 걸어봐" 하며 심하게 채근했고, 결국 아이의 불안이 극도로 심해져버렸습니다. 이런 경우는 아이의 불안을 낮춘 다음 서서히 걷는 연습을 시킵니다. 아이는 적절한 치료를 받아 지금은 운동 발달에 별 문제가 없게 되었습니다. 만약 이 부모가 느긋하게 지켜봐주었다면 아이는 아무 문제가 없었을까요? 정상적인 아이였다면 그럴 수 있지만, 이 아이처럼 문제가 있는 경우는 하염없이 느긋하게 기다리는 것이 능사는 아닙니다. 자칫하면 그 발달 이후에 맞이해야 할 다른 발달까지 문제가 생겨버릴 수도 있어요. 아이가 조금 힘들어하더라도 적절한 자극을 주면서 주어진 운동 발달 과제를 되도록 제때에 해내도록 도와주는 것이 필요하긴 합니다. 너무 늦어질 경우 다른 원인이 있는 것은 아닌지 알아볼 필요도 있고요.

얼마나 기다려주는 것이 좋을까요? 보통 도움 없이 앉는 것은 이르면 4개월, 늦어도 9개월까지는 해야 합니다. 이때는 부모가 아이를 무릎에 앉혀 놓고 손에 닿을 만한 위치에 물건을 두고 잡아보게 하는 놀이가 도움이 돼요. 손을 잡아주면 서는 시기는 이르면 5개월, 늦어지면 11개월 정도입니다. 이때는 아이 손을 잡아 준 상태에서 어른 손바닥에 아이를 세우고 가끔 '섬마섬마' 해주는 것이 도움이 돼요. 네 발로 기는 것은 5개월이 넘으면 나타나기 시작하는데, 늦더라도 13개월 안에는 할 줄 알아야 합니다. 이 시기 무엇보다 조심할 것은 '안전사고'예요. 집 안의 안전을 미리 점검하세요. 바닥은 되도록 깨끗이 정리하고 가구들에는 모서리 보호대를 끼워둡니다. 한 번씩 가구를 붙잡고 서보도록 하는 것이 운동 발달에 도움이 될 거예요.

도움을 받아 걷는 것은 빠른 아이들은 6개월이면 할 줄 알게 돼요. 조금 늦되는 아이는 14개월에 하기도 합니다. 이때는 바닥을 미끄럽지 않게 한 상태에서 손을 잡고 걸음마 연습을 해주는 것이 좋아요. 단, 너무 오랜 시간 하거나 혼자 하도록 금세 손을 놓아서는 안 됩니다. 혼자 서는 것은 빠르면 7개월, 늦으면 17개월 정도입니다. 이 시기에 한 번씩 혼자 세워보는 것은 괜찮습니다. 물론 부모가 항상 아이 가까이 있어야 해요. 혼자 걷는 것은 8개월부터 18개월 사이에만 해낸다면 문제가 없는 것으로 봅니다.

먹는 것,
"아 해", "꿀떡", "삼켜!" 좀 그만하세요

    추석이 지나고 첫 진료를 받으러 온 초등학교 3학년 아이에게 "너 송편은 먹었니?"라고 물었어요. 그랬더니 아이는 송편을 싫어한다고 했습니다. "그래? 원장님도 떡을 많이 먹진 않는데 꿀이랑 깨 들어간 꿀떡은 하나씩 먹거든. 그건 맛있지 않니?" 했더니, 아이 얼굴색이 변하면서 "저는 세상에서 꿀떡을 제일 싫어해요"라고 했어요. 아이는 어릴 때 '꿀떡'이라는 소리를 하도 많이 들어서 세상에서 꿀떡이 제일 싫다고 했습니다. 제가 웃으면서 "그 꿀떡이랑 이 꿀떡은 다른 말이야"라고 말해줬지만, 아이는 고개를 절레절레 흔들며 "그래도 저는 그 소리가 너무 듣기 싫어요" 했습니다. 얼마나 스트레스를 받았으면 '꿀떡'이라는 단어조차 싫어졌을까요?

아이가 어릴수록 부모들은 음식을 먹이는 것에 열심입니다. 잘 먹는 것이 성장 발달이나 건강과 직결되기 때문이지요. 그런데 그 마음도 과하면 아이는 힘들어집니다. 골고루 많이 먹이려는 부모 앞에서 아이는 이런 심정이거든요.

'엄마~ "양양 씹어", "꿀떡 삼켜"라는 말 좀 그만하세요. 꿈에서도 숟가락이 나온다고요. 엄마는 배가 빵빵하게 먹어야 큰다고 하지만 전 배가 빵빵하면 얼마나 불편하고 답답한지 몰라요. 가끔은 토할 것 같아요. 그리고 엄마 음식 별로 맛이 없어요. 맛있게 좀 만들어주세요.'

아이를 키울 때 먹는 문제는 아이와 부모가 가장 빈번히 갈등하는 분야입니다. 잠을 재우는 것, 깨우는 것은 모두 아침에 한 번씩, 옷 입히는 것도 대개 한 번, 유치원 보낼 때 실랑이도 하루 한 번입니다. 하지만 먹는 것은 1년 365일 곱하기 3, 간식까지 하면 365일 곱하기 4~5회를 끊임없이 부딪혀야 돼요. 게다가 먹는 것은 아이의 생존과 직결되기 때문에 갈등이 유발되더라도 부모가 절대 물러설 수 없는 영역이기도 합니다.

또한 먹는 것은 부모의 죄책감과도 직결돼요. 또래보다 크고 건강하면 부모가 잘 먹이고 잘 키운 것 같습니다. 이런 아이의 엄마는 '좋은 엄마=훌륭한 엄마=유능한 엄마'로 인식되는 경우가 많아요. 아이가 비리비리 마르고 얼굴이 노란빛이면 '나쁜 엄마(?)=무능한 엄마'로 생각되기도 합니다. 요즘은 어릴 때 키가 성인이 되었을 때의 키를 결정하고, 키는 클수록 좋다는 사회적 통념까지 더해져 부모들은 과도한 압박감에 시달리기도 해요. 그래서 더더욱 먹는 것을 포기하지 못합니다.

그러나 아이 입장에서는 자기 입으로 들어오는 것을 마음대로 통제하지 못하는 것만큼 큰 스트레스는 없어요. 먹기 싫은데 먹어야 하는 것은 아이에게는 공격입니다. 부모는 날카롭고 딱딱한 금속인 숟가락이나 포크를 들고 무서운 얼굴로 "아 해", "넣어", "씹어", "삼켜"를 반복해요. 아이는 이 공격을 365일 곱하기 4~5회를 받습니다. 먹고 싶은데 못 먹는 아이도 사정이 좋을 것은 없어요. 요즘은 아이가 조금만 뚱뚱해도 먹는 것을 제한하는 집이 많습니다. 먹고 싶은 것을 뺏기면 아이는 '욕구 불만'이 생겨요. 365일 곱하기 4~5회를 먹고 싶은 것을 뺏기다 보니 매일 좌절하고 불만이 쌓이게 됩니다. 사실 많이 먹건 적게 먹건 그 자체로는 아이에게 아무 일도 아니에요. 아이가 먹는 양을 부모 마음대로 조정하려 할 때 갈등이 생기고 스트레스가 발생합니다.

병적으로 안 먹는 것은 질병 차원에서 다뤄야 하지만, 저를 찾아와 "우리 아이가 잘 안 먹어요"라고 말하는 경우의 대부분은 심각한 상태는 아니었어요. 그럴 때 제가 자주 드리는 말씀이 있습니다. "엄마, 이 정도로 아이 큰일 안 나요!" 누가 봐도 심각할 정도를 제외하고, 아이가 잘 안 먹는 경우 대부분은 아이의 먹는 양 자체가 적은 경우가 많거든요. 그것을 지나치게 늘리려고 할 때 오히려 문제가 생깁니다. 잘 먹지 않는 아이는 매일 받는 공격도 공격이지만, 부모가 억지로 먹여서 배가 빵빵해진 상태가 스트레스이기도 해요. 뱃구레가 작은 아이들은 배가 터질 것 같이 꽉 찬 느낌이 매우 불편합니다. 단지 느낌만 싫은 것이 아니라 실제로 움직이기도 불편합니다.

너무 많이 먹으려고 하는 아이는 먹는 것을 뺏기보다는 운동량을 늘리고 식단을 조금씩 바꿔주는 것이 좋습니다. 아이 스스로 먹는 것을 자제하는 일은 정말 어려워요. 정크 푸드 같은 것은 덜 먹이되 건강에 좋은 음식이라면 좀 배불리 먹이고, 조금씩 조리법을 바꿔 칼로리를 낮추는 방법을 택해야 합니다. 많이 먹으려고 하는 아이는 포만감을 느껴야 행복해요. 이런 아이에게 건강을 위해서라며 먹는 양을 확 줄이는 것은, 아이의 행복감을 뺏는 굉장히 안 좋은 방법입니다.

그런데요, 부모들은 아이가 잘 안 먹는다고 하지만 가만히 관찰해보면 아이는 무언가 계속 먹고 있는 경우도 있어요. 부모가 말하는 '안 먹는다는 것'은, 편식이 심하고 부모가 먹었으면 하는 것을 부모가 원하는 만큼 안 먹는다는 말인 것이지요. 이런 경우 아이가 원하는 것이라도 그냥 맘껏 먹이는 것이 낫습니다. "매일 똑같은 것만 먹어도요?"라고 묻고 싶을 수도 있어요. 정 걱정되면 과일이나 비타민 정도를 더 챙기세요.

아이를 완벽하게 먹이려고 과하게 노력하면 너무 많은 것을 잃습니다. 먹는 것이 중요하지 않다는 말이 아니라 너무 많은 것을 잃게 하지 말자는 거예요. 잘 먹이기 위한 가장 좋은 방법은 식탁이라는 공간과 식사 시간을 즐겁게 만드는 겁니다. 안 먹는 아이의 식사는 보통 즐겁기 힘듭니다. 좀 과장하면 공격받고 고문받는 시간이고 공간이거든요. 이 상태라면 아이는 먹는 즐거움을 느끼지 못하는 사람이 될 수도 있어요.

아이들을 먹일 때 "아~", "앙앙", "꿀떡", "양양양", "삼켜"라는 말을 특히 조심했으면 좋겠습니다. 아이가 식탁에서 어떤 반찬을 골라 입에 넣었는지, 그것을 얼마 만에 씹었는지, 목구멍으로 넘겼는지를 일일이 통제하지 말았으면 해요. 아이는 식사 시간이 즐겁기는커녕 아무것도 할 수 없는 자신이 무력하게 느껴집니다. 또 "너 이러면 병 걸린다", "머리 나빠진다", "안 큰다", "뇌세포 죽는다"라고 말하며 겁도 주어서는 안 됩니다. "안 먹으면 혼나!"라는 말도 하지 마세요. 먹는 것은 즐거움인데 혼나지 않기 위해 먹어야 하는 상황을 만들어서는 안 됩니다. 무엇보다 "너 그러려면 먹지 마"라는 말은 절대 하지 마세요. 매일 먹으라고 성화이던 부모가 갑자기 싸늘해진 얼굴로 먹지 말라고 말하면 아이는 '부모가 나를 버리는 건가' 하는 생각에 혼란스럽고 극도로 불안해집니다.

어린아이를 키우는 부모들은, 특히 돌 전 아기를 키우는 엄마들은 서로 아이가 얼마나 먹는지, 몸무게는 얼마인지, 키는 얼마인지를 참 많이 물어봐요. 저는 서로 그런 질문은 안 했으면 좋겠습니다. 나이가 같다고 해서 엄마 자신의 키와 몸무게가 옆집 아이 엄마의 키와 몸무게와 같지는 않잖아요? 아빠 자신의 식성과 놀이터에서 우연히 만난 아이 친구 아빠의 식성이 같지는 않잖아요? 친하다고 해서 내가 하루에 섭취하는 칼로리와 내 친구가 섭취하는 칼로리가 같을 수는 없습니다. 그런데 왜 우리는 유독 아이의 것은 비교할까요? 나와 옆집 엄마가 다르듯, 내 아이도 옆집 아이와 다르다는 것을 기억했으면 합니다.

대소변 가리기,
똥은 내 자존심이에요

    아이가 잘 걷게 되면 부모들이 그다음으로 신경을 곤두세우는 것이 '대소변 가리기'입니다. 묘하게도 대소변 가리기는 부모의 자존심이거든요. 너무 못 가리는 것도, 너무 늦게 가리게 되는 것도 부모의 자존심에 묘하게도 영향을 줍니다. 그런데요, 그 대소변은 누구의 것일까요? 당연히 아이의 것입니다. 제가 잠시 이 시기 아이에게 빙의해보자면, 아이는 대소변 가리기를 이렇게 생각합니다.

'아니 내가 먹어서 내가 소화시켜서 내가 똥 덩어리로 만들었는데, 엄마가 왜 자꾸 똥꼬를 열어라 말라 하는 거야? 이건 분명 내 똥이라고! 그런데 분위기가 심상치 않네. 계속 버티면 엄마가 나를 미워할 것 같네. 그냥 엄마가 시키는 대로 할까? 하지만 내 똥도 내 맘대로 못하는 것이 너무 자존심이 상한다고. 시키는 대로 싸자니 자존심 상하고, 안 하자니 사랑을 안 줄 것 같고. 아 쌀 것인가, 말 것인가? 이것이 문제로다.'

아이의 대소변은 사실 아이의 자존심인 것이지요. 그런데 대소변 가리기는 또 부모의 자존심이니 여기에서 많은 스트레스가 발생합니다. 보통 대소변 가리기를 훈련시키는 시기는 15개월에서 24개월이에요. '걷기'라는 운동 발달 과제를 완수한 이후입니다. 아이들이 대소변 가리기를 하는 시기를 프로이트 박사는 '항문기'에 포함시켰습니다. '항문기'는 모든 생존에 필요한 에너지가 성기와 항문 주변에 집중되는 시기예요. 아이는 잘 걷게 되면서 스스로 뭔가를 해보고자 하는 욕구가 꿈틀꿈틀 올라옵니다. 여기저기 돌아다니고 자꾸 이것저것을 만지지요. 당연히 이 시기 부모는 이전보다 "하지 마", "안 돼"라는 말을 많이 하게 됩니다. 해야 하는 것과 하지 말아야 할 것을 가르치기 위해서예요. 부모는 이즈음 되면 응가가 마렵지도 않은데 자꾸 응가를 누라고 하고, 기저귀에 싸는 것이 더 편한데 자꾸 이상한데 앉으라고 합니다. 이럴 때 아이는 '내가 먹은 것 내가 소화시키는

데 엄마가 왜 내 똥구멍을 열어라 말라 하는 거야?'라는 생각을 하게 돼요. 아이의 자존심과 부모의 자존심이 충돌하는 순간입니다.

부모가 부모의 자존심을 지키기 위해 지나치게 강압적으로 대소변 가리기를 시키면, 아이는 '내 똥 내 마음대로 눌 거니까 상관하지 마'라는 식으로 강하게 반항하게 돼요. 매일 엄마의 '힘'과 맞서기 위해 사고를 치기도 합니다. 부모가 "응가해" 하면 오히려 항문을 오므리거나 일부러 아무데나 확 싸버리기도 해요. 오줌도 마찬가지입니다. 한창 대소변 가리기를 훈련 중인 부모들은 말끝마다 "여기다 응가 안 하면 혼나", "다음번에도 실수하면 맴매 맞을 줄 알아"라고 무섭게 말하기도 해요. 응가나 쉬를 방광에 모았다가 한꺼번에 분출할 때는 묘한 쾌감이 있습니다. 아이는 그것을 느끼고 싶어 자기가 원할 때 응가나 쉬를 하고 싶어 해요. 그런데 부모는 내가 원할 때가 아니라 부모가 원할 때 분출하라고 합니다. 아이는 겨우 혼자 이것저것 할 수 있게 되었는데 다시 아무것도 할 수 없는 사람이 될까 봐 부모 말을 듣고 싶지 않기도 해요. 부모가 시키는 대로 하면 부모가 나를 장악해 내가 없어질 것 같고, 시키는 대로 안 하면 부모가 날 미워할 것 같은 복잡한 마음이 됩니다. 그러다가 어느 날 부모가 내가 한 응가를 보고 '지지'라고 하는 일이 벌어져요. 아이는 더 혼란스러워집니다. '내가 먹은 것을 소화시켜서 덩어리로 만들어 내놓은 100% 내 것을 보고 부모가 더럽다고 하네. 어, 나도 더러운 사람인가?'라는 생각이 들거든요. 사태는 더 심각해지는 겁니다.

대소변 가리기를 잘 해냈을 때 아이는 자율성 있는 사람이 되고 자기에 대한 확신이 생겨요. 그런데 잘 해내지 못하면 자기에 대한 의심과 의혹이 가득 찬 사람이 됩니다. 또한 무조건 권위에 반항하는 사람이 되기도 해요. 대소변 가리기를 할 때 부모가 지나치게 통제하면서 강압적인 태도를 보이면, 아이는 '싸야 하는 거야, 말아야 하는 거야'로 끊임없이 고민하게 됩니다. 자신의 욕구와 부모의 욕구가 다르기 때문이지요. 이 시기 아이들 중에는 똥을 눌 때마다 "나 똥 누러 가도 돼요?"라고 물어보는 경우도 있고, 똥 누는 것을 부끄러워해 아무도 없는 방에 몰래 들어가 구석에 서서 몸을 배배 꼬면서 누는 경우도 있습니다. 수치심과 자기 의혹 때문이지요. 대소변을 해결하는 것은 생리적 욕구입니다. 이것조차 자신의 욕구를 따라야 하는지 말아야 하는지에 대한 확신이 서지 않으면, 아이는 기본적으로 자기 확신이 떨어지는 사람이 될 수밖에 없어요. 어떤 결정도 제대로 내리지 못하는 우유부단한 사람이 될 수도 있습니다.

왜 부모들은 대소변 가리기 앞에서 강압적인 모습을 보일까요? 앞서 말했듯이 부모의 자존심이기 때문입니다. 아이가 돌 전에는 몇 cc를 먹고 체중이나 키가 얼마인가에 부모의 자존심을 걸다가 돌이 지날 즈음 부모들은 첫 걸음마를 언제 뗐느냐에 자존심을 겁니다. 아이가 걷기 시작하면 그다음은 대소변 가리기를 언제 끝냈느냐가 자존심이 돼요. 또 대변은 빨리 가리지 않으면 몇 가지 문제를 동반하기 때문에 부모들이 더 예민해지기도 합니다. 아이가 대변을 참으면 변비가 생기고, 변비가 생기면 아이가 대변을 눌 때마다 아파하니까 그 모습을 지켜보기도 안쓰러워요. 변비가 생기면 식욕이 저하되어 잘 먹지 않으니 제대로 자라지도 않습니다. '대변'은 아이가 편안하게 크느냐 그렇지 못하느냐를 결정짓는 중요한 신호인 거지요.

꽤 큰 아이인데 아직 대변을 잘 가리지 못해 기저귀를 차고 있으면 사람들이 한마디씩 합니다. "얘 아직도 기저귀 차요?" 이런 소리를 들으면 부모는 좀 창피합니다. 부수적인 것이긴 하지만 대소변을 늦게 가리면 기저귀 값이 비싸기 때문에 돈도 많이 들어요. 또 대변의 경우는 아이가 누고 나면 매번 옷을 벗기고 닦아주어야 하기 때문에 여간 번거로운 일이 아닙니다. 부모 자신도 외출할 때마다 불편해요. 그래서 빨리 떼주고 싶다는 마음도 있습니다. 그러나 대소변 가리기가 아이에게 어려움이 되지 않으려면 자신의 자존심보다 아이의 자존심을 먼저 챙겨줘야 해요.

어떻게 진행하는 것이 좋을까요? 우선, 대변 가리기를 먼저 시작합니다. 대변은 하루에 여러 번 보지 않고, 신경계 발달상 소변보다 대변을 가리는 능력이 먼저 생기기 때문이지요. 아이를 잘 관찰하면 아이가 대변을 보는 일정한 시간과 대변을 보기 전에 하는 특정한 행동을 알아차릴 수 있습니다. 다리를 오므리고 노는 아이들도 있고 뱅글뱅글 도는 아이들도 있어요. 가만히 살펴보면 하루 중 아이가 대변을 보는 일정한 시간이 있습니다. 그때 가서 "한 번 해볼까?" 한 다음 양변기에 앉히세요. 양변기에는 아이 엉덩이가 빠지지 않도록 유아용 변기 커버를 올려주고 아이 발밑에는 디딤대를 놓아 발을 올릴 수 있게 합니다. 발이 땅에 닿지 않으면 아이가 배에 힘을 주기가 어려워 대변을 보기 힘들어요. 아이가 변을 못 보면 "괜찮아, 내일 또 해보자" 정도만 말해줍니다. 기저귀를 다시 채워주는 한이 있더라도 그 과정에서 아이가 스트레스를 받지 않도록 하는 거지요.

두려움이 많거나 불안이 많은 아이들 중에는 변기 물이 '쏴~' 내려가는 것에 공포를 느끼기도 합니다. 물이 빨려 들어가듯 엉덩이가 빠져서 빨려 들어갈 것 같아 변기에 앉지 못하기도 해요. 이런 아이들은 아기용 변기를 사용해 보세요. 그런데 아기용 변기도 별로 좋아하지 않는 아이들이 많습니다. 촉각이 예민한 아이들은 플라스틱 변기의 차갑고 딱딱한 느낌이 싫어서 잘 앉으려 하질 않아요. 이 아이들은 신생아 때부터 차왔던 기저귀가 가장 편안하다고 느낍니다. 엉덩이가 묵직한 그 느낌이 너무 익숙한 거지요. 그래서 기저귀를 벗겨놓기만 해도 불편해하기도 합니다. 이런 아이들은 옷을 입은 채로 앉혀봅니다. 익숙해지는 것이 먼저예요. 이것을 여러 번 하면 좀 나아져요. 그다음은 바지를 내리고 앉아만 보게 합니다. 처음에는 앉아보게 하는 것으로 만족해야 해요. 한꺼번에 앉아서 변까지 보게 하는 것은 무리입니다. 앉는 것이 충분히 익숙해지면 변을 보는 것을 시도하세요. 변을 보기 직전까지의 과정이 아이가 느끼기에 편안하게 진행되어야 합니다.

우리가 변을 보게 되는 과정은 이렇습니다. 변의를 느끼고 변을 보려고 하면 그것이 뇌로 보내지고 뇌는 배에 힘을 주라는 명령을 내립니다. 힘을 꽉 주고 변이 빠져나오는 느낌을 받으면 항문이 확 열리게 돼요. 이것은 각각 별개의 기능입니다. 그 각각의 기능이 한 번에 연결되어야 변이 나와요. 아이가 대변 가리기에 성공하려면 이 일련의 기능들이 한 번에 연결되는 경험을 해야 합니다. 이것을 못하면 변이 마려워 앉기는 했는데 배에 힘이 안 들어가 변이 나오지 않고, 배에 힘은 줬는데 항문이 열리지 않아 변이 나오지 않기도 해요. 각각 별개의 기능이 연결되는 경험을 한 번이라도 성공적으로 하면 대변 가리기는 한결 수월해집니다. 만약 그게 영 되지 않는다면 재래식 화장실처럼 자기가 좋아하는 기저귀를 깔고 쪼그려 앉아 그 위에 대변을 누게 하세요. 쪼그려 앉으면 배에 힘을 주기 쉬운 데다가 항문도 잘 열리거든요. 각각의 기능이 한 번에 연결되는 경험을 하기가 더 쉬워집니다. 처음 대변 가리기를 할 때는 말로만 설명해주면 어려울 수도 있어요. 부모가 바지를 내리고 변을 보는 시늉을 하면서 유도하는 것이 좋습니다.

변이 마렵지도 않은데 아이를 자꾸 변기에 앉으라 하고, "이크, 또 못 쌌어?", "또 실패야?", "노력 좀 해봐" 하는 식으로 자꾸 부정적인 반응을 보이면, 아이는 스트레스를 받습니다. 어떻게든 성공시키겠다는 마음에 10분마다 변기에 앉히는 부모들도 있어요. 그러면 스트레스 때문에 아이는 변을 더 보지 못합니다.

아이가 변을 볼 때는 "배에 힘줬어? 와~ 똥꼬 열린다" 하며 재미있게 말하면서 아이가 어떻게 대변을 봐야 하는지 방법을 알려주세요. 변기에 앉으면 "똥꼬 열렸어?"라고 물어보기도 합니다. 아이가 "아니" 하면 실망스러워하지 말고 가볍게 "그래, 그럼 다음에 또 해보자"라고 대답해주세요. 그래야 아이가 편안하게 대소변 가리기를 할 수 있습니다. 아이가 대변을 유독 가리지 못할 때는 혹시 변비가 있는 것은 아닌지 살펴보세요. 무른 변을 지리는 아이 중에는 의외로 변비 때문에 제대로 대변 가리기를 못하는 경우도 많습니다. 이런 경우 변비 치료를 하는 것이 대소변 가리기에 도움이 돼요.

대소변 가리기는 절대 때리거나 혼내면서 진행해서는 안 돼요.

"지지", "아 더러워", "냄새나"라는 말도 절대 하지 말아야 합니다. 아이의 자존심이 상할 수 있어요. 아이의 변을 처리할 때는 표정을 조심해야 해요. 더럽다거나 역겨운 표정은 되도록 짓지 말아야 합니다. 이 시기 아이는 '대변＝나'라고까지 생각하기 때문입니다.

간혹 아이가 힘들어한다고 대소변 가리기 훈련을 계속 미루는 부모들도 있어요. 늦게 시작하면 아이가 말귀를 잘 알아듣기 때문에 단시간에 뗄 수는 있습니다. 하지만 하염없이 늦어지는 것은 곤란해요. 신체 발달과 심리 발달은 맞물려 있어서 대소변 가리기가 안 되면 심리적 발달인 자율성 발달에 문제가 생깁니다. 되도록 24개월경, 늦어도 36개월 안에는 훈련을 진행하세요. 24개월 정도 되면 아이는 뭐든 혼자하고 싶은 의지가 넘쳐납니다. 그런데 대소변 가리기가 되지 않으면 다른 사람의 도움을 많이 받아야 해요. 그 자체가 아이한테 별로 좋지 않습니다. 뭐든 혼자 하고 싶은데, 정작 혼자 할 수 있는 능력이 없다면 어떤 기분일까요? 지나치게 늦게 떼는 것도 아이에게는 자존심이 상하는 일입니다.

첫말,
나도 말하고 싶어요.
말로 좀 가르쳐줘요

아이의 첫말이 빨리 트이면 부모는 은근히 뿌듯해요. 왠지 내 아이가 똑똑한 것 같습니다. 아이의 첫말은 부모에게 '자긍심'입니다. 반대로 첫말이 늦어지면 내 아이가 뭔가 뒤떨어지는 것은 아닌지 걱정이 돼요. 꼭 집어 말하자면 지능이나 발달에 문제가 있을까 봐 불안합니다. 그렇다면 첫말이 아직 트이지 않은 아이의 사정은 어떨까요?

'말하면 주고 안 하면 안 준다고요? 말을 어떻게 하는지 알아야 하지요. 나도 말하고 싶어 죽겠어요. 에라, 모르겠다. 소리라도 질러야지. 엥? 시끄러우니까 소리는 지르지 말라고요? 소리를 질러야 말하는 법도 알지요. 나보고 어쩌라는 거예요? 엄마 아빠 자꾸 화면만 보지 말고 나한테 말 좀 걸어줘요. 말 좀 가르쳐봐요.'

솔직히 발달상 큰 문제가 없는데 첫말이 늦는 아이의 대부분은 부모를 닮았기 때문입니다. 중학교 2학년 남자아이가 진료를 받던 중 "원장님, 제가요. 어렸을 때 말이 늦어서 그것 때문에 엄청 구박을 받았었거든요. 그런데 알고 봤더니 아버지랑 큰 아버지도 다 늦었더라고요. 그때를 생각하면 얼마나 억울한지 몰라요"라는 말을 했어요. 다 자란 아이들도 종종 이런 얘기를 하면서 억울해 합니다. 단순히 말이 늦는 아이는 아이 자신 때문이기보다 부모나 집안 영향일 수 있다는 이야기를 우선 해둘게요.

아이가 첫말이 트일 때가 되었어요. 그런데 말이 잘 안 됩니다. 아이는 무슨 생각을 할까요? 아이들은 말을 못 하면 행동으로 표현합니다. 비언어적 소통 수단을 쓰는 거지요. 그리고 이것을 부모가 당연히 알아들을 것이라고 생각해요. 부모가 못 알아들었을 때 '어떻게 엄마 아빠가 내 말을 못 알아들을 수 있어?' 하면서 의아해해요. 부모가 자꾸 "이거라고? 아니야? 저거? 저것도 아니야? 그럼 요거?" 이러면 아이는 거의 뒤집어집니다. 아이는 '옆집 아줌마도 아니고 어떻게 엄마가 내 말을 못 알아들을 수 있어!'라는 심정이거든요.

아이의 첫말이 트이는 시기는 보통 만 2세에서 3세 사이, 아이들은 운동 기능도 발달하여 이것저것 만지고 싶고 궁금한 것도 많아집니다. 하고 싶은 말도 굉장히 많아요. 저건 이름이 뭐예요? 어디에 쓰는 거예요? 나 가지고 놀아도 돼요? 저 위에 있는 것 꺼내게 나 좀 안아줄래요…. 언어가 되지 않으면 아이는 부모보다 더 답답합니다. 그래서 손짓 발짓 행동으로 말했는데 부모가 못 알아들으면 속상하다 못해 억울해요. 아이의 억울함을 조금이라도 달래주려면 부모가 솔직해져야 합니다. "엄마가 잘 못 알아듣겠어. 손가락으로 가리켜볼래?" 아이가 가리키면 거기에 대한 언어적 소통을 해주고, "엄마가 잘 몰라서 네가 화가 났구나. 잘 알아듣도록 노력할게. 미안해"라고 말해줘야 해요. 그래야 아이의 답답함이 화가 되지 않습니다. 말이 늦는 아이의 억울한 상황은 또래들과 놀 때도 발생해요. 인간이 가지고 있는 공격성을 낮추는 가장 기본적인 방법이 언어입니다. 말이 안 되는 아이는 말보다 행동이 먼저 나가요. 또래 아이들과 놀다가 "내 거야, 내놔"라고 말을 해야 하는 상황에서 아이는 친구를 확 밀어버리고 맙니다. 난폭한 아이라고 오해받게 되고 또래 관계 형성에 많은 문제가 생겨요. 2~3세 아이들은 폭력적인 아이와는 무서워서 잘 놀지 않기 때문입니다.

그렇다면 아이의 첫말은 어떻게 틔워주어야 할까요? 부모들 중에 자신이 첫말을 언제 했고 어떻게 첫 말소리를 냈는지 기억하는 사람이 있을까요? 어떻게 고성을 옹알이로 바꾸고 옹알이는 또 어떻게 말로 바꾸었는지, 그것이 얼마나 어려운 작업이었는지 어른인 우리는 기억하지 못합니다. 따라서 '첫말'을 그저 할 만한 월령이 되어 자연스럽게 되는 별로 어렵지 않은 작업으로 생각해요. 그런데 그냥 소리와 언어를 위한 발성은 좀 다릅니다. 과자를 '까까'라고 하더라도 '꺅~~' 하고 소리를 지르는 것과는 소리를 내는 방식이 달라요. 언어를 위한 발성을 하려면 배에 힘을 주어 복압을 올려서 성대를 울린 다음, 성대에서 소리를 모아서 입을 오므리고 일정한 위치에 혀를 두어야 합니다. 이런 것이 제대로 되어야 언어를 위한 소리가 나요.

발달 장애가 있는 아이들 중에는 꽤 크고 나서도 언어를 위한 발성 자체가 제대로 안 되는 경우가 있습니다. 괴성 같은 소리는 지르지만 말처럼 들리는 소리는 내지 못해요. 그렇게 성대를 한 번도 사용해보지 않았기 때문입니다. 표현은 하고 싶은데 할 수 없으니 얼마나 답답할까요? 참 안타깝고 가엽습니다. 아이가 말을 하려면 옹알이를 할 때부터 언어를 위한 소리를 많이 들려주어야 해요. 옹알이를 할 때 아이가 알아듣지 못하는 말을 해도 "응 그랬어?", "따따따 랄랄라" 이렇게 자꾸 소리를 들려주면서 언어를 위한 발성을 할 수 있도록 도와주어야 합니다. 아이에게 소리를 자주 들려주고 소리의 즐거움을 느끼게 해야 언어를 위한 발성 준비가 쉬워져요.

가장 좋은 소리 자극은 부모가 일상생활에서 좋은 언어를 자주 들려주는 것입니다. 부모가 일상생활에서 필요한 기본 대화를 나누고 아이의 행동을 종종 언어로 설명해주는 것이 좋아요. 아이가 의자에서 내려오면 "의자에서 내려왔어?" 아이가 물을 달라는 시늉을 한다면 "물 마시고 싶어? 엄마 물 주세요. 물 주세요"라고 설명해줍니다. "물, 주스, 우유 어떤 것을 고를까?"라고도 해줍니다. 조심할 것은 언어 자극을 많이 주면 줄수록 좋다고 생각해 지나치게 쉴 틈 없이 말을 많이 하는 거예요. 이런 말은 아이의 귀에 언어를 위한 음성이 아니라 소음이 됩니다. 부모 간의 사이가 좋지 않아 매일 언성을 높이며 싸우는 경우도 아이의 언어 자극에 좋지 않아요. 이때도 아이는 소리를 듣는 것이 괴로워서 안 들으려고 합니다.

한 번은 이런 일이 있었어요. 아이가 말이 늦는 편이라 언어 자극을 많이 주라는 처방을 내렸습니다. 아이의 양육을 담당하고 있던 외할머니는 당신 때문에 손자의 말이 늦어진 것이 아닌가 하는 죄책감에 너무 열심히 그 처방을 따르셨어요. 손자가 시끄럽다고 도망을 다녀도 당신이 병이 날 정도로 쫓아다니면서 하루 종일 쉴 새 없이 말을 하셨답니다. 몇 주 후에 만나 본 아이는 누가 말만 하면 두 귀를 손바닥으로 막아버렸어요. 다른 치료가 필요할 상태였습니다.

아이가 소리의 즐거움을 알기 전 시각적 즐거움을 알아버리면 말이 늦어지기도 해요. 우리의 뇌는 소리 자극이 들어오면 불필요한 자극인지 말에 필요한 음성 자극인지를 구별해 이것을 해석한 다음 반응하게 되어 있어요. 그것이 말에 필요한 음성 자극이라면 언어를 위한 발성을 위한 자료로 활용합니다. 소리 자극은 뇌에서 처리되는 속도가 시각 자극에 비해 느려요. 시각 자극은 보이는 즉시 처리됩니다. 두 자극이 같이 주어져도 소리 자극보다는 시각 자극을 먼저 받아요. 요즘은 소리 자극을 충분히 즐기기도 전에, 아주 어린 아기 때부터 많은 시각 자극이 주어지고 익숙해지고 그 즐거움을 먼저 배워버려요. 아주 어린 아기들까지 TV나 컴퓨터는 물론 스마트폰이나 태블릿 PC를 보면서 시각 자극을 탐닉합니다. 이 때문에 말이 늦어지는 아이들도 적지 않아요. 이런 시각 자극을 주는 매체는 되도록 만 2세 전에는 접하지 않게 해야 합니다.

아이의 첫말을 틔울 때 부모들이 자주 저지르는 실수가 있어요. 부모는 도와주려는 의도이지만 대부분 말을 늦어지게 하거나 '첫말'에 대한 아이의 스트레스를 가중시킵니다. 첫 번째 실수는 "뭔지 달라고 해야 줄 거야. 말 안 하면 안 줄 거야"라는 말이에요. 부모는 물을 뒤에 숨기고 "물이라고 해야 줄 거야" 이렇게 말해요. 아이들은 '물이라는 말을 해서 물을 마셔야지'라고 생각하는 것이 아니라, '에이 말 안 하고 안 마시고 만다'라고 생각합니다. 예민한 아이들은 부모가 하는 대로 말할 자신이 없어 '말했다가 틀리는 것보다 안하는 것이 낫겠다'라고 생각하고 아예 입을 다물어버리기도 해요. 정확하게 못할까 봐 말을 안 하는 아이들도 있는데, 가끔 아무도 모르게 혼자서 연습을 하다가 정작 시키면 절대 안 합니다. 그러다 어느 순간 말이 '툭' 튀어나오기도 해요. 그런데 그때 부모가 너무 호들갑 떨면서 칭찬하면 쑥스러워서 또 말을 안 해버립니다. 이런 아이들은 "잘했어" 정도로 가볍게 칭찬해주는 것이 좋아요. 아이를 키우다보면 어릴 때부터 자신의 수행을 다른 사람이 어떻게 보는지에 대해 예민한 아이들이 있습니다. 이 아이들은 틀릴까 봐 안 하고, 하라고 할수록 안 하고, 했을 때 지나치게 칭찬을 해도 화를 내며 안 하기도 해요. 이런 아이들에게는 너무 과하게 반응하면 안 됩니다. "아이, 잘했어. 엄마가 알아듣겠어" 정도가 딱 좋아요. 물론 보통은 아이가 첫말이 트일 때 칭찬을 많이 해주는 것이 좋습니다.

두 번째 실수는, "아빠 말 따라해봐"라는 것입니다. 따라해보라고 말했을 때, 아무 거부 반응 없이 금방 따라하는 아이는 괜찮아요. 아이가 반응이 없거나 싫어하면 그 방법을 계속 쓰면 안 됩니다. 그럴 때는 아이에게 따라하라고 하지 말고, 아이가 따라해야 할 말을 그냥 부모가 두세 번 반복해 들려주기만 하는 것이 나아요. "물 주세요", "아빠, 시원한 물 주세요", "○○이가 물 먹고 싶대요" 하면서 물을 주면 됩니다. 상황에 맞는 말을 해주면 아이도 자꾸 들으면서 익숙해져요. 이런 아이들에게 "너 물 달라고 해봐. 따라해봐 물~ 물~" 하면 부모 말을 더 들으려 하지 않습니다.

세 번째 실수는, 부모가 지나치게 민감하고 부지런해서 말하기 전 모든 것을 해결해주는 것입니다. 아이가 원하는 표현을 하기도 전에 부모가 다 알아서 해주면 아이는 말을 할 필요가 없어 말할 연구를 하지 않아요. 민감하게 아이의 욕구를 미리 알아차렸어도 아이에게 "물 줄까?" 또는 "목말라?" 이 정도로 해주는 것이 좋습니다. 아이가 고개를 끄덕거리면 "물, 물이야. 엄마 물 주세요."라고 반복해주는 거지요.

네 번째 실수는, 아이의 부정확한 발음을 매번 교정해주는 겁니다. 아이가 말을 막 배울 때는 매우 서툴러요. 발음이 부정확할 때가 많아요. 너무 꼼꼼하고 완벽한 부모들은 그것을 자꾸 고쳐줍니다. 그렇게 해서는 안 돼요. 말을 배우는 초기는 발화량을 늘리는 것이 가장 중요합니다. 자꾸 정확하게 하는 것을 강조하면 아이는 '말을 했다가 정확하게 안 하면 야단맞을 수도 있으니 아예 안 하는 것이 낫겠다'라고 생각할 수 있어요. 말의 양이 굉장히 줄어듭니다. 또한 같은 지적을 여러 번 받으면 아이는 부모의 말이 잔소리로 느껴지고, 잔소리가 많아지면 소음으로 처리하기 때문에 언어 자극 측면에서도 좋지 않아요.

아이의 첫말은 36개월까지는 기다려줍니다. 하지만 24개월까지 보통 아이들은 100단어 정도를 말하는데 내 아이는 한마디도 못 한다면 언어 치료를 받아 빨리 말을 틔워주는 것을 생각해보세요. 36개월까지는 굳이 질병으로 보지 않지만, 24개월이 지났는데 한마디도 못 하는 아이를 무조건 36개월까지 손꼽아 기다리고 있을 필요는 없어요. 아이가 똘똘하다면 다 알아듣고 있는데 말이 안 되는 것이니 굉장히 스트레스를 받을 겁니다. 만약 발달에 문제가 있다면 빨리 도와주는 편이 나아요. 말은 한마디도 못하지만 말귀를 다 알아듣는다면, 어쩌면 이 아이는 6개월 후에 말을 할지도 몰라요. 하지만 6개월 동안 무척 불편하고 많은 스트레스를 받을 겁니다. 그 시간을 조금이라도 당겨주는 것이 나아요. 한 달이라도 당길 수 있다면 아이가 겪는 어려움은 그만큼 줄어들 것이기 때문입니다.

말이 트이면 아이가 보는 세상이 달라져요. 언어가 발달할 때 아이의 다른 영역 발달을 보면 관계를 이해하게 되고 상호작용이 좋아집니다. 언어는 누군가에게 말을 해야 하기 때문에 상대에 대한 상호작용의 개념이 있어야 생겨요. 언어는 상대방과 내가 소통을 하기 위한 방법입니다. 상대에 대한 개념뿐만 아니라 '상징(Symbol)'에 대한 개념도 필요해요. 언어 자체가 상징이기 때문입니다. 그래서 말이 트이는 시기에 아이의 놀이를 보면 상징 놀이가 굉장히 많아요. 소꿉놀이를 하면서 재료가 없어도 요리도 하고 먹는 척하기도 합니다.

　말이 트이면 공격성도 줄어들고 인지 기능이 발달되면서 부모의 훈육이나 여러 가지 사회질서도 배웁니다. 언어를 통해 자신의 의지도 표현하고 그것이 수용되는 것을 느끼면서 신비로운 경험도 하게 돼요. 아이는 자신이 한층 업그레이드되었다고 느낍니다. 또한 자신의 예쁜 첫말 소리에 주변 사람들이 보여주는 긍정적인 반응을 보면서 자아상을 긍정적으로 형성하는 데 도움을 받기도 해요. 아이의 발달은 심리적인 발달뿐 아니라 뇌의 발달, 신체 등 다른 영역의 발달이 오묘하게 맞물려 함께 일어납니다. 어느 한 영역의 발달에 문제가 생기면 아이가 매우 불편해져요. 네 바퀴로 가는 마차가 있어요. 그중 한 바퀴만 유독 작다면 얼마나 덜커덩거릴까요? 그 바퀴는 아이가 덜 받아야 할 스트레스이며, 부모들이 아이의 발달을 항상 유심히 지켜보고 있어야 할 이유입니다.

한글,
아우 골치야.
지금 꼭 배워야 해요?

한 엄마가 울면서 진료실 안으로 들어왔어요. 아이가 초등학교 1학년인데 한글을 전혀 쓰려고 하지 않는답니다. 아이는 한글을 읽지도 쓰지도 않으려 할 뿐 아니라 연필조차 잡으려 하지 않았어요. 제가 그림을 그려보자고 했더니 그림 그리기도 거부했어요. 엄마는 아이가 한글을 일찍 뗀 편이라 5살 때부터 읽고 쓸 줄 알았다고 말했습니다. 그런데 아이가 학교 들어가기 1년 전부터 이런 행동을 보였다고 했어요. 여러 가지 검사를 했고 아이와 꽤 긴 시간 상담도 했습니다. 아이는 무척 똑똑한 편이었어요.

요즘에는 이런 아이들이 많이 찾아옵니다. 이런 문제를 보이는 아이들은 간혹 반항인 경우도 있지만 평가에 예민한 아이들이 많아요. 자기가 어떻게 평가받을지에 예민해 아무것도 안 하려고 듭니다. 이런 아이들은 너무 일찍 한글을 배운 것이 불행의 시작이었던 거지요. 너무 이른 나이에 가르치다 보니 아이는 잘 따라오지 않았을 테고 부모는 불안한 마음에 아이를 더 채근했을 겁니다. 그러다 아이와 부모의 관계는 나빠질대로 나빠져 부모가 시키는 것은 아무것도 하기 싫은 아이가 되어버린 거예요. 그래도 이 엄마는 아이 손을 붙잡고 병원을 찾아 다행이었습니다. 보통 이런 경우 학습지를 하나 더 시키거나 학원을 찾아 헤매지요. 그러면 상황은 더 꼬이게 됩니다.

한글을 일찍 배우는 아이들은 3~4살 때부터 배우더군요. 이 아이들은 어떤 심정일까요?

'이거 지금 꼭 배워야 해요? 그냥 찍~ 찍~ 긋고, 그림책도 그림 보면서 내 마음대로 읽으면 정말 안 돼요? 그 한글이라는 그림은 그리기도 어렵고 외우기도 너무 헷갈려요. 정말 골치 아파요. 그냥 재미난 얘기나 해주세요. 신나는 놀이나 해요. 나 이제 겨우 네 살이에요.'

단도직입적으로 말하자면 한글은 취학 1년 전, 만 5세 넘어 가르쳐도 괜찮습니다. 이 정도면 1학년 때 학교에서 하는 받아쓰기도, 학교 수업을 따라가는 것도 무리가 없습니다. 그런데 왜 부모들은 3~4세부터 한글을 가르치기 시작할까요? 여기에서 또 부모의 자존심이 등장합니다. 한글을 빨리 떼는 것이 내 아이의 똑똑함을 증명하는 것이라고 생각하거든요. 그래서 각종 수단을 동원해 한글 배우기에 집중하는 것이지요. 교재로 공부도 하고 그림책도 몇십 권씩 혹은 몇백 권씩 읽어줍니다. 그렇게 1년에서 2년 정도 하면 아이들이 한글을 떼긴 뗍니다.

제가 가장 존경하는 위인 중 한 분이 세종대왕이에요. 그분이 한글을 만드실 때 가장 염두에 둔 점은 전혀 배움이 없는 민초들도 쉽게 배워야 한다는 것이었습니다. 그들이 소리 나는 대로 써서 짧은 시간 안에 쉽게 익히도록 하는 것이 목적이었지요. 그런데 부모들은 이 한글을 2년, 3년이나 가르쳐서 떼게 합니다. 그것도 세종대왕이 만든 원리대로 소리 문자로 가르치는 것이 아니라 시각적 자극을 통해 그림처럼 통 문자로 가르쳐요. 세종대왕은 5만 자나 되는 한문을 읽혀야 비로소 글을 쓰고 책을 읽을 수 있었던 당시의 현실을 극복하고자 쉽게 익히고 표현할 수 있는 한글을 만들었습니다. 그런데 그런 한글을 한글 창제 전에 한문을 배우듯 그림으로 한 단어 한 단어씩 가르치고 있는 것이지요. 세종대왕과 집현전 학자들이 한글을 만들었던 초심을 너무나 잊어버린 겁니다. 원리대로 배우고 가르치지 않기 때문에 배우는 사람은 한문을 배우듯 어렵고 오래 걸릴 수밖에 없어요. 오래 걸릴 뿐 아니라 병원을 찾았던 어린아이들처럼 바늘과 실처럼 친해야 할 부모 자녀 관계가 3~4세부터 틀어져버립니다.

어떤 분은 "그럼 3~4세라도 원리부터 가르치면 되지 않을까요?"라고 질문합니다. 결론은, 그럴 수가 없습니다. 아이의 발달이 아직 한글을 배울 만큼 되지 않았기 때문이에요. 만 5세는 넘어야 원리대로 자음과 모음을 나눠서 가르치는 것을 이해할 수 있을 정도로 뇌가 발달하고 한글을 쓸 수 있을 정도로 소근육이 발달합니다. 언어 영역은 듣기, 말하기, 읽기, 쓰기로 되어 있어요. 언어를 배우려면 듣기가 충분히 되어야 말하기가 되고, 듣기와 말하기가 충분히 되어야 어휘가 풍부하게 늘어나 읽기와 쓰기를 할 수 있습니다.

그런데 부모들은 가장 먼저 단어나 문장부터 많이 들려줘요. 읽기와 쓰기에 욕심을 냅니다. 언어를 잘하려면 중요한 바탕이 듣기와 말하기임에도 불구하고, 쓰기와 읽기 순서로 진행하는 오류를 범하는 거예요. 그러니 시간이 오래 걸리고 아이도 발달상 아직 할 수 없는 것을 해야 하니 스트레스를 받으며 힘들어하는 것입니다. 만 5세 이전에는 말하기, 듣기를 충분히 익히고 학교 가기 1~2년 전에는 쓰기나 읽기를 가르치는 것이 바람직합니다.

아이에게 한글을 가르치려면 어휘를 많이 늘려야 하고 그 어휘의 소리를 제대로 낼 줄 알아야 해요. 정확한 발음을 할 줄 알아야 해요. 따라서 초등학교 들어가기 1~2년 전까지는 그림책 등을 이용해 어휘를 많이 늘리고 소리를 많이 들어보게 하는 것이 중요합니다. 한글과 관련된 아이의 숙제는 사실 학교 가기 전 단어를 많이 들어보는 것 정도예요. 정말 신기한 것은 부모가 그림책을 잘 읽어준 것만으로 아이들이 초등학교 갈 즈음 되면 대부분 한글을 읽게 된다는 사실입니다. 많이 듣고 보면서 스스로 원리를 깨치는 것이지요. 그렇다고 한글을 깨치게 하려고 그림책 읽어주는 것에 너무 몰입하지는 마세요.

그림책을 읽어주라는 것은, 그림책에 있는 글자를 자주 보고 듣게 하라는 것이 아니라 그림책으로 이야기를 들려주라는 것입니다. 그러므로 그림책을 그대로 읽을 필요는 없어요. 그림책은 한글을 들려주는 재료일 뿐 교재가 아니거든요. 부모가 재미있게 변형해 읽어주거나 그림책 내용을 완전히 숙지해 이야기 식으로 전달해주는 것이 한글을 배우는 데 더 요긴합니다. 예를 들면 이런 식이에요. "옛날에 옛날에 형제 두 명이 살았는데…"라고 이야기를 시작합니다. 아이가 "그런데 아빠, 형제가 누구야?"라고 물을 수 있어요. 그러면 "큰 형, 작은 형이 형제야. △△네 집 알지? 걔네 집이 형제야"라고 이야기 중에 나온 단어의 의미를 설명해주는 겁니다. 단어도 알려주고, 단어의 사전적인 의미도 설명해주고, 실례도 찾아주어 아이가 정말 그 단어를 알 수 있게 돕는 거예요. 한글의 듣기와 말하기를 가르치는 가장 좋은 방법입니다. 한글을 가르칠 욕심에 글씨 없는 그림책은 읽히지 않은 부모들도 있어요. 그런데 글씨 없는 그림책만큼 좋은 책은 없습니다. 읽어줄 때마다 다르게 읽을 수 있고 아이도 볼 때마다 다른 상상을 할 수 있기 때문이에요.

아이가 구사하는 어휘가 충분히 늘었을 때, 그 어휘들의 정확한 소리를 어떻게 내는지 알았을 때, 자음과 모음의 구조, 자음과 모음의 위치, 자음과 모음이 결합하면 어떤 소리가 나는지 등을 설명하며 읽기와 쓰기를 가르칩니다. 쓰기를 가르칠 때는 사선, 가로선, 세로선, 동그라미부터 연습시켜야 해요. 그리고 점을 두 개 정도 찍어주고 선 잇기를 가르칩니다. 아이가 선 긋기를 잘 하게 되면, A4 종이에 가로선과 세로선을 각각 5~6개씩 그어 깍두기 노트를 만듭니다. 깍두기 한 칸에는 십자로 점선을 만들어요. 그리고 자음, 모음, 받침을 쓰는 위치에 맞춰 글을 쓰며 쓰기 공부를 시킵니다. 가 기 구 개 고 그 기… 식으로 ㄱ, ㄴ, ㄷ, ㄹ 자음의 소리를 가르치며 한글 쓰기를 하세요. 그렇게 하다 보면 받침까지는 잘 모르더라도 어느 정도 소리 나는 대로 쓸 수 있게 됩니다. 각 자음과 모음의 발음을 아이가 정확히 알 때즈음 왼쪽에서 오른쪽으로, 위에서 아래로 선을 긋는 순서도 정확하게 가르치세요.

한글을 배우는 것은 아이들이 스트레스를 받을 주제가 아닙니다. 지나치게 일찍 가르치지만 않으면 한글을 배우는 것은 그렇게 어려운 일이 아니거든요. 너무 일찍 가르치면 말을 배워야 할 시기에 글을 배우는 것이기 때문에 아무리 똑똑한 아이도 힘들어합니다. 제아무리 올림픽 국가 대표 선수처럼 운동신경이 월등하게 발달한 사람도 태어난 지 3개월 되었을 때 걸으라고 하면 걸을 수 없어요. 아무리 뛰어난 사람이라도 각각의 신경계가 준비되려면 일정한 시간이 요구됩니다. 준비가 되었을 때 가르쳐야 해요. 너무 빨리 가르치면 시간도 많이 들 뿐더러 애는 쓰지만 진만 빠지고 효과는 떨어집니다.

제가 만난 한 부모는 아이가 너무 이른 조기교육으로 문제가 생겼음에도 "아이가 재미있어 한다", "아이가 공부하는 것을 즐거워한다", "나는 놀이하듯 공부를 시키고 싶다"라고 했어요. 취학 전 아이의 교육과 관련된 것에는 유난히 놀잇감들이 많습니다. 많은 교재나 기관에서 놀이처럼 공부를 시키라고 유도합니다. 아이들도 처음 접했을 때는 호기심을 보이고 즐거워하는 듯 보여요. 지켜보는 부모도 '이렇게 놀면서 즐겁게 공부할 수 있지 않을까?' 하고 생각합니다. 하지만 냉정하게 말해서 즐겁게 놀면서 공부할 수는 없어요. 공부는 놀이가 아닙니다. 공부는 공부예요. 놀이는 즐겁지만 공부는 즐겁지 않습니다.

아이에게 한글을 가르칠 때도 "이것은 우리나라 글이고 네가 학교에 들어가서 책을 읽으려면 배워야 하는 거야"라고 동기를 정확하게 인식시키고, 힘들고 불편해도 해나가게 해야 해요. 어떻게 즐겁게 놀면서 공부하나요? 놀이보다 공부를 더 좋아하는 사람이 이 세상에 어디 있을까요? 아주 소수를 빼고는 누구나 노는 것이 훨씬 좋아요. 그런데 알아가는 즐거움도 있지만 지루하고 힘든 과정이 있는 것을 감춘 채 자꾸 아이들에게 즐겁게 공부하자, 놀이처럼 공부하자고 합니다.

저는 아이들에게 그렇게 말하지 않아요. "공부는 지루해. 지겨워. 해도 해도 끝이 없어. 원래 그래. 한 만큼 결과가 안 나오기도 해"라고 말해줍니다. 당연히 아이들은 물어요. "그런데 왜 해요?" 그러면 저는 "그래도 해야 해. 해야 하는 이유는 첫째, 뇌가 발달해야 돼. 두 번째는 정보와 지식을 얻기는 얻어야 돼. 세 번째는 지겨워도 해나가는 연습을 하는 거야. 인생을 살아가려면 인내심을 반드시 길러야 하거든"이라고 진지하게 설명해줍니다. 아이에게 근본적인 것을 이야기해줘야지, 쉽게 원하는 것을 얻거나 아이가 순간 재밌어한다는 이유로 공부와 놀이를 헷갈리게 해서는 안돼요.

초등학교 들어가기 전까지는 '한글 쓰기'는 그렇게 중요하지 않습니다. 자기 의견을 잘 말할 수 있고, 남이 하는 말을 잘 듣고 이해할 수 있고, 누군가 읽어주는 그림책 내용을 이해할 수 있고, 자신이 조금 읽을 줄 알면 돼요. 만약 초등학교 들어가기 직전인데 아이가 전혀 단어를 이해하지도 읽지도 못한다면 그 아이는 뭔가 도와주어야 할 문제가 있는 경우입니다. 전문 기관의 도움을 받아야 해요. 지능에 문제가 있을 수도 있고, 학습 장애가 있을 수도 있고, 유난히 그 정보를 해석하지 못하는 아이일 수도 있습니다. 정서적인 문제로 실패를 지나치게 두려워하는 아이일 수도 있습니다. 부모와 자녀 관계에 무언가 문제가 있는 아이일 수도 있어요. 간혹 부모들은 너무 늦게 가르쳐서 이런 문제가 생긴 것은 아닐까 생각합니다. 절대 그렇지 않아요. 일찍 가르쳤다면 더 큰 문제가 생겼을 것입니다.

동생의 존재,
엄마가 변했어요! 이젠, 날
사랑하지 않는 것 같아요

"사랑이라는 것은 점점 커지는
것이지 줄지 않는 거야"

동생이 있는 중학생 남자아이가 상담 중 긴 한숨을 내쉬면서
밑도 끝도 없이 말했습니다. 대화를 그대로 실어볼게요. 아이들
이 '동생'을 어떻게 생각하는지 얼핏 느껴질 겁니다.

"원장님, 저는요. 정말 나쁜 인간인가 봐요."
"그게 갑자기 무슨 말이니?"
"제 안에는요, 선과 악이 공존하는 것 같아요. 한쪽에는 까만 악마가 있고 다른 한쪽에는 하얀 천사가 있어요. 특히 엄마는 없고 동생이랑만 있을 때 악마랑 천사가 어디선가 튀어나와요."

"그래? 까만 악마가 뭐라고 그러니?"

"까만 악마가 '엄마도 없는데 때려때려 때려줘버려'이래요. 그런 말을 들으면 정말 확 때려주고 싶어요."

"그래? 하얀 천사는 뭐라고 그러는데?"

"하얀 천사는 '너 나쁜 애 아니잖아. 그런 짓을 하면 안돼!' 그래요."

그래서 넌 결국 어떻게 하냐고 물었어요. 아이는 가슴속에서 뭔가 확 치밀어 올라 때려주고 싶지만 그러면 나쁜 사람이 되니까 참는다고 했습니다. 부모들은 "동생 하나 있는데 그걸 못 봐주니?"라고 쉽게 말하지만, 아이들은 동생한테 쌓이는 게 많아요. 많은 아이들이 동생을 '내 인생에서 다시 마주치고 싶지 않은 사람'이라고 표현합니다. 하지만 자신이 나쁜 사람이 될 것 같아 내놓고 말하지 않을 뿐이에요. 아이들에게 동생은 참 밉고 힘든 존재입니다. '동생만 없다면 자기가 이런 나쁜 생각도 안 했을 테고 엄마의 사랑도 변하지 않았을 텐데'라는 마음이 늘 있기 때문입니다.

아이들이 동생 때문에 스트레스를 받는 것은 엄마가 임신을 했을 때부터예요. 임신을 하기 전에는 그림책을 읽어달라고 해도, 놀아달라고 해도 뭐든 잘 해주던 엄마가 입덧을 하고 예민해지니까 자꾸 "저쪽 가서 놀아. 엄마 힘들어"라고 합니다. 여러 번 물어도 친절하게 대답해주던 엄마가 겨우 두 번 물어봤는데, "아까 엄마가 얘기했잖아" 하면서 짜증을 내요. 이럴 때 아이는 '아 엄마가 임신해서 힘들어서 그러는구나'라고 이해하지 못합니다. 아이는 '엄마가 변했어. 왜 갑자기 저러지? 이제는 나를 사랑하지 않나? 내가 뭘 잘못했나?'라고 생각해요. 아이는 '엄마가 날 미워하나 보다'라는 생각에 애착 손상이 아니라는 것을 확인하기 위해 엄마에게 더 들러붙습니다. 아이는 '아니야, 내가 잘못 알고 있을 거야. 한 번 더 확인해봐야지'라는 심정으로 뭐든 더 졸라요. 엄마와 아이 사이에는 아주 강렬한 애착이 있습니다. 그 애착에 손상을 입었다고 생각되면 아이는 불안해져요. 애착 손상을 회복하기 위해 더 요구하고, 안되면 더 화를 내고 더 집요하게 들러붙습니다.

부모는 아이의 이런 행동을 말을 안 듣는 것이라고 생각해요. "엄마가 임신해서 힘들다고 했잖아. 그 정도 말하면 알아들을 나이도 됐잖아" 하면서 혼을 내요. 아이는 발달상 남의 입장을 미뤄 짐작하고 배려하는 것이 힘듭니다. 부모는 '형이니까'라고 말하지만, 보통 6~7세 정도나 돼야 남의 입장에 대해 이해할까 말까예요. 아이는 자신을 더 이상 사랑하지 않는 것 같은 엄마의 상황도, 알아들을 나이가 되었다는 부모의 말도 당황스러울 뿐입니다. 그런데 부모는 아이의 고집을 받아주면 아이가 계속 그럴 것이라고 여겨요. 동생이 태어나면 상황이 더 힘들어질 거라고 생각해 차갑고 단호하게 대합니다. 아이에게 '엄마는 여전히 너를 사랑하고 있다'라는 것만 확인시켜주면 끝날 일을 더 꼬이게 만드는 거지요. 차갑게 대할수록 아이는 더 징징대고 한시도 안 떨어지려고 합니다. 하루 종일 뭔가를 계속 요구하기도 하고, '내가 다시 엄마한테 해달라고 하나 봐라'라는 생각에 확 멀어지면서 부모한테 별 반응이 없어지기도 해요. 엄마가 자신을 사랑하지 않게 된 상황이 너무 힘들어 얼굴에 표정이 없어지고, 안 흘리던 침도 흘리고, 잘 가던 유치원을 안 가려고 합니다.

동생이 생겼을 때 아이의 마음은 요약하면, '엄마가 변했네. 혹시 날 미워하나?'입니다. 동생이 생기고 나서 스트레스를 받지 않는 아이는 없어요. 어떤 부모는 "미리 설명을 해줬더니 우리 애는 동생을 너무 예뻐하고 잘 돌봐줘요"라고 말하기도 합니다. 그런데 아이가 상황에 순응하는 쪽으로 대처하는 것뿐이지 그 아이의 마음도 편하지는 않아요. 태어난 동생을 만져보고 예쁘다고 하는 아이들은 많은 경우 부모의 칭찬을 받기 위해 그럴 가능성이 높아요. 극소수지만 동생이 생겨도 스트레스를 많이 받지 않고 넘어가는 아이도 있는데, 이런 아이들은 성격이 워낙 외향적이고 주변에 엄마 외에 아빠, 할머니, 이모, 어린이집 교사, 친구 들로부터 위안을 받고 즐거움을 찾을 수 있는 애착 대상이 여럿 있는 경우입니다. 대부분은 엄마를 동생에게 뺏긴 것 같아 스트레스를 받아요. 특히 세 돌 이전의 아이라면 더 심합니다.

동생이 태어나면 돌이 조금 지날 때까지 동생은 늘 엄마와 한 덩어리인 상태예요. 동생이 생기고 큰아이는 엄마와 오롯이 단 둘이서 보내는 시간이 없다는 생각이 듭니다. 엄마는 놀아준다 고는 하지만 엄마 가슴이나 등에는 항상 동생이 달려 있어요. 엄마는 단순히 달고만 있는 것이 아니라 수시로 동생을 어르고 달래며 젖을 줍니다. 그러다 보니 큰아이는 늘 결핍을 느껴요. 동생을 보고 있으면 신경질이 납니다. 잠든 동생을 보고 이때야 말로 엄마를 차지할 기회다 해서 엄마에게 다가갔더니 엄마가 피곤하다며 동생과 자버립니다. 그러면서 동생 깨니까 조용히 놀라는 잔소리까지 해요. 큰아이의 마음은 어떨까요?

애착이라는 것은 자녀와 부모 간에만 존재하는 것은 아닙니다. 연인이나 부부 사이에도 있어요. 나는 상대를 여전히 사랑하는 데 상대는 뭔가 달라진 것 같고 나를 더 이상 사랑하지 않는 것 같다면, 심지어 미워하는 것 같다면, 다른 사람을 사랑하는 것 같 다면 아무렇지 않을 수 있는 사람이 얼마나 될까요? 나에 대한 애 정을 확인할 때까지 잠시만 눈에 보이지 않아도 어디에 있는지 궁금하고, 내 전화를 한 번만 받지 않아도 별별 의심이 다 생 길 거예요. 의심하고 집착하고 추궁하고… 방식은 다르지만 동생이 생긴 아이도 엄마가 여전히 자신을 사랑하는지 반응을 보기 위해 자꾸 문제 행동을 만들기도 합니다. 일부러 장난감을 던진 후 엄마의 반응을 살피기도 해요. 이전 같으면 부드러운 말투로 "던지면 안 되지"라고 말을 하던 엄마가 무서운 표정으로 "야!"라고 소리를 지르면 '역시 내 생각이 맞네' 이렇게 됩니다.

동생 때문에 마음이 힘든 아이를 다룰 때는 아이가 엄마를 변했다고 생각한다는 사실을 잊지 마세요. 오해가 아닙니다. 실제로 엄마의 상태가 달라졌어요. 임신을 해서 몸이 힘든 상태였고, 출산을 한 이후에는 항상 어린 아기를 달고 있는 상태입니다. 일하는 엄마의 경우 퇴근을 하면 가장 중요한 일이 저녁을 먹고 큰아이와 놀아주는 일이었다면, 이제는 그 시간에 어린 아기를 돌보는 것이 더 큰 일이 되었어요. 이전에 유지했던 균형 상태에서 많은 것이 바뀌었습니다. 큰아이는 이것을 엄마가 예전만큼 자신을 사랑하지 않고 미워하는 것으로 감지할 수 있다는 사실을 알고 있어야 해요.

어떻게 하는 것이 좋을까요? 동생이 태어나기 전에 큰아이에게 "너 동생이 태어나면 엄마 사랑이 줄 것 같니?"라고 물어보세요. 대부분이 "어"라고 대답합니다. "엄마가 덜 놀아주고 덜 돌봐주고 그럴 것 같아?"라고도 물어보세요. "어"라고 답할 거예요. "그래서 싫고 그래?" 이 질문에도 그렇다고 할 겁니다. 그때 이렇게 말해주세요. "엄마랑 아빠가 사랑해서 결혼했잖아. 그리고 네가 태어나서 엄마랑 아빠는 더 행복해졌어. 네가 태어났다고 엄마가 아빠를 사랑하는 마음이 줄어든 것은 아니야. 아빠도 마찬가지야. 엄마 아빠는 사랑이 더 많이 늘어났거든. 우리 모두 네가 태어나서 더 많이 행복해졌어. 아빠를 사랑하는 마음은 그대로인데 또 마음이 생겨서 널 사랑하게 된 거야. 사랑이라는 것은 점점 커지는 것이지 줄지 않는 거야" 이렇게 설명해주면 아이는 조금 위안을 받습니다.

아이한테 "동생이 태어나도 더 많이 놀아줄게"라는 식으로 지키지 못할 약속은 하지 마세요. 자칫하면 동생이 태어나고 나서 '거봐 내가 속았지'라고 생각할 수 있습니다. 현실적으로 가능한 이야기를 해주세요. "어쩌면 책 다섯 권 읽어주던 것을 세 권밖에 못 읽어줄 수도 있어. 왜냐면 너 어릴 적에 그랬듯이 엄마가 동생을 돌봐주어야 하니까. 하지만 세 권 읽는 동안에는 엄마가 정말 재밌게 읽어줄게. 엄마가 너랑 노는 시간이 줄어들 수는 있어. 하지만 꼭 놀아줄 것이고 노는 시간에는 정말 최선을 다해서 즐겁게 놀아줄 거야." 동생을 만나기 전에 이런 이야기를 충분히 해서 아이가 엄마의 사랑을 확신할 수 있게 해줍니다. 그리고 그 약속은 정말 지켜야 해요.

출산 전에도 아이와 놀아줄 때는 정말 재밌게 즐겁게 놀아주세요.

아이는 엄마의 이야기가 거짓말이 아니며 믿을 만하다는 것을 확인하게 됩니다. 동생이 태어나도 가능한 한 짧은 시간이라도 꼭 놀아주세요. 물론 일상에서 이런저런 사정으로 쉽지는 않을 겁니다. 작은아이는 남편에게 맡기거나 작은아이가 자는 시간을 이용하는 방법도 있습니다. 큰아이와 놀 때는 작은아이를 달고 있지 않도록 하세요. 집안일도 아기도 신경 쓰지 말고 온전히 큰 아이와만 시간을 보냅니다. 그러면 아이가 엄마의 사랑을 의심 하지 않아요. 동생이 자신에게서 엄마를 빼앗아 갔다고 생각하 지 않습니다.

첫 유아 기관,
마음대로 할 수 있는 집이 좋아요.
나 보내고 재있게 놀려는 거 아니죠?

아이의 첫 사회생활인 유아 기관에 관한 이야기를 해볼게요. 부모들은 아이가 만 2세만 돼도 어딘가에 다니지 않으면 뭔가 뒤처지는 것 같아 불안합니다. 혹여 잘 안 가려고까지 하면 앞으로도 이런 식으로 단체 학습을 할 때마다 힘들어하면 어떡하지? 혹시 이 모습이 사회 부적응으로 나타나는 것은 아닌가? 확대해석을 하기도 해요. 그런 경우가 없는 것은 아니지만 생각만큼 많지도 않습니다. 그보다 너무 일찍 보내 적응하지 못하는 경우가 더 많아요. 그렇다면 유아 기관에 잘 가지 않으려는 아이들은 어떤 심정일까요?

'집에 있으면 장난감도 마음대로 가지고 놀 수 있고, 냉장고에서 먹을 것도 맘대로 꺼내 먹을 수 있고, 늦잠도 잘 수 있는데 도대체 왜 유치원에 가야 해요? 왜 동생은 집에 있고 나만 가야 해요? 나 보내고 동생이랑 맛있는 것 먹고 재미있게 놀려고요? 나도 엄마랑 더 놀고 싶어요.'

아이에게 물어보면 유아 기관에 가기 싫어하는 이유는 생각보다 단순합니다. "나만 빼놓고 엄마랑 동생이랑 둘이만 재미있게 놀까 봐요", "엄마는 집에서 놀면서 나만 공부하라고 그래서요", "나만 일찍 일어나야 해서 싫어요", "자꾸만 정리하라고 해서 싫어요", "낮잠 자기 싫은데 자꾸 자래요", "먹기 싫은 것 먹어야 해서 싫어요", "선생님이 무서워서 싫어요" 등입니다. 물론 그렇다고 사회성 발달에 중요한데 안 보낼 수는 없어요. 하지만 아이에게 이런 마음이 있다는 것을 먼저 잘 헤아려주었으면 합니다.

상황이 허락한다면 유아 기관은 만 3세 정도에, 오후 2시면 집에 올 수 있는 반일반 정도를 보내는 것이 적당할 것 같아요. 오전 9시~10시에 등원해서 오후 2시 정도까지 또래와 지내며 질서나 규칙을 배우도록 합니다. 이 정도 시간은 아이가 큰 문제가 없다면 좀 힘들어도 또래와의 관계를 경험하는 것이 옳아요. 36개월 이전까지는 보통 아이는 부모와 일대일의 관계입니다. 또래와 같이 있어도 같은 공간에 있는 것이지 또래와 함께 노는 것은 아니에요. 따라서 유아 기관에 가도 아이는 자꾸 선생님과 관계를 맺으려고 듭니다. 만 36개월이 넘으면 조금씩 또래와 주고받는 놀이가 가능해져요. 분리 불안이 심한 아이는 조금 더 천천히 보내도 되지만, 일반적인 상황에서는 만 3세 정도에 보내는 것이 바람직합니다. 물론 좀 더 일찍 좀 더 오래 맡겨야 하는 불가피한 상황이라면 그렇게 해야 합니다. 집집마다 상황은 다르니까요. 언제나 육아는 주어진 상황에서 할 수 있는 최선을 다하는 겁니다. 무엇이 정답이라고 말할 수는 없어요.

기관을 선택할 때는 시설이나 교육 프로그램보다는 교사를 보고 보내야 해요. 특히 어린 나이에 너무 교육 프로그램이 쫀쫀하게 짜여 있는 곳으로 보내면 아이가 힘들 수 있습니다. 스케줄대로 움직여야 해서 한 가지 놀이를 진득하게 할 수가 없거든요. "여러분, 자유놀이 시간이에요. 마음대로 노세요" 해놓고선 10~20분 정도만 지나면 "자, 이제 정리하세요"라고 합니다. 아이들이 한 가지 놀이에 집중할 수 있는 시간이 짧다는 것을 감안한 스케줄이지만 생각보다 많은 아이들이 짧은 놀이 시간에 스트레스를 받아요. 유아 기관을 선택할 때는 얼마나 시간표가 쫀쫀한지, 무엇을 가르치는지, 어떤 다양한 프로그램이 있는지를 선호하지 않았으면 좋겠습니다. 요즘은 유아 기관들도 과잉 경쟁으로 점점 더 다양한 프로그램을 갖추려고 해요. 그런데 그 프로그램의 스케줄을 다 따라가다 보면 아이들은 유치원 생활이 너무 바빠요. 시간마다 끌려다니는 지경이 됩니다.

아이는 한 놀이를 지속하면서 놀이가 확장되고 구조화되고 체계화되는 경험을 해보아야 해요. 그것도 교육입니다. 하지만 지나치게 쫀쫀한 스케줄을 가진 유아 기관에서는 그런 교육을 할 수 없어요. 바쁜 스케줄은 얻는 것도 있겠지만 잃는 것도 상당히 많습니다. 보통 3~4세 정도 되는 아이들은 기본 질서를 배우는 것이 제일 중요해요. 밥 먹을 때 손 닦는 것, 제자리에 잘 앉아서 골고루 잘 씹어 먹는 것, 떨어진 것을 주워 먹지 않는 것, 친구하고 놀이를 할 때 순서를 기다리는 것, 친구가 먼저 가지고 노는 것을 뺏지 않는 것, '줄 서세요'라는 지시에 줄을 서는 것 정도만 잘 배워도 정말 잘하는 겁니다.

우리 아이가 '참는 성향'이 있다면 처음 기관에 다니기 시작할 때 아이에게 좀 더 관심을 가져야 해요. 같은 반 아이들 중 많이 버거운 아이가 있으면 참는 아이는 정말 괴롭습니다. 유아들은 행동이 유난히 크거나 친구를 괴롭히거나 장난감을 자주 뺏아 갈 때 스트레스를 받아요. 이럴 때 교사가 자꾸 참으라고 하면 스트레스는 더 가중됩니다. 그나마 밖으로 표현하는 아이는 이런 상황에서 화를 내거나 소리를 지르거나 싸움을 해서라도 스트레스를 해소해요. 하지만 참는 아이는 꾹 참아 스트레스를 점점 키웁니다.

대부분 참는 아이들은 유아 기관 입학 초기부터 적응을 너무 잘한다는 말을 들어요. 부모들은 교사의 말을 믿고 반일반을 보내다가 덜컥 종일반으로 늘려버리는 경우가 많습니다. 이렇게 되면 아이는 갑자기 잘 가던 유아 기관은 물론이고 놀이터에도 안 가려고 하기도 해요. 아이는 두 가지 마음입니다. '착하게 참아봤자 상황만 더 힘들어지니 아예 아무것도 안 해버리겠다'는 것과 '나도 말썽을 부리는 편이 낫겠다'는 거예요. 적응을 잘 해야겠다는 동기를 잃어버리게 되는 것입니다.

이런 아이들은 아무 말 하지 않아도 자주 물어봐줘야 해요. 물어볼 때는 요령이 필요합니다. 참는 아이에게 "너 힘들지?"라고 물어보면 아니라고 고개를 저어요. "어린이집 다니는 데 힘든 일이 많지?"라고 말하면 고개를 끄덕입니다. 참는 아이들에게는 질문을 어떻게 하느냐가 중요합니다. 잘 참는 아이는 "너 힘드니?"라고 물었을 때, "네 힘들어요"라고 대답하기가 너무 어려워요. 동생을 미워하는 것이 빤히 보이는데도 "너 동생 미워해?"라고 물으면 "아니요"라고 대답합니다. "네 동생, 어떨 때 보면 되게 얄미울 때도 있지 않니?" 이러면 "네"라고 대답해요. 단도직입적으로 물으면 그 감정을 좋지 않은 감정이라고 생각해 아이는 자신의 감정을 솔직하게 말하지 못합니다.

아이와 대화를 나눠보았더니 힘들어한다면 며칠 안 보내도 돼요. 종종 유치원 며칠 안 보내는 것을 큰일 나는 거라고 생각하는 부모들이 있습니다. 트러블이 있어도 잘 이겨내고 잘 다니기를 바라고 그것이 아이에게 더 큰 도움이 될 거라고 여기는 거지요. 부모들의 마음속에는 '한 번 받아주면 계속 그럴 것이다'라는 명제도 있습니다. 습관이 돼서 툭하면 안 가는 아이가 될까 봐 걱정하는 것은 알아요. 하지만 습관은 한 번 받아주는 것에서 생기는 것이 아니에요. 그 문제를 어떻게 다루느냐에 달려 있습니다.

아이가 "엄마, 나 오늘 어린이집 가기 싫어"라고 하면 최대한 진솔하게 이야기해보세요. 가볍게 "그래, 그럼 가지마"라고 하는 것도 문제지만, 아이가 "이만저만해서 오늘은 정말 힘들어. 걔가 가면 나를 때리는데 선생님한테 얘기해도 소용이 없어"라고 말한다면 아이를 보호하는 차원에서 그냥 보내서는 안 됩니다. 이럴 때 부모가 "사실 어린이집은 힘들어도 가야하는 것은 맞지만 지금은 네가 더 많이 힘든 것 같아. 네가 더 중요하지 어린이집이 더 중요한 것은 아니야. 어린이집에 다니는 것이 너이기 때문에 중요한 거야. 네가 힘들다면 엄마도 그 마음을 좀 생각해봐야 할 것 같아. 그 친구가 너를 자꾸 때리면 어린이집 선생님하고 엄마가 의논을 좀 해봐야 되겠어. 오늘은 좀 쉬고 다시 얘기를 해보자"라는 식으로 다뤄주면 아이에게 나쁜 습관이 생기지 않습니다. 아이가 떼를 쓰느라 안 가겠다고 하는 것이 아니라 뭔가 힘든 일이 있다면 아이의 마음을 들어주는 것이 맞아요.

아이가 어려서 정확하게 확인하기는 힘들지만, 아이가 지속적으로 가기 싫어한다면 뭔가 이유가 있는 거예요. 내 아이의 적응 능력에 문제가 있든, 유아 기관 프로그램이 우리 아이에게는 버겁든, 또래와 무슨 일이 발생했든, 유아 기관 교사와 힘든 일이 있든, 아이의 발달에 문제가 있든 무슨 문제가 있는지 찾아보려고 해야 합니다. 궁극적으로 부모의 목표는 유아 기관이 아니라 '아이'입니다. 유아 기관이 중요한 것은 내 아이가 다니기 때문입니다. 유아 기관 다니는 것보다 내 아이가 더 소중해요. 그런 생각을 꼭 하고 있어야 합니다.

아이가 유아 기관 생활을 잘하려면, 아이 입에서 "우리 선생님은 나를 정말 예뻐해"라는 말이 나와야 해요. 아이들은 교사가 무서울 때도 유아 기관에 다니는 것이 힘듭니다. 특히 4세반에서 5세반 올라갈 때 교사들이 좀 엄해져요. 이때 스트레스를 받는 아이들이 적지 않습니다. 제가 만난 아이는 4세반일 때 집에서 초콜릿이나 사탕을 가지고 가서 반 친구들과 나눠먹곤 했어요. 4세반 교사는 아이의 행동에 별 제재를 하지 않았습니다. 5세가 된 후에도 아이는 똑같은 행동을 했어요. 그런데 5세반 교사는 이런 행동은 절대 허용하지 못한다며 지나칠 정도로 무섭고 엄격하게 아이의 행동을 제재했습니다. 이외에도 모든 일에서 규칙과 규율을 굉장히 강조했어요. 아이는 4세반에서는 줄곧 칭찬만 듣다가 5세반에서는 매일매일 지적을 받고 혼이 났습니다. 아이는 5세반이 되고 얼마 안 되어 유아 기관을 안 가겠다고 버티기 시작했어요.

교사가 지나치게 엄하고 무서우면 아이는 마음 둘 곳이 없습니다. 유아 기관에 가는 것이 너무 힘든 일이 되어버리지요. 이런 경우 부모가 용기를 내어 교사를 만났으면 합니다. 그리고 항의하듯이 하지 말고 조심스럽고 진솔하게 말을 꺼내보세요. "선생님이 우리 아이를 잘못 가르친다는 뜻도 아니고, 기본 교육 방침이 마음에 들지 않는 것도 아니에요. 그런데 생각보다 아이가 많이 무서워해요. 아이마다 성격이 다르기 때문에 선생님의 의도가 아무리 옳아도 모든 아이에게 똑같은 효과를 낼 수는 없지 않을까요?" 이런 말도 덧붙이셨으면 좋겠습니다. "혹시 우리 아이가 선생님이 엄격하게 다뤄야 할 정도로 지나친 문제 행동이 있다면 얘기해주세요. 집에서 잘 지도해보겠습니다." 이런 이야기를 여러 번 하셔야 해요. 만약 아무리 얘기해도 개선이 안 된다면 유아 기관을 바꿔야 합니다. 유아 기관의 교사는 아이가 생애 처음으로 만난 '권위자'일 수도 있어요. 이 일을 잘못 거치면 지나치게 반항적인 아이가 될 수 있습니다. 외부의 힘이 강하면 자신을 보호하기 위해 아이도 강하게 나가게 돼요. 그러지 않던 아이가 매사 대들 수도 있어요. 하지만 그보다 더 많은 경우는 아이가 심하게 위축됩니다. 자기주장도 잘 내세우지 못하고, 유아 기관만 갔다 오면 기운이 없습니다. 이런 경험은 이후의 삶에도 내내 영향을 끼칩니다.

아이가 교사를 무섭다고 할 때, "선생님이니까 선생님 말 잘 들어야지" 이렇게 말하지 마세요. 그렇다고 "그 선생님 뭐 그러냐?"라고 흉을 보라는 것도 아닙니다. "선생님이 지나치게 엄한 면이 있는 것 같네. 네가 좀 무섭겠다"라고 말해주고 이 상황에서 무엇이 옳고 그른지, 어떻게 행동하는 것이 좋은지 핵심을 가르쳐주세요. "엄마가 보기에는 선생님께서 너에게 이런저런 것을 가르치시려고 그러는 것 같은데, 잘 설명해달라고 엄마가 얘기할게. 무섭게 하는 것이 꼭 효과적인 것은 아니니까. 그렇지만 너도 선생님이 지켰으면 하는 규칙들은 지켰으면 해." 이렇게만 다뤄줘도 앞으로 비슷한 상황에 처했을 때 아이가 좀 더 유연해질 수 있습니다.

살아가면서 우리가 접하고 사는 모든 사람을 다 선택할 수는 없어요. 세상에는 별의별 사람들이 다 있으니까요. 결국 내가 선택할 수 있는 것은 이들에 대한 대응입니다. 어떤 유형의 사람을 만나도 유연하게 처리할 수 있다면 사람으로 인해 받는 스트레스는 많이 줄어들 거예요.

급식 지도,
먹으면 죽을 것 같은데
안 먹으면 혼나요

생각보다 많은 아이들이 '급식 지도' 때문에 유아 기관이나 학교에 가기 싫어합니다. 급식 지도는 아이들을 건강하게 키우고 올바른 식습관을 갖게 하는 데 꼭 필요해요. 하지만 너무 일찍 너무 엄하게 적용하는 것은 문제가 있다고 생각합니다. 편식이 심한 아이들은 급식 지도를 이렇게 느끼거든요.

'먹으면 죽을 것 같은데 안 먹으면 선생님한테 혼나요. 죽을 것 같은데 먹는 그 심정 아세요? 아무리 해도 빨리 씹을 수 없고 빨리 넘길 수 없는데 늦게 먹으면 선생님을 힘들게 하는 아이래요. 골고루 안 먹으면 음식을 소중히 여기지 않은 아이래요. 먹는 것도 내 맘대로 못 먹는 세상, 아! 뭘 내 마음대로 할 수 있겠어요?'

유치원 급식 지도, 초등학교 급식 지도를 보면 그 과정에서 아이의 생각이나 욕구가 너무 많이 무시되는 것 같아요. 정답에 가까운 '골고루 먹어야 한다'라는 명제를 들이대면서 아직 어린아이들을 너무 옴짝달싹 못 하게 합니다. 사람마다 밥 먹는 속도가 엄연히 다름에도 어떤 유치원에서는 밥을 깨끗하게 싹싹 먹는 아이에게 칭찬 스티커를 주기도 해요. 밥을 빨리 먹는 것이 왜 칭찬받을 일일까요? 먹고 싶지 않은 음식을 남긴 것이 왜 혼날 일일까요? 급식 시간에 나온 음식 중 아이가 정말 싫어하는 것이 있어 다른 아이들보다 속도가 늦어지거나 음식을 남겼다고 해서 절대 게으르거나 나쁜 아이가 아닙니다.

그런데 밥을 빨리빨리 먹어서 깨끗하게 비운 아이는 마치 선량하고 훌륭한 것처럼 급식 지도를 해요. 초등학교에서도 한 아이가 밥을 늦게 먹어 다른 아이들이 그 아이를 모두 기다려야 하는 경우, 밥을 늦게 먹은 아이를 나쁜 아이처럼 느껴지도록 은근히 분위기가 조성되기도 합니다. 늦게 먹는 것에 죄책감을 느껴야 하고 자신이 잘 먹지 못하는 것 때문에 아이의 자존감이 위축되기도 해요. 말도 안 되는 일입니다.

저는 가끔 옛날에 태어난 것이 정말 다행이라고 생각해요. 어렸을 적 편식이 정말 심했거든요. 하지만 저희 어머니는 항상 제가 좋아하는 음식들로 식탁을 차려주셨습니다. 편식도 심하고 밥도 늦게 먹는 편이었지만 식사 시간이 늘 즐거웠어요. 또 학교에서는 급식이라는 것이 없던 시절이라 어머니가 제 입맛에 맞게 싸주신 도시락을 맛있게 먹을 수 있었습니다. 어른이 된 지금, 그렇게 편식이 심했던 저는 못 먹는 음식이 거의 없어요. 어릴 때 제일 싫어했던 음식이 생굴이었습니다. 맛이 싫었다기보다 먹을 때 미끌미끌한 느낌, 콧물 같은 생김새가 싫었지요. 그런데 지금은 제일 좋아하는 음식입니다.

어른들은 아이가 편식이 심하면 어른이 되어도 편식이 심할까 봐, 성장이나 건강에 지장이 있을까 봐 너무 걱정해요. 하지만 먹을 것이 없던 옛날에나 그렇지 요즘처럼 먹을 것이 풍부한 세상에서는 아이가 좋아하는 것만으로 충분히 영양을 공급할 수 있습니다. 편식 좀 한다고 성장이나 건강에 치명적인 문제가 생기지도 않아요. 또한 아무리 편식이 심했던 아이도 어른이 되면 대개 괜찮아집니다.

아이의 편식은 조금 넓은 시각으로 봐야 해요. 너무 단기간에 성급하게 대응하면 자칫 가학적으로 대하게 됩니다. 아이가 몸에 좋지 않은 음식만 항상 먹는다면 문제겠지만, 그렇지 않은 경우에는 미각이 예민하거나 편식이 심한 아이들은 배려해주어야 해요. 그런데 배려는커녕 아직 생리적으로 몸이 음식에 적응하지 못했을 뿐인데도 "웩!"하고 다시 올라와도 삼키라 하고, 식판이 깨끗이 비워질 때까지 울면서라도 다 먹으라고 합니다. 그러니 급식 시간이 다가오면 아이는 흡사 누명을 쓰고 사약을 기다리는 심정이 돼요. 골고루 먹는 것은 중요합니다. 아이가 먹기 싫다고 해도 조금씩 먹어보도록 노력해야 하는 것은 맞아요. 하지만 억지로 강요해서는 안 됩니다. 어떤 아이는 굉장히 오랜 시간이 걸릴 수도 있다는 점을 감안해줘야 해요. 골고루 먹이겠다는 생각이 틀렸다는 것이 아니라 아이들이 아직 너무 어리기 때문에 꼭 가르치겠다는 마음이 가학적일 수도 있다는 겁니다.

낯가림 이야기에서도 잠시 언급했지만, 아이는 낯선 사람이 자신의 생명을 해칠 수 있다고 본능적으로 느낍니다. 낯선 음식 또한 독이라고 느껴요. 낯선 음식은 먹으면 죽을 것 같은 기분이 드는 것이지요. 아이가 실제로 "저 죽을 것 같아요"라고 말하지는 않지만, 낯선 음식은 입안에 넣어도 목구멍으로 잘 넘어가지 않습니다. 이상하게 생긴 것, 처음 보는 것, 쓴 맛이 나는 것 등이 그래요. 익숙해지게 하려면 아주 조그맣게 잘라서 먹어보게 하세요. 너무너무 작으면 그 정도 먹어서는 죽지 않는다고 생각하기 때문에 먹기도 합니다. 그런데 그 낯선 음식을 주는 사람은 아이와 관계가 좋고 친해야 해요. 만약 아이와 관계도 나쁘고 심지어 무섭기까지 한 사람이 아주 공포스러운 분위기를 만들어 놓고 목구멍에 걸릴 것 같은 커다란 조각을 주면서 "안 죽어. 먹어!"라고 한다면 아이는 극도의 공포를 느낍니다.

골고루 5대 영양소를 잘 섭취시켜서 얻는 이득보다 정서적으로 잃는 것이 더 클 수 있어요. 급식 지도 자체는 아이에게 스트레스가 아닙니다. 단, 그것이 아이 개개인에 대한 배려 없이 지나치게 강압적으로 진행되었을 때 아이에게는 피할 수 없는 치명적인 스트레스가 되는 거예요.

잠,
자면 나만 손해예요.
못 놀잖아요

솔직히 아이가 낮잠도 한 번씩 자주고 밤에도 일찍 잠자리에
들어야 부모가 밀린 집안일도 하고 좀 쉴 수도 있어요. 그런데
유독 잠을 안 자는 아이들이 있습니다. 이 아이들은 무슨 마음
일까요?

'엄마 아빠랑 놀 시간도 없는데 엄마 아빠는 저만 보면 맨날 자래요. 낮에는 낮잠 안 자냐고 묻고요. 밤에는 일찍 자라고 난리예요. 어린이집 낮잠 시간도 정말 싫은데…. 자면 아무것도 못하니까 그만큼 놀지 못하고 나만 손해잖아요. 그런데 왜 자꾸 자라고 하는 걸까요? 내가 귀찮은 걸까요?'

보통 만 3세까지는 낮잠을 자는 것이 좋다고 말해요. 하지만 수면은 개인 차이가 너무나 큽니다. 아이뿐 아니라 어른도 그래요. 매번 같은 시간에 같은 수면 의례를 하면서 이불을 펴주고 자라고 하면 대부분 아이들이 따릅니다. 적응을 해나가지요. 그런데 유독 잠을 못 자는 아이들이 있어요. 이런 경우는 억지로 재우지 않는 것이 낫습니다. 잠이 안 오는데 자꾸 자라고 하면, 그 시간 동안 눈을 감고 숨을 죽이고 있어야 하기 때문에 무척 힘들어요. 눈을 감고 자는 척하는 것도 어린아이들한테는 쉬운 일이 아닙니다. 어린이집을 다니는 아이라면 교사와 잘 상의해서 다른 방에서 조용히 놀게 하는 편이 낫지요. 물론 어린이집 교사와 어린이집의 다양한 사정이 있어 어려움이 많다는 것은 잘 알고 있습니다.

잠으로 생기는 아이의 스트레스는 낮과 밤이 다릅니다. 낮에는 잠이 안 오는데 자꾸 자라고 해서 힘들고, 밤에는 잠이야 오지만 아빠랑 엄마랑 놀고 싶은데 자꾸 자라고 하니까 힘들어요.

아이는 그 시간이 아니면 부모와 놀 수 없기 때문에 안 자고 늦게까지 버팁니다. 그런데도 부모가 자꾸 자라고 하면 '자기들은 안 자면서 왜 나보고만 자라고 해. 이건 불공평해'라고 생각해요.

밤에 아이를 일찍 재우려면 집 안 불빛을 모두 끄고 온 가족이 누워야 합니다. 모두 이 시간이면 자야 한다고 생각하게 해주세요. 그래야 억울함이 없습니다. 할 일이 남아 있다면 아이가 잠든 후 일어나서 하세요. 아이들은 잠을 자면 세포가 재생되고 성장한다고 생각하는 것이 아니라 잠자는 시간을 놀지 못하는 시간, 손해 보는 시간이라고 여깁니다. 그래서 억지로 잠자리에 눕게 되어도 잠들지 않기 위해 온갖 구실을 만들어요. 무서워서 잠이 안 온다고도 하고, 물이 마시고 싶다고도 하고, 배가 고프다고도 하고, 그림책을 하염없이 읽어달라고도 합니다. 이런 아이들을 재우려면 우선 놀고 싶어 하는 마음을 충분히 공감해주고 내일 일어나면 놀아준다는 약속을 해야 해요. 그림책을 읽어달라고 하면 몇 권 정도만 읽어주고 밤의 수면은 낮의 수면보다 중요하다고 이야기해줍니다. 그림책은 낮에도 볼 수 있지만 낮에 자는 잠과 밤에 자는 잠이 다르기 때문에 지금은 잠을 자는 일이 가장 중요하다고 분명하게 얘기해주세요.

잠은 엄마에게도 스트레스입니다. 하루 종일 아이를 데리고 있는 경우 아이가 낮잠을 안 자면 쉴 틈이 없어요. 엄마에게 아이의 낮잠은 본인이 좀 쉬는 시간이자 일을 좀 마무리하는 시간입니다. 그 시간이 없으면 엄마도 스트레스를 받아요. 아이가 밤에 빨리 안 자면 엄마 입장에서는 하루가 마무리되지 않습니다. 아이가 자야 오늘의 모든 업무를 마무리하고 부모도 잠을 자는데 아이가 안 자고 치대니 정말 힘들어요. 아이가 자면 드라마라도 볼까 했는데 영 잘 기미가 안 보이면 '내가 아무리 엄마라지만(아빠라지만) 나도 나만의 시간이 필요한데 정말 너무하는구나!'라는 생각에 신경질이 납니다. 그러다가 자신도 모르게 아이한테 "좀 자라고!" 하면서 소리를 지르기도 해요. "밤에는 잠이 가장 중요해. 자도록 노력해볼까? 무슨 꿈을 꾸고 싶니?"라고 친절하게 말해주면 좋으련만, "제발 좀 자라. 넌 왜 이렇게 안 자니?"라고 짜증 섞인 말이 튀어나갑니다.

부모가 이렇게 나오면 아이들은 '내가 귀찮나? 내가 자면 저 사람들이 뭘 하려고 그럴까?'라는 생각에 더 잠이 오지 않아요. 부모가 소리를 지르고 야단친 상태라면 기분이 나빠져서 잠을 더 못 잡니다. 사람은 기분이 나빠지면 뇌가 흥분하기 때문에 잠이 오지 않아요. 아이를 재울 때는 솔직하게 왜 잠자기를 바라는지 그 이유를 말해주세요. 엄마가 너무 피곤하다면 "네가 자야 엄마도 자고 엄마도 잠을 자야 힘이 생겨서 내일 너랑 더 재미있게 놀아줄 수 있어"라고 말해줍니다. 할 일이 있어 아이가 낮잠을 자기를 바라는 것이라면 "엄마가 이 시간만큼은 이걸 해야 하거든. 네가 자면 너도 피곤이 좀 풀리고 엄마도 수월하게 할 수 있을 것 같은데. 한번 자볼래?"라고 말해보세요. 아이가 "싫어!"라고 하면 "그래, 그럼 안 자도 좋아. 엄마가 이것을 할 동안 혼자 좀 놀고 있으렴. 이 정도는 네가 해줬으면 좋겠어"라고 말해줍니다.

그런데요, 아이의 잠에 대한 부모의 행동에는 참 재밌는 구석이 있어요. 초등학교 입학 전까지 그렇게 "자라, 자라" 하던 부모가 초등학교에만 입학해도 낮잠을 자라는 소리가 쏙 들어갑니다. 초등학교 고학년만 되어도 아이가 피곤해 낮잠을 자려고 하면 "웬 낮잠을 다 자니?" 하면서 살짝 언짢아해요. 게으르고 무능해 보이기 때문입니다. '다른 아이들은 빠릿빠릿하게 학원도 다니고 공부도 하는데 우리 아이는 학교 갔다 오더니 늘어지게 낮잠을 자네' 하는 생각으로 적지 않은 부모가 그런 모습을 보면 좋아하지 않아요. 중고등학생의 낮잠은 게으르게 보는 것도 있지만, 한편으로는 '건강상에 무슨 일이 있나, 허약 체질인가, 혹시 학교에서 무슨 일이 있었나?' 하는 걱정이 듭니다. 이때는 부모들이 밤잠에 민감해지지요. 다른 아이들은 새벽 1시까지 공부한다는데 오후 10시쯤 자는 아이를 보면 한숨이 나옵니다. 대책 없어 보이거든요. 이때는 "자라, 자라"가 아니라 "일어나라, 일어나라"는 말을 더 많이 합니다.

몇 년 사이 부모의 잠에 대한 입장이 180도로 바뀐 거예요. 어린이집에 다닐 때만 해도 "자라, 자라" 했는데 초등학교만 들어가도 못 자게 합니다. 자려고 하면 "너 숙제는 다 했니?" "이 것 좀 하고 자"라고 요구해요. 아이 입장에서는 '언제는 안 자고 있으면 빨리 자라고 난리더니 지금은 자면 잔다고 난리네'라고 생각할 수도 있을 것 같습니다. 잠이나 음식은 부모가 알고 있는 틀보다는 아이의 욕구 쪽에 맞춰야 하는 문제예요. 부모가 공부한 대로가 아니라 아이의 욕구에 맞춰야 아이의 마음이 힘들지 않습니다.

작은 키,
나한테 '키' 빼고 할 말이 그렇게 없어요?

우리 아이의 키가 컸으면 좋겠죠? '이왕이면 크면 좋겠다'라고 대부분의 부모들이 생각합니다. 얼마 전 만난 초등학교 5학년 남자아이는 자기는 '키' 때문에 스트레스를 받는대요. 저는 처음에는 키가 컸으면 좋겠다는 생각으로 그런가 하고 "키가 작아서?"라고 물었습니다. 그런데 아니었어요. 아이는 "키가 작은 것도 있지만 맨날 엄마가 키 타령하는 게 더 스트레스예요"라고 대답했습니다. 엄마는 길 가다가도 "어머, 쟤 키 큰 거 봐라", 패밀리 레스토랑에서 밥을 먹다가도 "우리 아들 뭘 먹어야 키가 클까?", 줄넘기만 하고 들어와도 "얼마나 컸나 좀 재볼까?" 한대요.

아이는 엄마 말 중에 '키' 아니 'ㅋ'만 나와도 '엄마는 내 얼굴만
보면 키밖에 생각 안 나?'라는 생각에 기분이 나빠진다고 했습
니다. 그러고는 속닥거리듯 "원장님, 우리 엄마 보셨죠? 우리 아
빠도 작거든요. 그런데 제가 어떻게 키가 크냐고요?"라고 말하
며 한숨을 쉬었어요. 그러면서도 "100% 유전은 아니라니까요.
제가 좀 더 노력하면 조금은 클 수 있겠지만 엄마가 너무 그러니
깐 짜증이 나요"라고 말했습니다.

키가 중요하고 자라야 할 시기에 커야 하는 것은 맞아요. 하지만 너무 강조하면 아이들은 오히려 부정적인 신체 자아상을 형성하게 됩니다. 부모가 아이의 '키'에 너무 집착하면 아이는 어떤 생각을 할까요?

'엄마는 왜 맨날 '키 타령'일까? 나에게서 소중한 것은 키밖에 없을까? 키가 작으면 나는 별 볼 일 없는 인간일까? 정말 결혼도 못 하나? 만약 내가 끝까지 크지 않으면 엄마는 나를 어떻게 생각할까? 미워할까? 그런데, 엄마! 키는 내 노력으로 클 수 있는 게 아니에요. 엄마도 아빠도 작으면서 나 보고 어쩌라는 거예요.'

운동하면 키 큰다, 이것 먹으면 키 큰다, 잘 자야 키 큰다, 키 커야 여자들이 좋아해 등등 매사 '키'를 강조하면 아이는 '키가 크지 않으면 나는 쓸모없는 인간이 되나?'라고 생각할 수 있어요. 아이들은 역설적인 생각을 잘 하거든요. "키 커야 여자들이 좋아하지"라고 부모가 말하면 '그럼 내가 키가 작으면 여자들이 나를 싫어하나?'라고 생각합니다. 유치원 다니는 아이에게 "너 키 커야 형님반 가지?"라고 말하면 '그럼 키 안 크면 형님반 못 가나?'라고 생각합니다. 특히 똑같은 이야기를 계속 반복하면 좋은 의도로 하는 말이라도 부모가 말하는 것을 반대로 뒤집어서 확대해석하는 경향이 있기 때문에 조심해야 해요. 키는 아이를 표현하는 일부일 뿐이에요. 그것이 아이의 전부인 것처럼 중요하게 말하는 것은 정말 조심해야 합니다.

아이의 키는 부모가 아이에게 스트레스를 주어야 할 부분이 아니라, 아이 스스로 스트레스를 받을 때 부모가 도와주어야 할 부분이에요. 초등학교에만 가도 체격이 큰 아이들이 작은 아이들을 몸으로 치는 일이 발생합니다. 어떤 아이들은 자신이 체격이 작아 몸으로 밀리는 것에 마음이 힘들어지기도 해요. 그런데 부모들은 쉽게 아이에게 "거봐! 잘 좀 먹으라 했잖아. 키도 작고 몸도 말랐으니까 걔가 너를 무시하는 거야"라는 말을 합니다. 사실 상대와의 관계에서 힘의 균형을 유지하는 요소는 너무나 여러 가지예요. 폭넓은 지식도 있고 설득력 있는 언변도 있습니다. 그런데 부모가 이런 식으로 말해버리면 아이는 자칫 힘과 키, 체격이 모든 것에서 가장 우선이 되고 모든 문제 해결의 지름길인 것처럼 생각할 수 있어요. 가치관이 잘못 형성될 수도 있는 거예요.

저는 아이들에게 이런 얘기를 꼭 해줍니다. "힘으로만 모든 것이 해결되는 세상이라면 싸움을 제일 잘하는 사람이 대통령도 되고 노벨상도 타고 그래야 되지 않겠니?" 이렇게만 말해줘도 아이 얼굴이 한결 밝아져요. "그런데 그렇지 않잖아. 사회의 리더가 되는 사람들은 힘을 쓰는 사람이 아니야. 주먹도 힘이지만 또 다른 힘이 있는 거야" 그러면서 "네가 힘이나 체격에서 밀린다고 너 자신을 약한 사람이라고 생각하지 마"라고 일러줍니다.

그리고 말로 공격하는 법을 알려주고, 체격이 모든 것에 우세한 것은 아니니 운동 같은 것을 꾸준히 해서 피하거나 방어할 수 있는 힘을 기르자고 말해주지요. 또 작은 키로 지나치게 스트레스를 받는 아이에게는 "네가 만약 직업으로 모델을 할 거라면 좀 많이 커야 할 거야. 또 씨름 선수나 킥복싱 선수가 될 거라면 체격도 좀 더 커져야겠지. 하지만 그렇지 않다면 키나 체격, 주먹의 힘은 별로 중요하지 않아"라고 말해서 부정적인 신체 자아상이 생기지 않도록 합니다.

유아 기관에 다니는 어린아이가 작은 체격 때문에 덩치가 큰 아이에게 공격을 받을 때는 아이가 스스로를 보호하기 어려워 어른들이 많이 개입해야 해요. 두 아이가 붙어 있지 않게 하면서 교사가 분명하게 말해주면 어린아이들의 행동은 많이 개선됩니다. 부모는 아이에게 "많이 아팠겠구나. 그 친구가 그렇게 행동하는 것은 네가 잘못해서가 아니라 그 친구가 고쳐야 할 행동이야. 친구를 자꾸 미는 것은 잘못한 거야. 선생님도 가르치겠다고 하셨으니까 좀 나아질 거야. 그래도 그 친구가 때리면 '나쁜 행동이야'라고 말해줘. '하지 말라고'라고 말해도 좋아"라고 일러주세요. 아이에게 말로라도 자신의 화나는 감정을 표현하도록 가르치는 것이 좋습니다. 큰 소리로 "야, 진짜 하지 말라고!"라고 말하도록 여러 번 연습시켜 보냅니다.

덩치가 큰 아이한테 당하고 온 아이는 억울하고 위로받고 싶어요. 그 힘센 아이가 자신을 언제 어디서 공격할지 몰라 무서운 마음도 있습니다. 이때 부모가 "거봐, 너 잘 먹어야 힘 세진다고 했잖아"라고 말해서는 안 돼요. 그러면 아이들은 정말 서럽습니다. '내가 뭘 잘못했다고? 아닌 것 같은데, 때린 걔가 잘못한 거 아닌가? 그게 어떻게 열심히 안 먹은 내 탓이야?'라는 생각에 화가 나요. 아이들 생각이 맞습니다. 때린 아이 잘못이에요. 부모는 잘 먹으라는 의미에서 하는 말이겠지만, 키가 크지 않거나 체격이 작은 것은 아이의 노력이 부족한 결과가 아닙니다. 아이가 노력한다고 해도 마음먹은 대로 잘 되지 않는 부분이거든요. 한글을 배우는 것은 아이가 노력하면 결과가 더 나아지겠지만 키는 그렇지 않습니다. 아이가 할 수 없는 것을 '아이 탓'이라고 말하는 것은 잔인한 일이에요. 아이도 크고 싶습니다. 그래서 더 스트레스를 받고 힘들어요. 그 마음을 좀 알아주었으면 좋겠습니다.

그림 해석,
부담스러워서
뭘 그릴 수가 없어요

어른들은 모든 아이가 그림이나 낙서를 좋아한다고 오해해요. 그래서 틈만 나면 "그림이나 그릴까?"라고 권합니다. 어린이집 이나 유치원에서도 수도 없이 그림 그리는 시간이 있어요. 하지 만 모든 아이가 그림 그리기를 좋아하는 것은 아닙니다. "저는 그림 그리기가 재미없고 싫어요"라고 말하는 아이도 제법 많아 요. 아이들도 본인이 내켜서 가끔 그림을 그리는 것은 좋지만, 자 꾸 여기저기서 그림을 그려서 보여달라고 하면 부담스럽습니다.

그림 그리기에 취미가 없거나 소질이 없어 별로 그리고 싶어 하지 않는 아이들의 경우는 더욱 그래요. 게다가 뭘 그리기만 하면 "넌 왜 이렇게 그렸어? 왜 이렇게 색칠한 거야?"라고 묻는다면, 그림 그리기는 세상에서 가장 싫은 일이 되기도 합니다. 그럴 때 아이 마음은 이렇거든요.

'별로 그리고 싶은 것도 없는데 왜 자꾸 그리라고 하는 걸까요? 빨리 해치우고 다른 놀이나 해야겠어요. 어, 저기 빨간색 크레파스 있구나, 저걸로 다 색칠해버려야겠다. 또 "왜 빨간색으로 다 칠했니?"라고 물어볼까요? "사람 눈은 왜 안 그렸니?"라고 물어볼까요? 정말 골치 아파요. 그림 그리기 좀 안 했으면 좋겠어요.'

그림이 아이의 마음을 알아볼 수 있는 방법이긴 합니다. 하지만 잘못 해석되는 것이 상당히 많아요. 온통 검은색이나 빨간색으로 칠해진 그림은 부모들이 걱정하는 대표적인 그림 중 하나입니다. 유치원 교사는 아이의 그림을 보고 "어머님, 아이 마음이 너무 어두운 것 같아요"라고 걱정을 해요. 물론 정서적인 문제가 있어서 그럴 가능성도 있습니다. 하지만 대개 산만하거나 충동적이거나 주의력이 조금 떨어지는 아이들은 여러 단계를 거치는 것을 좀 싫어해요. 빨리 해버리고 싶습니다. 여러 가지 색으로 칠하려면 크레파스 통에서 크레파스를 꺼내고 넣고를 여러 번 반복해야 해요. 이 아이들은 그것이 귀찮아서 눈에 띄는 한

가지 크레파스로 다 칠해버립니다. 따라서 아이가 그렇게 그린 그림을 두고 아이의 마음이 어두운 것이라고 쉽게 단정 지을 수 없어요. 내 아이가 그림 그리기를 싫어하거나, 성격이 급하거나, 여러 단계를 거치는 것을 싫어하거나, 뭐든지 생각나는 대로 한꺼번에 후다닥 해버리는 특성이 있다면 정서적인 문제보다는 그런 특성들 때문일 수도 있습니다.

부모들은 아이의 그림에 무기나 칼처럼 뾰족뾰족한 것이 등장하면 걱정해요. 옛날에는 아이의 그림에 이런 것들이 많이 등장하면 공격성이 많고 분노가 많이 차 있을 가능성이 높다고 해석하는 경우가 많았습니다. 그런데 요즘은 꼭 그렇지 않아요. 아이들이 즐겨보는 애니메이션에 워낙에 무기나 칼이 많이 등장하기 때문입니다. 그래서 그림을 그리라고 하면 무조건 싸우는 그림을 그리는 아이도 많아요. 아이가 이런 그림을 주로 그릴 때는 아이가 접하는 만화나 그림책 중 그런 것이 있는지 살펴보아야 합니다. 남자아이들 같은 경우는 놀이나 그림에서 그런 공격성을 일부 표현하는 것이 자신의 공격성을 해결하는 방법이기도 하니까요. 다양한 측면에서 보아야 합니다.

물론 실제로 공격성이나 분노 때문에 그런 그림을 그리는 아이도 있고, 두려움이나 겁이 많아서 그런 그림을 그리는 아이도 있어요. 후자는 치환된 방법으로 그런 그림을 그림으로써 자신의 두려움으로부터 자신을 지키려는 행위입니다. 큰 아이들 중에도 무서움을 극복하려고 잔인한 영화나 공포 영화를 계속 보는 경우가 있어요. 그런데 전문가들은 아이의 그림 하나만 보고 아이의 공격성과 분노 등을 모두 해석하지는 않습니다. 굉장히 많은 측면을 보고 접근해요. 섣부른 판단보다는 아이의 주변을 둘러보는 것이 우선입니다.

아이의 그림이나 낙서를 해석하고 싶어 하는 부모는 사실 아이에게 관심이 많은 사람이에요. 아이를 잘 키우고 싶은 부모일 거예요. 아이의 마음이 알고 싶어서 자꾸 아이의 그림이나 낙서를 유심히 봅니다. 어떤 엄마는 저에게 아이의 그림을 100장 정도 모아서 들고 왔어요. 아이의 마음을 읽어달라는 것이었습니다. 저는 그 엄마에게 아이의 마음이 그림에 표현되었을 수도 있지만 그것이 전부라고 생각하지 말라고 충고했어요. 그보다 중요한 것은 아이의 실제 생활입니다. 아이의 마음을 알려면 아이의 생활을 잘 관찰하고 있어야 해요.

만약 아이의 그림에서 공격성이 보인다면 쉽게 단정 짓지 말고 그 공격성에 맞추어 아이의 여러 가지 생활 측면들을 살펴볼 필요가 있습니다. 유치원에서는 잘 지내는지, 다른 아이들과 싸우지는 않는지, 반대로 너무 기본적인 공격성도 표현하지 못하는 것은 아닌지 등을 살펴보세요. 싫으면 "싫어"라고 말을 해야 하는데, 그런 말을 너무 못 하는 아이 중에는 그림에서 '찔러 죽일 거야' 하는 식으로 내면에서 처리되지 못한 공격성을 표현할 수도 있습니다. 만약 공격성이 심한 애니메이션이나 TV 프로그램에 노출되어 있다면, 너무 많이 노출되어서 그렇게 그린 것으로 볼 수도 있어요.

주의해야 할 점은 그림을 보고 짚이는 것이 있어도 아이에게 꼬치꼬치 묻지 않는 것입니다. 부모가 무언가 알아내려고 캐묻는 상황은 아이의 마음을 힘들게 해요. "뭘 그린 거니?", "무슨 일이 있었니?" 등 캐물으면 아주 어린 아이들조차 부모에게 말을 잘 하지 않습니다. 부모는 걱정돼서 아이한테 "너 유치원에서 무슨 일 있었어?", "친구랑 싸웠어?", "선생님한테 안 혼났어?"라고 물어보지만 아이는 별로 할 이야기가 없을 수도 있어요. 특별한 사건이나 기억이 없어서 할 말이 없는데 부모가 자꾸 이것저것 물어보면 아이는 부모와 대화하는 것이 즐겁지 않습니다. 놀이처럼 그리던 그림도 부모가 뭔가 의미를 찾듯 수색하면 하기 싫어져요. 부모가 뭔가를 찾아내려는 듯 계속 주시하고 있기 때문에 아이는 옴짝달싹할 수 없는 꼴이 되는 겁니다.

아이의 생활이 궁금하면 캐듯이 묻지 말고 아이가 즐겁게 조잘댈 수 있게 물어보세요. "오늘 재미있는 일 없었니?"라고 긍정적인 대화가 될 수 있도록 묻습니다. "재밌는 일 있었으면 얘기 좀 해 봐. 너 말고 다른 아이들 얘기도 좋아"라는 식으로 내 아이보다는 다른 아이들 얘기를 먼저 해보게 하는 것도 좋아요. "너희 반에 장난꾸러기 없어?", "너희 선생님 가끔 화 안 내셔?"라고 물어보는 것도 좋습니다. 아이는 고학년에 올라갈수록 부모가 자신을 감시하듯 캐묻는 것을 아주 싫어해요.

저를 찾는 부모들이 항상 하는 말이 있습니다. "집에서 제가 물어보면 다 모르겠다고 하는데 원장님 앞에서만 오면 애가 별 이야기를 다 하네요." 부모들은 아이가 학교생활이든 친구 관계든 제 앞에서 시시콜콜 다 얘기하는 것을 신기해해요. 어떤 부모들은 자기한테는 한마디도 안 하더니 어떻게 처음 만난 사람한테는 그런 얘기까지 하냐며 살짝 배신감을 느끼기도 합니다. 왜 그럴까요? 소통 방식이 다르기 때문이에요. 소통 방식에 따라 아이는 자신의 생활을 더 공개하고 싶기도 하고 더 감추고 경계하고 싶기도 하거든요. 아이들의 이런 마음은 유치원생이든 중고등학생이든 별로 다르지 않습니다.

타임아웃

이런 면이 짜증 나요 ▶

타임아웃은 좋은 방법이지만 잘못 적용하면 아이의 정서에 정말 나쁜 영향을 줍니다. 부모는 아이에게 "너 이 방에 있어"라고 말하고는 확 나가버려요. 아이는 굉장히 무섭습니다.

타임아웃이 처음 나온 서양에서는 방에 가두는 것이 아니라 흥분을 가라앉히고 생각할 수 있게끔 일정한 장소에 앉아 있게 했어요. 타임아웃은 부모와 아이 모두 감정적으로 과잉 반응하지 않기 위해서, 즉 감정을 식히기 위해서 쓰는 방법이기 때문이지요. 부모는 타임아웃을 하면서 아이에게 "엄마도 감정을 식힐 테니까 너도 여기 앉아서 감정을 가라앉히면서 생각해"라고 말해야 합니다. 그런데 우리는 마치 아이한테만 주어지는 벌처럼 무서운 목소리로 "너 여기 서서 반성하고 있어!"라고 말해요. 그러니 아이는 끌려가면서 안 가겠다고 소리 지르고 갇힌 방에서 꺼내달라고 울고불고 난리를 칠 수밖에요. 이때 아이의 마음은 '왜 나를 가둬요? 엄마가 나를 버릴 것 같아요. 너무 무서워요'일 겁니다.

어떻게 다뤄줄까요 ▶

이론적으로 애착 유형은 안정 애착과 불안정 애착으로 분류하지요. 아이가 부모와 사이가 좋고 애착을 형성하는 과정에서 큰 문제가 없어도 서양에 비해서 아시아 국가에서는 이론적 분류상 불안정 애착 유형 중 집착형으로 분류되는 경우가 꽤 많이 있습니다. 일상에서 잘 울고 징징거리고 매달리는 아이들을 많이 볼 수 있어요. 사실은 애착에 큰 문제가 없는데도 말이지요. 따라서 타임아웃을 잘못 사용했을 때 아이들이 받는 정서적인 타격이 더 커요. 타임아웃은 정말 좋은 방법이지만 저는 그것을 제대로 적용하는 사람을 주변에서 많이 보지 못했어요. 그래서 제대로 알고 사용해야지 그렇지 않다면 쉽게 사용하지 말라고 조언하곤 합니다.

놀이 순서나 그림책 개수

이런 면이 짜증 나요 ▶

부모 중에 순서나 개수를 정하는 문제에 무척 고집스러운 경우가 있어요. 이 과정에서 아이의 의견은 허용해주지 않는 편이라 문제가 종종 발생합니다. 아이는 지금 퍼즐을 하고 싶은데, 부모는 "오늘 한글 3자 쓰고 놀아야지"라고 말해요. 그것이 너의 할당량이니까 하라는 것입니다. 그런데 기가 센 아이들은 "싫어. 나 퍼즐하고 할 거야"라고 소리를 질러요. 부모는 "안 돼. 한글 쓰고 해"라고 계속 주장하고, 아이는 화를 내다가 바닥에 침을 뱉기까지 합니다. 이런 아이들은 "엄마가 나를 자꾸 건드리니까. 내가 나쁜 행동을 하게 돼요"라고 하면서 억울해 해요. 처음부터 자기 마음대로 하게 해줬다면 자신이 고집쟁이는 되지 않았을 거라는 겁니다.

어떻게 다뤄줄까요 ▶

아이가 할 놀이의 순서나 읽을 그림책 개수는 아이에게 물어보는 것이 맞아요. "넌 어떻게 했으면 좋겠니?"라고 제일 먼저 물어봐줍니다. 그런데 이렇게 말하면 많은 부모들이 물어요. "어떻게 아이가 하자는 대로 다 하게 해요?" 언제나 문제는 이것입니다. 모든 것을 다 물어보라는 것은 아니에요. 위험한 것, 모든 사람이 꼭 지켜야 하는 것, 나 자신이나 다른 사람에게 해가 되는 것은 물어봐서는 안 됩니다. 하지만 예를 들어 양치를 해야 하는데 몇 시에 할지는 물어봐도 됩니다. 양치는 꼭 해야 한다고 정해주지만 언제 할지는 아이에게 물어봐도 돼요.

마찬가지로 "오늘 할 숙제는 꼭 하고 자야 돼"라고 얘기는 해주지만 놀이를 먼저 하고 숙제를 할 것인지, 숙제를 먼저 하고 놀이를 할 것인지는 물어봐도 됩니다. 물론 아이가 한다고 하고 안 할 수 있어요. 그것을 경험시키세요. 이후에 그것을 가지고 "저번에는 잘 안 됐는데 이번에는 어떻게 해볼까?" 하고 아이와 다시 이야기해볼 수 있거든요. 앞에서 말한 물어봐서는 안 되는 것은 되도록 경험시키면 안 됩니다. 그러나 그 외에는 해야 하는 것 안에서 그것이 어떻게 진행되어야 하는지까지 부모가 다 결정하지 마세요.

우리는 아이에게 충분히 물어봐도 되는 것도 안 물어보는 경향이 있습니다. 좀 물어봐주세요. 부모 눈에 당장은 결과가 조금 나쁠 수 있지만 더 많은 것을 가르칠 수 있습니다.

지나치게 긴 설명

화를 내지 않고 차근차근 설명해준다면 좋은 부모일까요? 아이 연령에 따라 달라요. 큰 아이도 간단하게 설명해주는 것을 더 좋아하기는 하지만, 여하튼 차근차근 긴 설명을 이해할 수 있는 것은 큰 아이입니다. 밥 먹기 전에 사탕을 먹고 싶어 하는 어린아이에게 "엄마가 밥 먹기 전에 너무 단 것을 먹으면 입맛이 떨어진다고 했잖아. 밥 먹고 나면 줄 건데 그걸 왜 못 참아. 그리고 저번에 밥 먹기 전에는 아무것도 안 먹기로 약속했잖아" 이렇게 말이 길어지면 아이는 "아~" 하고 소리를 지르거나 귀를 막아버려요. 엄마 목소리가 듣기 싫은 겁니다.

어린아이에게는 길고 친절한 설명보다는 그저 "안 돼"라고 단호히 말하는 것이 나을 때가 많아요. 더러운 것을 만지려고 하면 "만지면 안 돼"라고 짧게 말해줍니다. 너무 길게 말해주면 어린아이는 점점 멍한 상태가 돼요. 아이가 "왜?"라고 물어보면 그때는 짧고 쉽게 설명해주세요. 어린아이는 긴 설명을 이해하고 견딜 만큼 발달하지 않았습니다.

그런데 어떤 부모가 이런 질문을 하더군요. "그럼 하루 종일 '안 돼'라는 말을 입에 달고 살게 될 것 같은데 아이의 자신감이 없어지지 않을까요?" 여기서 "안 돼"라고 해주는 것은 우리 모두가 지켜야 할 것들에 해당합니다. 그런 것에서 "안 돼"라는 말을 듣는다고 아이의 자신감이 떨어지지는 않아요. 오히려 안 되는 것을 명확하게 알아야 지켜나가면서 자신감과 자존감을 갖게 됩니다.

심부름

이런 면이 짜증 나요 ▶

형제가 여럿인 경우 아이마다 심부름은 자기가 제일 많이 했다고 느껴요. 부당하다고 생각합니다. 또 형제가 많으면 맨 위 아이한테 심부름을 시키면 그것이 쭈욱~ 아래로 내려가는 경우도 많아요. 그러면 막내는 약이 오릅니다. 아이들은 심부름을 왜 싫어할까요? 부려먹는다는 느낌이 들기 때문이에요. 부모가 정말 바빠서 어쩔 수 없이 시키는 심부름은 아이들도 압니다. 그런 것까지 불만을 품지는 않아요. 그런 것이 아니라 평소에 맨날 늦게 들어오는 아빠가 어쩌다 한번 집에서 쉬면서 공부 좀 하려고 하면 자꾸 심부름을 시킵니다. 아이들은 속상해서 눈물까지 흘립니다. 자신이 비록 공부를 잘하지는 않지만, 그래도 공부를 한다고 앉아 있으면 명색이 학생인데 좀 배려해줘야 하는 것이 아니냐는 거예요. 아이는 이럴 때 부모가 자신을 소중하게 여기지 않는다고 생각합니다. 아이들은 부모가 심부름을 시키는 말투에서도 상처를 받아요. 엄연히 부탁인데도 혼내듯 명령조로 말하기 때문입니다.

어떻게 다뤄줄까요 ▶

아이에게 심부름은 최소한만 시키세요. 정말 힘들 때는 "아빠가 이만저만해서 도움이 필요한데 좀 도와줄래?"라고 말합니다. 아니면 다 같이 청소를 하면서 "네가 가족의 일원으로서 이 정도는 협조하고 이 정도의 역할을 해야 될 것 같아"라고 말해주세요. 단지 눈에 띄어서 부려먹는 식이면 곤란합니다. 아이들도 부모가 귀찮아서 시키는 일은 기가 막히게 알아요. 다른 형제들도 있지만 한 아이에게 심부름을 많이 시키게 될 때는 내가 너를 믿는 면이 있어서 자꾸 시키게 된다고 진솔하게 꼭 말해주세요. 억울한 마음이 들지 않게 아이의 능력을 인정해주라는 겁니다.

Chapter 2

좋지만 좋지만은 않은
또래

아이의 마음

'또래',
좋으면서도 참 어려워요

사람들은 대부분 친구는 좋은 거라고 생각해요. 그런데 아이
들은 "친구 때문에 못살겠어요" 또는 "친구 때문에 괴로워요"
라고 말합니다. 아이들도 처음에는 '친구'라는 것은 나에게 잘해
주는 사람, 만나면 즐거운 사람, 같이 있으면 행복한 사람이라고
막연하게나마 생각했어요. 그 믿음대로 친구를 대했습니다. 그

런데 막상 같이 있어보니 모든 친구가 그렇지는 않아요. 즐거운 면도 있지만 힘든 면도 많습니다. 왜 그럴까요? 또래는 그야말로 봐주는 것이 없기 때문입니다. 부모는 솔직히 아이에게 많은 것을 양보하고 봐줍니다. 형제가 있다면 형은 형이라고 봐주고, 동생은 동생이기 때문에 내가 양보하는 것이 있지요. 그래서 대하는 것이 그리 어렵지가 않습니다. 하지만 또래는 그런 것이 하나도 없어요. 아이가 또래를 대할 때도, 또래가 아이를 대할 때도 깎아주거나 덤을 주는 것이 전혀 없습니다. 아이도 미숙한 데다 또래도 미숙하고, 거기다가 봐주는 것도 없으니 아이들은 '또래'가 좋으면서도 참 어려워요.

초등학교를 입학한 이후 고등학교를 졸업할 때까지 아이들이 가장 스트레스를 받는 것은 '또래'입니다. 또래로 말미암아 아이가 겪는 어려움은 굉장히 미묘해 부모가 개입하기도 힘들어요. 아이가 공부를 못하면 학원에 보내든 과외 교사를 붙이든 부모가 도와줄 방법을 생각해볼 수 있습니다. 그러나 또래는 부모가 도와줄 부분이 별로 없어요. 아이들 입장에서도 도움을 청하기가 어렵습니다. 스트레스를 받지만 도움을 요청할 데가 없다는 것 또한 아이들이 또래를 힘들어하는 이유예요. 특히 중고등학생들은 도움을 청하는 것을 매우 주저합니다. 또래만큼은 자기 영역이라고 생각하기 때문이에요. 마치 아빠가 직장에서 일어난 일을 아빠의 부모님들께 미주알고주알 말하고 싶지 않은 것처럼 아이도 또래 얘기는 부모에게 세세히 말하는 것이 좀 불편합니다. 자기가 알아서 해결해야 하는 일이고, 부모와 덜 연관된 나의 또 다른 삶이기 때문이지요. 따라서 뭔가 문제가 생겼다고 말하는 것이 굉장히 자존심이 상해요. 또래 문제에 대한 아이들의 이런 생각은 자랄수록 심해집니다.

중고등학생 아이들은 부모에게 또래 고민을 말하려고 생각하면 머리가 복잡해져요. 부모가 알게 돼서 해결한답시고 학교를 찾아올까 봐 걱정입니다. 중고등학교는 아이에게 문제가 있거나 학생회 업무가 아니라면 부모들이 학교에 올 일이 거의 없어요. 누군가의 부모가 학교에 오면 일단 그 부모의 아이는 다른 아이들의 주목을 받습니다. 부모가 아무리 조용히 일을 처리해도, 친구들이 자신을 마마보이 내지는 일명 '찌질이'로 취급할 것 같아요.

부모가 절대 학교에 가지 않는다고 약속해도 아이는 또래 고민을 부모에게 얘기하기가 참 어렵습니다. 이야기가 너무 복잡하고 길거든요. 그 아이가 누구인지, 그 아이가 속한 집단은 어떤 것인지, 그 아이들과 무슨 일이 있었는지, 그 일 중에 자신이 잘못한 것은 또 무엇인지 모두 설명해야 합니다. 무엇보다 고민을 상담하다 보면 자기 생활을 모두 공개해야 하기 때문에 그것도 불편해요. 청소년기 아이들은 부모가 자신의 사생활을 아는 것을 무척 싫어합니다. 아이들이 뭘 얘기하려다가 "아 몰라. 그런 게 있어. 엄마는 몰라도 돼"라고 말해버리는 것은 이런 복잡 미묘한 마음 때문이에요.

아이들은 부모가 자신의 친구를 흉볼까 봐 말을 접기도 해요. 어떤 아이는 이렇게 말하더군요. "제 친한 친구들 중에는요, 우리 엄마 아빠 마음에 100% 드는 친구가 하나도 없어요. 그래서 보여주기도 말하기도 싫어요." 공부를 잘하긴 하는데 집에 문제가 있기도 하고, 아이는 정말 괜찮은데 할머니랑 살고, 집안은 괜찮은데 공부를 못하는 등 뭔가 부모에게 소개하기에 100% 완벽하지 않다는 겁니다. 분명 부모는 누구는 공부를 못하니까, 누구는 집안이 안 좋으니까, 누구는 할머니랑 사니까, 누구는 놀기 좋아하니까 식으로 조건을 달아 친구의 흉을 보고 결국에는 "만나지 마"라고 잔소리를 할 거라는 거지요.

청소년기 아이들은 '친구 따라 강남 간다'고 말할 만큼 친구와 자신을 동일시합니다. 친구를 욕하면 자신이 욕먹은 것처럼 기분이 나쁘고, 자신이 무슨 큰 배신을 한 것처럼 죄책감을 느껴요. 따라서 또래와 관련된 아주 사소한 것도 부모에게 잘 말하지 않습니다. 이 시기 아이들은 또래 관계를 말하는 자체가 스트레스예요. 조금만 물어봐도 굉장히 짜증을 내기도 합니다. "아 괜찮다고요", "왜 그러냐고요", "잘 지낸다니까요" 하며 부모의 말을 자르는 일이 많아요.

초등학생 아이들은 부모에게 또래 친구에 대한 이야기를 곧잘 합니다. 그런데 문제는 또래와 관계가 좋을 때만 한다는 거지요. 정작 친구 때문에 스트레스를 받아 부모의 도움이 필요할 때는 말을 하지 않습니다. 가장 큰 이유는 '혼날까 봐'입니다. 친구와 싸워서 기분이 나쁜데 부모가 알음알음 그 소리를 듣고 "누가 깡패처럼 싸움이나 하래?" 하면서 벌을 세우거나, "너 바보야? 너는 왜 한 대도 못 때려?"라며 비난을 해요. 그런 날, 가장 필요한 것은 정서적 위로와 지지입니다. 부모가 더 화를 내면 아이들은 '감추는 것이 제일 좋은 방법이네'라고 생각해버려요. 아이가 또래 관계에서 어려움이 많은 것 같기는 한데 말을 안 한다면, 부모가 평소에 자주 혼내는지, 충고를 한답시고 나무라기만 한 것은 아닌지, 말끝마다 '바보처럼'을 붙이지는 않는지 잘 생각해봐야 합니다.

장난감의 공유,
이건 나의 안전 경계선이에요.
넘어오면 불안해요

또래와 놀게 하려고 어렵게 옆집 아이를 초대했어요. 그 친구가 자기 장난감을 만지니 아이가 난리가 납니다. 이럴 때 난감합니다. 아이가 욕심쟁이라서 그럴까요? 자기 장난감을 친구에게 나눠주지 못하는 아이는 어떤 마음일까요?

'나는 내 장난감을 누가 만지는 것이 정말 싫어요. 특히 소중하게 생각하는 것을 만질 때는 기분이 정말 나빠요. 망가질 것 같아요. 그런데 엄마는 맨날 사이좋게 놀라고만 해요. 지난번에 온 애는 집에 갈 때 가져가겠다고 울고불고 난리치니까 엄마가 그냥 주라고 절 혼냈어요. 차라리 같이 놀지 않는 것이 낫겠어요. 노는 게 스트레스예요'

아이의 행동은 욕심 때문이 아니에요. 이런 아이들 중에는 '불안' 이 높은 아이가 많습니다. 불안이 높은 아이는 자신과 남의 경계 선이 무척 중요해요. 다른 아이가 자신의 장난감을 만지는 것을 자신이 안전하게 정해놓은 경계선을 넘어오는 것이라고 여깁니 다. 아이의 행동을 욕심이 많다고 생각하기 시작하면 아이를 절 대 이해할 수 없습니다.

이런 아이들은 친구를 데려오기 전에 미리 타협하세요. "네 것 맞아. 절대로 안 가져갈 거야. 놀 때만은 같이 놀자. 혹시 여기 있 는 네 장난감 중에서 절대 같이 가지고 놀고 싶지 않은 것이 있 니?"라고 묻습니다. 아이가 그렇다고 대답하면 "그것은 치워두 자. 나머지는 같이 가지고 놀자. 친구는 가지고만 놀고 분명히 돌려줄 거야. 그럼, 이제 친구가 네 장난감을 만져도 짜증 부리 지 않을 수 있니?"라고 물어보세요. 아이가 수긍하면 친구를 놀 러 오게 합니다. 아이의 경계선을 존중하고 그 범위를 아이가 허 용할 수 있는 정도로 좁히는 거지요. 부모가 아이와 타협을 보지 않고, "너 욕심 부리면 어떡해? 사이좋게 놀아야지" 하면 아이는 또래와 노는 것이 전혀 즐겁지 않습니다.

진료실에서 만난 한 아이는 이렇게 말하더군요. "내가 몇 번 은요, 내 물건을 지키지 않았더니 뺏긴 적도 있어요. 엄마가 내 장난감을 친구한테 줘버렸어요. 난 엄마를 못 믿겠어요." 엄마가 절대 가져가지 않을 거라고 해서 같이 놀았는데, 그 친구가 집에 갈 때 갖고 싶다고 우니까 엄마가 줘버렸다는 겁니다. 너무 슬퍼서 울었더니, 약속도 안 지킨 엄마가 "너 비슷한 장난감 또 있잖아. 별것 아닌 일로 울고 그러니?"라고 말하더라는 거예요. 아이와 타협하고 친구와 놀게 했다면, 그 약속은 분명히 지켜야 합니다. 약속을 어기면 아이는 더 악착같이 자기 물건을 나누지 않아요.

아이와 타협이 잘 되지 않는다면 아이가 동의하는 규칙을 정할 수도 있습니다. 놀러 오는 친구에게도 장난감을 하나 가져오라고 하고, 우리 아이도 그 아이에게 하나 정도는 빌려주기로 하는 거지요. 서로 상대편의 장난감을 가지고 논 다음 집에 갈 때는 친구 장난감은 친구가 가져가게 합니다. 이 정도는 아이들이 대부분 동의해요. 아이와 타협이 잘 되지 않는다고 "너 계속 그렇게 굴면 친구랑 못 놀아!"라고 협박하면, 의외로 "알았어요. 혼자 놀게요"라고 대답하는 아이들이 생각보다 많습니다. 아이가 친구와 함께 노는 게 즐겁다는 것을 알려면 놀러 오는 친구나 그 부모에게 사정을 설명한 후, 우리 아이의 마음이 상하지 않게 어울려 놀게 하는 것이 좋아요. 여러 번의 경험으로 자신의 경계선을 지키면서 친구와도 즐겁게 놀 수 있다는 것을 알면 아이의 행동은 조금씩 나아집니다.

참고로 영유아기 아이들은 또래와 뭔가를 나누는 것에 굉장히 스트레스를 받아요. 유아기는 남자 여자 구분 없이 어울려 놀고, 우정에 대한 개념도 없는 시기이거든요. 이 시기 친구는 '플레이(play)'의 대상입니다. 즐거워야 하고 행복해야 하고 심심하지 않기 위해 친구와 노는 거예요. 그리고 어릴수록 놀이에서 친구와 상호작용을 많이 하지 않습니다. 두 돌이 막 지난 아이는 주변에 또래들이 있어도 혼자서 놀아요. 두 돌 반에서 세 돌 반 정도가 되면 같은 장소, 같은 시각에 주변의 또래들과 같은 놀이를 합니다. 하지만 서로 상호작용은 많이 하지 않지요. 이 시기 놀이는 비슷한 놀이를 각각 따로 하고 있다고 해서 '병행 놀이'라고도 합니다. 만 3~4세 정도 되면 그제야 놀이를 하면서 서로 대화도 하고, 나누어 갖기도 하고, 빌려주기도 해요. 순서를 정해서 놀이를 하는 것도 가능합니다. 하지만 한 가지 놀이를 한다기보다는 서로 도와가며 각자의 놀이를 해요. 만 4세 반이 넘어서야 아이는 친구와 한 가지 놀이를 같이 하는 것이 가능해집니다. 공동의 목표를 가지고 역할을 나눠서 함께 놀이를 할 수 있게 발달하는 거지요. 그러므로 보기는 흐뭇하겠지만 너무 빨리 아이가 친구와 사이좋게 놀기를 바라지 않으셨으면 합니다.

툭 치고 지나가는 것,
때린 것 같은데 실수래요

감각이 지나치게 예민한 아이들이 있어요. 이런 아이들은 어릴 때부터 부모가 생각하기에 별것 아닌 것에도 지나치게 반응하기도 합니다. 접촉에 예민한 아이는 친구가 스치고 지나가도 과하게 해석합니다. 때린 것 같고 일부러 친 것 같거든요. 기분이 확 불쾌해져요. 당연히 대응도 과하게 나갑니다. 그냥 툭 치고 지나갔는데 "왜 때리고 그래?" 하면서 짜증을 내고, 친구가 때렸다고 주저앉아 울어버리기도 해요.

꽤 큰 아이들도 감각이 지나치게 예민하면 친구가 "야, 밥 먹으러 가자" 하고 소매를 잡아도 "아우 놔!" 하며 신경질적으로

소리를 질러요. 지나가다가 책상을 한 번 짚었다고 "아우 깜짝이야!"라고 소스라치게 놀랍니다. 친구가 반가워하면서 저 멀리에서 뛰어와도 자신을 공격하러 오는 것 같아 숨어버리거나 피해버려요. 심하게 예민한 아이는 본인이 먼저 달려가 친구를 때려버리기도 합니다. 아이의 반응이 이런 식이면 또래들 입장에서는 황당해요. 그 아이가 부담스러워 슬슬 피하게 돼요. 이렇게되면 사회성과 또래 관계 발달에 문제가 생깁니다. 사람이 가지고 있는 일반적이고 보편적인 행동 양상을 배우지 못하거든요. 그렇다면 감각이 예민한 아이의 마음은 어떨까요?

'전 어린이집 갔다 오면 너무 피곤해요. 애들이 저만 툭툭 때리고 다니거든요. 때린 것 같아서 울면 선생님은 그냥 실수로 치고 지나간 거래요. 아닌 것 같은데…. 엄마한테 말해도 엄마도 실수로 친 거래요. 내 편은 아무도 없어요. 애들이 칠까 봐 율동하기도 싫고 운동하기도 싫어요. 애들이 소리 지르는 것도 너무 시끄러워요. 힘들고 괴로워요. 애들이 나 좀 건들지 않았으면 좋겠어요.'

서양 사람들은 툭 치고 지나가는 것을 굉장히 기분 나빠합니다. 서양은 그것을 공격이라고 생각해요. 하지만 우리나라 사람들은 국토가 좁다 보니 많이 붙어 살아요. 사람들끼리 툭 치고 지나가는 것이나 몸이 스치는 것을 그러려니 하고 그냥 넘어가는 경향이 있습니다. 좁아서 부딪혔겠지 나를 공격했다고 생각하지 않는 편이지요. 서양 사람이 우리나라에서 처음 살게 되었을 때는 이런 문화에 굉장히 당황했다가 시간이 지나면 '아, 한국은 좀 이렇구나' 하고 더 이상 기분 나빠하지 않습니다. 우리나라의 보편적인 행동을 배운 거지요.

감각이 예민한 아이들은 또래들이 일상에서 그냥 하는 행동들을 편안하게 받아들이는 것이 좀 어렵기도 합니다. 또래들 사이에서는 성격 이상한 아이, 까다로운 아이로 낙인찍힐 수 있어요. 체육 시간에 다른 친구들의 줄에 맞을까 봐 혼자 멀리 떨어져서 줄넘기를 하고, 친구들과 부딪힐까 봐 축구나 피구도 안 하려고 하고, 어쩌다 축구를 하게 돼도 공이 날아와서 자신을 칠까 봐 골대 뒤에 숨어버리기까지 하니, 아이들도 이런 행동을 하는 아이와 노는 것이 재미도 없고 불편하겠지요.

진료를 받으러 오는 영유아기부터 초등학교 저학년 아이 중에 이런 아이들이 많습니다. 부모들이 찾아와서 하는 첫말이 "원장님, 우리 아이 좀 살려주세요" 예요. 아이도 너무 괴롭고, 지켜보는 부모도 괴롭고, 주변 친구도 괴로워 답이 나오지 않기 때문이지요. 이런 아이들은 버스 정류장에서 버스를 기다리는 사람이 자기 옆에 가까이 서 있어도 무조건 피합니다. 그 사람이 무섭게 쳐다보지 않아도, 소리를 지르지도 않아도 그래요. 극도로 중립적인 자극마저 지나치게 예민하게 해석함으로써 위협과 공격으로 받아들이는 것입니다.

초등학교 저학년 중에는 목소리가 크고 지나치게 적극적인 담임교사를 무서워하는 아이도 있어요. 단지 목소리가 크고 행동이 클 뿐인데, 담임교사가 자신을 싫어해서 무섭게 대한다고 학교에 가지 않겠다고 하기도 합니다. 교사도 황당할 노릇이에요. 영유아기부터 초등학생 아니 중학생까지도 아이들은 대부분 일 없이 뛰어다니고 서로 부딪히고 그럽니다. 몸을 부딪치며 많이 노는 때예요. 그런데 감각이 예민한 나머지 그것을 모두 자신을 향한 공격이라고 느낀다면 또래들과의 관계도 틀어지고 본인도 너무 힘들 수밖에요.

저를 찾아왔던 한 아이의 엄마는 아이에게 친구를 만들어주겠다며 이 집 저 집으로 데리고 다녔답니다. 아이가 유치원에서 어울리는 친구도 없는 것 같고, 항상 위축되거나 경직되어 있고, 집에 오면 맥없이 축 늘어지는 것이 속상했기 때문이지요. 엄마는 마음에 맞는 친구 하나 만들어주면 아이가 좀 달라지지 않을까 생각했습니다. 그래서 일부러 다른 엄마들 밥까지 사가며 어린이 실내 놀이터 비용까지 다 치르면서 기회를 만들었어요. 그런데 아이는 다른 아이들과 어울리지는 않고 구석에 뻘쭘하게 서 있기만 하더랍니다. 엄마의 정성도 몰라주고 도대체 아이가 왜 그런지 모르겠다고 말했어요. 그때 아이의 마음은 이랬을 거예요.

'유치원 갔다 오는 것도 힘들어 죽겠는데, 엄마는 사회성을 길러야 한다고 맨날 나를 질질 끌고 다녀요. 나는 집에서 좀 쉬고 싶어요. 놀 때는 재밌기도 하지만, 빽빽 소리를 질러대고 걸핏하면 툭툭 치고 지나가는 아이들 사이에서 4~5시간 견뎌야 하는 건 지옥이에요. 얼마나 피곤한지 몰라요. 엄만 너무해요.'

물론 감각이 예민한 아이들이 모두 이런 문제가 있는 것은 아니에요. 잘 처리하고 사는 아이도 있습니다. 저도 감각이 예민한 편이지만 잘 조절해서 별 문제 없이 살아갑니다. 하지만 아이가 예민한 감각으로 말미암아 여러 가지로 힘들어할 때는 부모가 잘 도와주는 것이 필요해요. 감각이 지나치게 예민한 아이들은 사실 타고난 부분이 많습니다. 아이가 덜 힘들려면 부모가 이런 부분을 많이 알아차리고 이해해서 편안하게 성장하도록 많이 도와주는 것이 필요해요. 그러면 자라면서 치료를 받지 않아도 될 정도로 좋아지기도 합니다. 하지만 그렇게 노력해도 여전히 힘들어하는 면이 있다면 그때는 전문적인 치료를 받는 것이 아이에게 많은 도움이 됩니다.

내 아이가 감각이 예민한지 아닌지는 외부로부터 오는 자극을 어떻게 받아들이는지 유심히 살피면 눈치챌 수 있어요. 누가 쳐다보면 시선을 피하거나, 맛이나 질감에 예민해 고형식을 먹어야 할 때도 유동식만 먹으려고 하거나, 껌이나 캐러멜처럼 치아에 붙는 것을 지나치게 싫어하거나, 물 묻는 것이 싫어서 머리를 안 감으려고 하거나, 로션 닿는 것이 싫어서 로션을 지나치게 안 바르려고 하거나, 같은 옷만 지나치게 고집하거나, 새 옷 입는 것을 지나치게 거부하거나, 긴소매 옷에서 반소매 옷으로 바뀔 때 과민하거나, 양말 앞코가 정확하게 똑같지 않으면 여러 번 다시 신겨달라고 하거나, 옷에 물이 조금만 묻어도 벗으려고 하거나, 새로운 장소는 잘 들어가지 않으려고 하거나, 조금만 시끄러워도 귀를 막고 비명을 지르거나, 찰흙같이 질퍽한 것을 못 만지거나, 심지어 과자가 조금만 모서리가 부서져도 새로 사달라고 할 때는 조금 주의해서 보아야 합니다. 살면서 다양한 자극을 처리해야 하는데 이런 과정에서 힘들어할 수도 있다는 신호예요.

우리는 살아가면서 외부에서 오는 다양한 정보와 자극을 감각 체계를 통해 받아들입니다. 감각이 지나치게 예민한 아이들은 외부에서 오는 정보와 자극을 온 양보다 더 많게, 온 정도보다 더 강하게 받아들이고 이것을 기준으로 삼아 반응할 가능성이 높아요. 다른 아이들이 아무렇지 않게 받아들이는 일상적인 자극도 내 아이는 항상 조금 힘들게 겪어낸다면, 감각이 지나치게 예민해서일 수 있습니다. 아이가 능력을 발휘하려면 외부의 정보나 자극을 받아들여야 하는데, 받아들이는 과정에서 첫 단계인 감각이 지나치게 예민하면 이 과정에서 못 받아들일 수도 있어요. 그러면 그다음 단계로 성장과 발달의 진행이 어려워질 수도 있습니다.

이런 아이들은 남들은 전혀 스트레스가 아닌 것에 스트레스를 받아요. 그렇다고 아이를 편안하게 키우겠다고 아이에게 맞추어 모든 것을 바꿔줄 수는 없습니다. 강하게 키운답시고 예민한 아이에게 계속 과하게 느끼는 스트레스를 주어서도 안 됩니다. 어떤 자극이 주어졌을 때 굉장히 힘들어하거나 저항적일 때는 일단 거기서 멈춰야 해요. 그리고 다음번에 또 거기까지의 자극을 주는 것을 여러 차례 반복해야 합니다. 그렇게 여러 번 경험을 하여 아이가 '아 괜찮네'라고 느끼는 편한 상태가 되면 그다음 단계로 진행해야 하지요. 아이가 편해지지 않은 상태에서는 빨리 다음 단계로 진행해서는 안 됩니다. 아이가 받아들일 수 있는 정도로 아주 조금씩 천천히 진행해야 해요. 예를 들어, 아이가 새로운 옷을 입지 않으려고 하면 억지로 입히려 하지 말고 며칠 걸어 놓고 아이가 보는 것이 익숙해지게 하고요. 스쳐 지나가게 하거나 어쩌다 옷을 한번 만져보게도 하는 식으로 단계를 나눠서 경험하게 해야 해요. 답답할 정도로 느리게 진행되더라도 아이가 비교적 편안하게 받아들일 때까지 부모는 참고 견디면서 충분히 기다려줘야 합니다.

이런 아이들은 감각 놀이를 많이 하는 것이 도움이 돼요. 손도 많이 만져주고, 몸도 많이 쓸어주고, 마사지도 많이 해줍니다. 주변의 다양한 소리도 많이 들려주세요. 그네, 시소, 미끄럼틀 등 놀이터의 놀이 기구도 많이 태워주세요. 아이가 무서워하면 부모와 같이 천천히 경험해봅니다. 접촉이 예민해 모래 같은 것을 만지기 싫어한다면, 집에서 밀가루 반죽 같은 것을 가지고 놀아보게 하는 것도 좋아요. 음식 재료 중에는 말캉한 것도 있고 거칠거칠한 것도 있어요. 음식을 준비할 때도 아이에게 식재료의 질감을 만져보게 합니다. 아이가 가장 편안하다고 느끼는 사람과 익숙한 공간에서 감각과 관련된 경험을 많이 쌓도록 하는 거예요. 이미 증상이 보이는 꽤 자란 아이도 지금이라도 조금씩 경험해가면 많은 도움을 받을 수 있습니다.

덧붙여 감각이 예민한 아이에게 소리를 지른다거나 화를 자주 내는 것은 매우 조심해야 해요. 아이의 불안을 증폭시킬 수 있습니다. 감각이 예민하다는 것은 외부 자극에 대한 불안이 높다는 말이에요. 아이를 불안하게 만드는 일은 아이의 감각을 더욱 날카롭게 만들 수 있습니다. 또 하나, 간혹 아이가 보내는 신호가 부모가 예상하는 것과 다를 때가 있어요. 아이가 바들바들 떨면서 무서워하면, '우리 애가 좀 불안해하는구나'라고 생각하고 품에 안고 "괜찮아, 괜찮아" 하면서 진정시킬 겁니다. 그런데 아이가 공격적이거나 고집을 부리거나 화를 낸다면, 그 모습을 보고

'무섭고 불안하기 때문이구나'라고 생각하기 힘들어요. 그저 공격적인 아이, 고집쟁이, 툭하면 화부터 내는 아이로 보고 야단부터 치게 됩니다. 아이들은 정서 발달이 아직 진행 중이라 가끔 자신이 느끼는 감정을 어떻게 표현해야 할지 몰라 감정과 맞지 않는 행동을 보이기도 합니다. 따라서 정말 어려운 일이기는 하지만, 아이가 문제 행동을 보일 때 그 행동 하나만 떼어서 보지 말고 그 이면에 있는 아이의 마음을 먼저 보려고 노력했으면 합니다. 그리고 그때의 상황이나 아이의 성향, 아이의 이전 발달 과정 등을 고려하여 판단해 보았으면 합니다. 내 아이를 위한 큰 지혜가 될 거예요.

공정한 규칙,
지는 건 정말 참을 수 없어요

어떤 아이들은 또래 관계에서 '지는 것'을 무척 힘들어합니다. 누구나 이기는 것이 더 기분 좋을 거예요. 하지만 질 때도 있고 이길 때도 있는 것이 일상이고 인생입니다. 언제나 나만 이길 수는 없어요. 승부를 편안하게 받아들여야 인간관계가 원만합니다.

그런데 꼭 이겨야만 하는 아이들이 있어요. 이 아이들은 놀이나 게임에서 '규칙'이 있다는 것이 스트레스입니다. 규칙이 자신이 이기는 것을 방해하거든요. 그래서 규칙을 어기기도 하고 심지어 규칙을 바꾸기까지 합니다. 져놓고도 규칙이 바뀌었으니 자기가 이겼다고 우기기도 해요. 그러다 자기가 지면 울고불고 난리가 납니다. 이런 아이들은 왜 그럴까요? 두 가지 유형으로 나눠서 살펴봐야 합니다. 유형마다 아이들의 마음을 들어보면 다음과 같아요.

'난 집에서도 항상 이겼다고요. 져본 적이 없어요. 지는 건 참을 수 없어요. 꼭 이겨야만 해요. 아빠도 이왕 할 거면 1등 하라고 했어요. 싸워도 한 대라도 때렸지 맞고 오지 말라고 했단 말이에요.'

'내가 생각한 대로 되지 않으면 미치겠어요. 어떤 승부든 내가 이기지 않으면 마음이 너무 불편해요. 왠지 지면 공격당할 것 같은 느낌이거든요.'

위의 마음은 지나치게 경쟁적이어서 이기려고 하는 거고요. 아래의 마음은 불안이 심해서 이기려고 드는 겁니다.

지나치게 경쟁적이어서 이기려고 하는 아이들은 놀이에서는 졌지만 이것이 꼭 굴복을 당한 것이 아니라는 사실을 못 배운 경우예요. 이 아이들은 지면 자존심이 상합니다. 엄마 아빠가 이겼는데도 아이가 울기 시작하면 "그래그래, 네가 이겼어"라고 하거나, 매번 져준 경우 아이는 기분 좋게 져보는 경험을 하지 못해 1등에 집착해요. 뭐든 순위를 가리고 싶어 지나치게 경쟁적으로 굴고, 뭐든 자기가 먼저 해야 하고, 자기가 꼭 1등을 해야 합니다. 지나치게 경쟁적인 아이는 너무 욕심이 많아서 그럴 수도 있고, 부모가 늘 결과를 중요하게 여겨 뭘 시키든 몇 점 몇 등을 강조해왔어도 그럴 수 있어요. "하나 틀렸네. 백 점을 맞아야지"라며 항상 결과 중심으로 키우면 아이가 지나치게 경쟁적으로 될 수 있습니다. 또래들은 당연히 이런 아이랑 놀면 재미없고 힘들기만 해요.

불안이 심해도 무조건 이기려고 들기도 합니다. 불안한 아이들은 자기가 늘 세상에서 우위를 점하거나 통제하고 있지 않으면 불편해요. 이기게 되면 자신이 굴복당할 일이 없으니까 마음이 편안합니다. 지면 뭔가 잡아먹히고 안전하지 않은 상황이라고 여기거든요. 이 아이들은 마음이 편하기 위해서 이기려듭니다. 불안한 아이들은 항상 세상을 과잉 통제하려는 경향도 있어요. 유치원에 가기 전 책상 위에 크레파스가 있었습니다. 갔다와서도 크레파스는 그 모양 그대로 있어야 합니다. 만약 크레파스가 책상 밑에 있으면 "내가 놓았던 대로 해놔!" 하면서 소리소리 지르고 펄쩍펄쩍 뛰면서 울 때도 있어요. 부모와 외출했다 돌아올 때 매번 자기가 현관문 도어락 번호키를 눌렀는데, 어느 날 깜빡 잊고 부모가 눌렀습니다. 난리가 나요. 이럴 때 이 아이의 마음은 이래요.

'나는 내가 이렇게 저렇게 하려고 생각한 순서대로 뭐가 되지 않으면 못 견디고 미치겠어요. 엘리베이터를 타서 문이 닫히면 내가 층 번호를 누르고 14층에 도착해서 엘리베이터 문이 열리면 내려서 현관문 번호키를 띠띠띠띠 누르려고 생각하고 있었단 말이에요. 그런데 엄마가 그걸 망쳤어요. 지금 내 마음이 얼마나 불편한지 아세요? 엄마, 나빠요!'

아이는 본인이 정해놓은 통제의 경계선이 무너져 불안한 겁니다. 초등학교 때까지 이런 것으로 힘들어하는 아이들이 꽤 많아요. 초등학교 때 맨 앞에 와서 항상 맨 앞에서 급식을 받으려고 하는 아이들이 있습니다. 어떻게 보면 승부욕이 너무 강하고 경쟁적이라고 보이기도 해요. 하지만 아이의 사정은 좀 다릅니다. 감각 중에 촉각이 예민한 아이들은 줄을 오래 서 있으면 앞뒤에 있는 아이들이 자신을 조금씩 건드리게 되는 것이 싫어서 얼른 급식을 받아 자기 자리에 앉고 싶어 그러는 경우도 있어요. 지나치게 경쟁적인 아이는 부모의 양육 방식 때문이기도 하지만, 이렇게 자신이 가지고 있는 불안이나 예민한 감각 탓에 그렇게 행동하는 경우도 있는 거지요. 아이가 기질적으로 불안이 높은 아이인지, 각각의 부모들이 어렸을 때 어땠는지, 부모가 불안을 자극하는 것은 없는지 잘 생각해봐야 해요. 불안의 원인을 찾아 도와줘야 아이의 행동이 나아집니다. 감각이 예민한 경우라면 바로 앞 장 주제인 '툭 치고 지나가는 것'처럼 부모가 도와주는 것이 필요해요.

어떻게 키워야 할까요? 지나치게 경쟁적인 아이는 부모 자신이 결과 중심의 사고를 하고 있는지 살펴봐야 합니다. 이런 부모는 상담을 하다 보면 끝까지 이겼다고 우기는 아이처럼, 끝까지 결과가 중요한 것 아니냐고 우겨요. 하지만 세상에는 그렇지 않은 것이 너무 많습니다. 아이들의 성장은 특히 그래요. 아이들에게는 중간 과정이 더 중요합니다. 아이들 자체가 결과가 아니라 진행 중인 과정이에요. 아이들은 과정 속의 경험으로 살아가는 데 필요한 많은 가치관을 만들게 됩니다.

부모들은 아이들에게 "누가 이기나 보자", 밥 먹을 때도 "누가 빨리 먹나 보자"라는 식의 경쟁을 많이 시킵니다. 유치원에서도 어린이집에서도 형제간에서도 흔히 일어나는 경쟁이지요. 되도록 그런 경쟁은 하지 않았으면 해요. 경쟁이 무조건 나쁜 것은 아닙니다. 경쟁을 통해 아이들은 많은 것을 배울 수는 있어요. 하지만 경쟁이 성장에서 의미가 있으려면 공정해야 하고, 그

속에서 최선을 다하는 경험을 해야 합니다. 마지막 결과만 중요한 것은 아니에요.

어른들이 아이들에게 흔히 시키는 경쟁은 공정하다고 말할 수 없습니다. 의도 자체가 아이를 잘 성장시키겠다는 마음보다는 아이를 통제하기 위한 수단이거든요. 어른들은 아이를 통제하기 위해 많은 수단을 사용합니다. "누가 빨리 먹나 보자" 하면서 경쟁을 시키고, "너 밥 안 먹으면 혼나" 하면서 위협도 해요. "너 밥 안 먹으면 엄마가 다시는 안 놀아 줄 거야. 예뻐 안 해줄 거야" 하는 식으로 애정을 철회하는 일도 부지기수입니다. TV를 켜놓고 아이가 입을 벌리고 있으면 밥을 떠먹이기도 해요. 통제하기 위해 말도 안 되는 보상을 주는 것이지요. 요즘은 그 단골 수단이 스마트폰입니다. 스마트폰은 참 많은 용도로 쓰여요. 아이가 울 때 달래는 용도로, 부모가 다른 일을 하기 위해 아이의 시간을 때워 주는 용도로, 고집을 부릴 때 문제를 빨리 해결하는 용도로도 쓰입니다. 심지어 "너 밥 잘 먹으면 아빠가 스마트폰 하게 해줄게" 하는 식의 보상으로도 쓰입니다. 이런 양육 태도는 아이에게 지나친 경쟁을 부추기게 돼요. 이기지 못하면 스트레스를 받는 아이로 만듭니다.

놀아주라고 하면 꼭 아이에게 약을 올리는 아빠들이 있어요. 삼촌들도 포함됩니다. 이런 경우도 아이에게 지나친 승부욕이 생길 수 있어요. 아빠나 삼촌은 놀면서 너무 아이의 약을 올리고 심하게 장난을 치고 지나치게 놀립니다. 아이는 놀면서도 기분이 즐겁지 않아요. 이기지 않고 흐지부지 놀이가 끝나면 마음이 묘하게 복잡합니다. 아이는 이겨야 아빠나 삼촌이 자신을 열받게 하고 놀리고 건드린 것이 자기 마음 안에서 마무리가 돼요. 지게 되면 놀림받은 것 때문에 자존심이 상합니다. 아빠와 논 것이 아니라 아빠한테 당했다고 생각하거든요. 아이와 놀아주면서 절대 놀리지 마세요. 간혹 아이를 놀려놓고 반응을 재밌어하고 울려놓고도 웃는 분들 있습니다. 아이는 장난감이 아니에요. 아이의 자존심을 가지고 장난치지 마세요. 사람은 자신의 자존심을 소중하게 여겨주지 않는 사람은 존경하지 않습니다.

불안 때문에 꼭 이겨야 하는 아이는 다른 일상 생활도 상당히 경직되어 있는 모습을 볼 수 있어요. 아이는 자기의 틀을 지나치게 고수하고 원칙에서 벗어나면 무척 싫어합니다. 저항하고 거부해요. 이 틀을 벗어날 수 있도록 도와야 합니다. 그렇다고 직접적으로 강요해서는 안 돼요. 그러면 부모와 아이가 대립의 위치에 서게 되어 아이의 마음이 더 불편해집니다. 아이는 더욱 그 틀을 단단히 고수하게 될 거예요. 틀에서 벗어나게 하려면, 그 틀을 벗어나도 안전하다는 느낌을 스스로 갖게 하는 것이 좋습니다.

불안 때문에 자신의 틀을 고수하던 아이가 있었어요. 엄마는 아침에 아이에게 이렇게 말했습니다. "오늘 학교 다녀와서 미술 학원 갔다 오면 저녁에 엄마가 탕수육 해줄게." 그런데 갑자기 내일 예약한 병원에서 가능하면 오늘 올 수 있냐는 연락이 왔어요. 담당 의사가 불가피한 일이 있어서 며칠 병원에 못 나오게 되었다는 겁니다. 엄마는 그러겠다고 말하고 학교 다녀온 아이에게 우선 병원부터 가자고 했어요. 갑자기 바뀐 스케줄에 아이는 병원에 안 간다며 악을 썼습니다. 병원에 온 아이의 입은 오리 부리처럼 쭉 나와 있었어요. 의사가 "너 오늘 왜 그래?"라고 물었습니다. 병원에 잘 다니고 협조도 잘 하는 아이였거든요. "오늘 여기 오는 것 몰랐어요"라고 했습니다. 의사는 "꼭 알고 있어야 돼?" 하고 물었어요. 아이는 자기는 마음의 준비가 되지 않았다고 퉁명스럽게 대답했습니다.

불안한 아이들은 '마음의 준비'가 정말 중요해요. 자신이 예상하지 못한 일이 생기면 못 견딥니다. 그럴 때는 부모가 이렇게 말해주는 것이 좋아요. "다음에는 되도록 미리 알려주도록 할게. 엄마가 일부러 알려주지 않은 건 아니야. 엄마도 오늘 갑자기 연락을 받아서 이렇게 올 수밖에 없었어. 그런데 세상을 살다 보면 이런 일이 참 많아. 이런 일은 누가 너를 불편하게 하려고 일부러 그러는 것은 아니야. 가끔은 미리 생각해놓은 것과는 다르게 순서가 바뀔 수도 있는 거야."

아이는 미술 학원에 가는 것을 무척 좋아했어요. 마음이 조금 풀린 아이가 물었습니다. "그럼 오늘 미술 학원 못 가잖아?" 아이는 순서가 틀어지면 뭔가 잘못된다고 생각하고 있었던 거지요. "아니야, 병원 갔다가 가면 돼. 미술 선생님한테 그래도 되는지 엄마가 전화할게"라고 엄마가 말해줬습니다. 이때 미술 교사에게 전화해서 직접 아이를 바꿔주는 방법도 있어요. 아이에게 '네가 이 시간에 꼭 가지 않아도 다른 시간에도 네가 원하는 것을 할 수 있다'는 것을 가르쳐주는 것입니다. 아이가 "안 된다고 하면 어떡해?"라고 걱정할 수도 있어요. 그럴 때는 "일단 해보고 안 된다고 하시면 다른 방법을 찾아보자" 이렇게 말해주면 됩니다. 틀에서 벗어나도 다양한 방식으로 문제를 해결할 수 있다는 것을 경험하게 하는 것이 중요합니다.

한번 틀을 바꿨는데 크게 손해 본 것 없이 괜찮았던 경험, 원래 정한 대로가 아니라 다른 방법도 취할 수 있다는 경험, 누구에게나 예상치 못한 일이 생기고 그것이 일상의 안전을 깨지 않는다는 경험…. 불안한 아이는 이런 경험을 늘려주어야 해요. 아이의 불안을 인정해주고, 조금씩 틀에서 벗어난 상황을 만들어 아이가 조금씩 나아질 수 있도록 돕는 겁니다. 아이가 고집을 피우는 이유는 틀에서 벗어난 상황이 안전하지 않다고 느끼는 거예요. 그 상황이 안전하다는 것을 빨리 느끼게 해주는 것이 가장 좋은 해결책입니다. 아이가 고집을 피울 때는 세 가지 메시지가 아이에게 전달되도록 하세요. 첫 번째는 틀을 바꾼 것이 의도적이 아니라는 것. 즉, 너를 일부러 불편하게 하려는 것이 아니라는 겁니다. 두 번째는 세상은 그런 일이 자주 발생한다는 것. 그래도 괜찮다는 겁니다. 세 번째는 틀을 바꿔도 원하는 것을 얻을 수 있고 안전을 위협받지 않는다는 겁니다. 그리고 "그래도 가능하면 너에게 미리 얘기해줄게. 그렇게 하도록 노력할게"라는 말도 꼭 해주어야 합니다.

**장난 또는 괴롭힘,
도대체 어떻게 구분하죠?**

초등학교 고학년만 돼도 아이들의 장난이 짓궂어지고 따돌림이나 괴롭힘도 발생합니다. 내 아이는 친구가 괴롭혀서 힘들어 죽겠다며 학교에 가기도 싫다고 하는데, 정작 가해자가 된 아이는 "괴롭힌 것 아니에요. 장난이었어요"라고 합니다. 정말 장난이었을까요? 단지 좀 짓궂었던 것뿐일까요? 장난과 괴롭힘의 차이는 아주 미묘하고, 그것을 제대로 구분하지 못할 때 아이는 왕따가 되기도 합니다. 그도 그럴 것이 장난친 건데 괴롭혔다고 하면 또래들은 그 아이가 부담스러워지기 때문이지요. 그런데 진료를 하다 보면 그 경계선을 잘 모르는 것은 비단 아이들만이 아니에요. 지켜보는 부모도 교사도 헷갈리는 것은 마찬가지입니다. 우선 그것이 무엇이든 간에 당하는 아이는 엄청나게 힘들다는 것을 절대 잊지 말아야 합니다. 장난과 괴롭힘을 구분하지 못하는 아이의 마음은 이래요.

'나는 친구가 괴롭히고 놀린 것 같은데, 친구는 그냥 장난친 거래요. 선생님도 그저 짓궂은 장난일 뿐이래요. 제가 예민한 거래요. 그런데 전 못 살겠어요. 하지 말라고도 해봤어요. 그런데도 매일 그래요. 정말 미치겠어요.'

친구가 한 대 툭 친 상황이에요. 그것이 장난인지 괴롭힘인지를 구분하려면 그 사람의 의도를 파악해야 합니다. 그런데 장난과 괴롭힘을 잘 구분하지 못하는 아이들은 아프면 괴롭힌 것이고, 아프지 않으면 장난이라고 말하는 경우가 많아요. 문제는 이 시기 아이들은 조절을 잘 하지 못해 장난인데도 세게 때릴 때도 있다는 것입니다. 이런 아이들은 친구가 먼저 때려 자기도 때렸다고 하면서 매일 싸우고 올 수도 있어요. 그러다 교사에게 혼이 나면 아이는 억울해집니다. 늘 자기가 먼저 시작한 것이 아니니까요.

중학교 1학년 남자아이가 친구와 의자까지 집어던지며 싸웠다고 말했습니다. 이 아이 이름을 '유문철'이라고 할게요. 친구가 이 아이를 "유모차, 유모차, 유모차"라고 놀렸답니다. 아이는 "하지 마"라고 경고했어요. 그런데 놀리기 시작한 아이는 대부분 그 경고를 받아들이지 않습니다. 반응이 재미있어서 더 심하게 놀립니다. 신나서 "에이~ 유모차래요. 유모차래요"라고 했어요. 유문철은 너무 화가 욕을 해버렸습니다. 상대방 아이는 "너 지금 욕했어?"라고 말하며 옆으로 바짝 와서 "붙을래?"라고 말했고, 누가 먼저 때린지도 모르게 싸움이 시작되었어요. 유문철은 이전에 다른 아이가 놀린 것까지 생각나 폭발하듯 화가 났고, 정신을 차려보니 의자까지 집어서 던지고 있었습니다.

이런 아이들의 특성은 일단 인간관계에서 문제 해결 능력이 떨어진다는 거예요. 이런 상황에서도 다양한 문제 해결 방법이 있습니다. 친구가 '유모차'라고 말하면 "아이고 참~" 하며 어이없다는 식으로 헛웃음을 치면서 넘어갈 수도 있어요. "돼지야~"하면 "왜 이 말라깽이야" 하면서 치고받을 수도 있습니다. 그런데 문철이는 문제 해결이나 대처 방식이 미숙할 뿐 아니라 상대가 주는 감정적인 자극과 말, 행동이 갖고 있는 의미가 그리 악의적이지 않을 때는 그냥 넘어가주기도 해야 한다는 것을 알지 못했어요. 자신이 조금만 불쾌해지면 나를 공격하고 비난하고 못살게 굴었다고 생각하는 겁니다.

또래들 중에는 문철이가 생각하는 틀에서 벗어나 있는 아이들이 당연히 많아요. 사과를 하라고 하면 "미안해"라고 말하는 아이도 있지만, 사과의 뜻으로 씩 웃고 지나가는 아이도 있습니다. 그런데 문철이는 격식을 차려서 공손하게 "미안했어, 문철아"라고 자신이 원하는 방식대로 사과를 해야 사과를 했다고 생각해요. 사고의 융통성이 떨어지고 자기중심적인 겁니다. 그러다 보니 자기가 화났으니까 의자를 던져도 된다고 생각한 거예요. 그 반에 정말 아무 죄 없는 아이들, 전혀 이 아이를 놀린 적도 없고 지금 이 상황에 관련이 없었던 아이들이 많습니다. 그 아이들이 자신의 행동으로 공포에 떨게 되었어요. 그 아이들에 대한 배려는 없는 것입니다. 늘 자신의 억울함만 중요한 거예요.

이런 아이들은 자신이 괴롭힘을 당하고 피해를 입었다고 생각하기 때문에 자신은 어떠한 행동을 해도 정당하다고 생각합니다. 정당하고 당연해서 자기가 취한 방식으로 다른 아이가 피해를 입는 것은 생각하지 못해요. 그래서 자신의 과한 행동을 정당화합니다. 정당화할 때 보면 그날의 상황만이 아니라 이전에 있었던 것까지 다 끄집어내요. 오늘은 A라는 아이가 놀렸는데도 A와 싸우면서 예전에 B한테 당했던 것, C한테 당했던 것, D한테 당했던 것까지 생각하고 반응합니다. 결국 각각의 상황을 늘 독립된 것으로 다루지 못하고 과일반화시키는 것이지요. 과일반화시켜서 "애들은 다 그래"라고 생각하고 또래 관계 자체에 엄청난 스트레스를 받습니다. 이렇게 되면 자신도 학교 다니는 것이 괴롭고 주변에서도 이 아이 때문에 못살겠다는 말을 많이 해요. 당사자인 문철이는 항상 억울합니다. '쟤가 오늘 유모차라고 놀리지만 않았어도 내가 오늘 그러지 않았을 텐데…'라고 생각하거든요. 이런 아이들은 상담을 받으러 와서 항상 하는 말이 "얘들이 나만 괴롭혀요. 가만두면 나는 문제가 없는데 꼭 나를 먼저 건드려서 일을 만들어요. 쟤네들은 먼저 건드려놓고 사과도 안 해요" 입니다. 그런데 가만히 들어보면 꼭 사과를 할 상황이 아닌 것도 많아요.

짓궂은 장난과 괴롭힘을 구분하지 못해서 스트레스 받는 아이들은 지나치게 불안이 높고 예민해서 상황을 부정적으로 해석할 수 있고, 그 상황에 대한 문제 해결 능력이 다양하지 못하고 미숙할 수 있습니다. 이 아이들은 늘 그런 상황에서 따진다거나 화를 낸다거나 사과를 요구한다거나 하는 똑같은 방법을 써요. 여러 번 그렇게 해봐서 효과가 없으면 다음번에는 다른 방법을 써야 하는데 매번 똑같은 방법을 씁니다. '화를 냈더니 상황이 나빠지네. 그럼 다음번에는 화를 내지 말고 어떻게 해야 할까?'라는 사고가 안 되는 것이지요. 머리가 좋은 아이들 중에도 또래 관계에서 다양한 문제 해결 방법을 쓰지 못하는 경우가 많습니다. 이런 아이를 다룰 때 부모가 가장 먼저 인지해야 하는 것은, 다른 아이들을 모두 내 아이에 맞춰 뜯어고칠 수 없다는 거예요. 문제의 본질은 내 아이입니다. 아이가 좋아지도록 교육이든 상담이든 치료든 받아서 시간이 오래 걸리겠지만 성인이 되기 전 이 부분에 대해 조금이라도 편안해질 수 있도록 도와줘야 합니다.

제가 이런 아이들에게 매번 똑같은 방법을 쓰는 것이 문제라는 것을 깨우치기 위해서 자주 해주는 이야기가 있습니다. 그 대화를 그대로 옮겨볼게요.

"유명한 실험 중에 쥐 상자 실험이라는 것이 있어."

"쥐를 상자에 넣어요?"

"어. 쥐가 빵을 좋아하거든. 쥐를 상자에 넣은 다음에 쥐 입이 딱 닿을 만한 위치에 빵을 놓아줘. 그런데 그 빵을 물게 되면 죽지 않을 만큼만 전류를 흐르게 장치를 해두지. 그런 다음 쥐를 딱 풀어놓으면 쥐가 빵 냄새를 맡고 달려가서 빵을 물거든. 그러면 쥐가 어떻게 될까?"

"찌지지직이요."

"그래, 감전돼. 죽지 않을 만큼만 감전이 되지. 그럼 쥐가 깜짝 놀라 빵을 탁 놔. 그런데 그 쥐가 다음에 빵을 다시 물까? 안 물까?"

"또 물어요."

"맞아. 또 물어. 한 세 번 정도는 물거든. 그런데 그다음부터는 '내가 이걸 물었더니 고통스럽구나' 하는 사실을 알아서 다시는 안 물어. 쥐도 그래. 물론 내 말은 네가 쥐만도 못하다는 것은 아니야. 그런데 봐봐. 너는 그렇게 세 번 네 번 친구랑 싸우고 그것 때문에 부모님한테 잔소리를 듣지. 잔소리를 들으면 누가 괴로워?"

"저요."

"그리고 너 계속 같은 방법 쓰니까 친구들하고 친해졌니?"

"안 친해져요."

"너는 도돌이표잖아. 악보에 있는 도돌이표 알지?"

"네."

"넌 도돌이표처럼 자꾸 돌아가잖아. 똑같은 방식을 계속 사용하고 있으니까 인생이 도돌이표잖아" 하면 아이들이 깔깔 웃어요.

"그렇잖아. 어떤 방법을 써서 그 방법이 효과적이지 않으면 다른 방법을 써봐야 하지 않겠니?"

"그렇죠."

"원장님이 생각하기에는 네가 그걸 못 배운 것 같아. 너 친구들 중에 유독 부딪히는 애들이 있지?"

"네."

"걔가 네가 싫어하는 행동을 하면 너는 뭐라고 하니?"

"'하지 마' 그래요."

"그러면 그 아이가 말을 듣디?"

"아니요."

"'하지 마'라는 말을 해서 안 들으면 그 말을 또 하는 것이 효과적일까?"

"효과적이지 않아요."

"그런데 넌 자꾸 그 말만 쓰잖아."

"어? 그러네요. 그러면 원장님, 뭐라고 그래야 해요?"

"그래. 그렇게 물어봐야 하는 거야. 그래야 너에게 방법을 가르쳐줄 수 있지. 너는 이제까지 엄마한테 '엄마는 그 애들 편이야' 그 말만 하면서 화내고 울고 그랬잖아."

"그러네요. 그럼 어떻게 해야 해요?"

"그래, 이제부터 시작이야. 방법을 찾아보자."

대화를 자세히 적은 것은, 부모들이 이런 주제를 가지고 아이와 어떻게 대화해야 하는지 모르기 때문이에요. 감정부터 격해져 혼내고 비난부터 합니다. "야, 니가 계속 그런 식으로 하니까 친구들이 우습게 보고 그러는 거 아니야!"라고 해버려요. 부모가 흔히 쓰는 말 중에 의도적이지는 않지만 아이를 모욕하는 말들이 많아요. 대표적인 것이 가늘고 날카로운 목소리로 "야! 니가~"라고 하면서 시작되는 말들입니다. 이 말 뒤에는 어떤 말을 하든 교육이 아니라 비난이에요. 아이가 배울 수 없어요. 문제 해결 방식이 미숙할 때는 "그럼 제가 어떻게 해야 돼요?"라고 묻게끔 대화를 진행해나가야 합니다. 그래야 방법을 알려줄 수 있고, 알려준 방법을 아이가 받아들일 수 있어요.

가끔 부모들이 이런 말을 합니다. 아무리 여러 번 말해도 아이가 달라지지 않는다고요. 아이는 정말 천 번 만 번 가르쳐야 합니다. 고작 '여러 번' 말하는 것으로는 달라지지 않아요. 그리고 그 '여러 번'이 항상 똑같은 방식이라면 또 달라지지 않습니다. 자꾸만 아이를 "도대체 몇 번째 말하는 줄 알아?"라고 다그치게 되는 부모는 자신이 매번 같은 식으로 문제를 해결하려고 하는 것은 아닌지 생각해보세요. 그리고 아이에게 이렇게 말했으면 합니다. "내가 이 얘기를 여러 번 말해주었는데 네가 매번 화를 내는 것을 보니까 아빠의 방법이 잘못된 것 같아. 아빠는 너에게 좋은 이야기를 해준다고 생각하는데 아닌가 보다. 네가 더 잘 이해할 수 있도록 아빠도 방법을 바꿔봐야겠네." 그리고 정말 새로운 방법을 고심해봐야 합니다. 그러지 못했다면 아이만큼이나 부모도 문제 해결 방식이 미숙한 거예요. 생활 속에서 부모가 다양한 방법으로 문제를 해결해가는 모습을 자주 보여주면, 아이도 '아 어떤 방법을 써봤다가 효과적이지 않을 때는 다른 방법을 연구해서 바꿔봐야 하는 거구나' 하는 것을 배웁니다. 사실 이것이 모든 스트레스 대처의 핵심이에요. 어떤 문제에 이제까지 계속 스트레스를 받아왔다면, 하나하나 다 짚어보고 하나씩 방식을 바꿔봐야 합니다. 계속 똑같이 대처하면 언제나 결과는 똑같습니다. 똑같은 스트레스가 계속 반복될 수밖에 없어요.

지금까지는 짓궂은 장난을 괴롭힘으로 오해하는 아이에 대한 이야기를 했습니다. 만약 그것이 내 아이의 오해가 아니고 진짜 괴롭힘이라면 어떻게 해야 할까요? 대부분 왕따나 괴롭힘은 고등학생들보다는 초등학교 고학년생들과 중학생들에게서 많습니다. 고등학생만 돼도 아이들이 자라기 때문에 덜 해져요. 가해자인 아이도 자라고, 피해자인 아이도 자라고, 그들을 지켜보는 무언의 방관자들도 자라기 때문이지요. 하지만 초등학교 고학년생들과 중학생은 모두 아직 어립니다. 무엇보다 부모의 적극적인 대처가 필요합니다.

우선 아이가 친구의 짓궂은 장난이 괴롭힘 같다고 할 때, 우리 아이가 예민한 탓인지 진짜 괴롭힘인지부터 구분해야 할 거예요. 아이에게 "그 아이가 너한테만 그러니, 다른 아이들한테도 그러니?" 하고 물어봐서 만약 아이의 대답이 "걔 아무한테나 그래요. 우리 반 애들이 다 싫어해요"라고 한다면 그건 짓궂은 장난일 확률이 높습니다. 그럴 경우 "걔 수준이 그것밖에 안 되는 거야"라고 말해줄 수 있어요.

하지만 "다른 아이들한테는 굉장히 친절한데 나한테만 그래요"라고 대답한다면 그 아이가 내 아이를 표적으로 삼고 있다고 보아야 합니다. 물론 내 아이가 예민해서 다른 아이들한테도 다 그러는 것을 자기한테만 그러는 것으로 느낄 수 있다는 가능성도 배제해서는 안 돼요. 그럴 때는 그 반 아이들 중 좀 상황을 잘 파악할 수 있는 몇 명한테 물어봐야 합니다. 그 아이들 대답이

"아니에요. 그 아이는 다른 애들한테도 다 그래요" 한다면 다행이고, "맞아요. 다른 애들한테는 안 그러는 데 ○○한테만 그래요" 한다면 내 아이가 괴롭힘의 대상이 되고 있다고 보아야 해요. 가해자가 되는 아이들은 종종 "장난이었어요"라고 말합니다. 교사들도 "걔가 원래 장난이 좀 심한 아이에요"라는 말을 많이 해요. 내 아이는 괴롭힘을 당한 것 같은데 장난이라고 하면 아이도 부모도 답답합니다. 그럴 때는 반 아이들에게 물어보세요. 가해자의 행동이 그 반의 누구에게나 그렇다면 그 아이가 짓궂은 것으로 봐도 되지만, 한 아이를 표적으로 삼고 있다면 그것은 다른 의도가 있는 거예요.

짓궂더라도 장난이면 괜찮다는 것은 절대 아니에요. 한 명에게 하든 반 아이들 모두에게 하든 장난이 지나치게 짓궂은 아이는 교사가 항상 유심히 관찰하고 있어야 합니다. 아이들은 미숙하기 때문에 쉽게 장난과 괴롭힘의 경계선을 넘나들어요. 따라서 "우리 아이는 장난이 좀 짓궂을 뿐이지 누굴 괴롭힐 아이가 아니에요"라고 누구도 자신할 수 없는 겁니다. 아이들은 도덕관이나 윤리관이 아직 분명하지 않기 때문에 자칫 장난이 괴롭힘이 되기도 해요. 아이들은 집단으로 모이면 그 중 한 사람이 부추기기 때문에 용기가 생겨 더 쉽게 선을 넘고, 같이 하다보면 죄의식이 희석되고, 여러 번 하다보면 무뎌져서 괴롭히면서도 장난이라고 생각하는 경우가 많습니다.

짓궂은 장난과 인격적으로 불편하게 만드는 비하적인 놀림, 즉 괴롭힘은 분명한 선이 없어요. 아이들 누구나 쉽게 할 수 있다는 것을 기억하세요. 더불어 누구나 그 표적이 될 수 있다는 것도 알고 있어야 합니다. 대개 교사들은 A라는 아이가 다른 아이를 괴롭힌다는 말을 하면, "그 아이 착한 아인데 장난이 심해서 그렇지 그런 애 아니에요."라고 말해요. 그 아이가 교사가 볼 때만 나쁜 행동을 안 해서가 아닙니다. 아이들 자체가 장난과 괴롭힘의 선을 쉽게 넘나들기 때문에 교사가 그 선을 넘을 때의 행동을 목격하지 못한 것뿐이에요.

'장난과 괴롭힘'에서 분명히 짚고 넘어갈 점은, 장난이라도 당하는 상대가 싫다고 하면 하지 말아야 한다는 겁니다. 상대가 싫다고 하는데도 계속하는 것은 무조건 괴롭힘이에요. 그리고 괴롭힘은 성희롱과 마찬가지 잣대로 봐야 합니다. 어떤 성적인 말이 친한 사이에서 할 수 있는 진한 농담인지 성희롱인지는 당하는 사람이 어떻게 받아들이냐에 달려 있어요. 당한 사람이 아무렇지도 않으면 진한 농담일 수 있지만, 수치심을 느껴서 하지 말라고 말하거나 어떤 식으로든 하지 말라는 표현을 했는데도 계속하면 성희롱입니다. 당하는 사람이 웃고 넘어갈 수 있으면 장난이지만, 당하는 사람이 너무 싫다고 하면 아무리 괴롭힐 의도가 없었다 해도 멈춰야 하는 거예요. 멈추지 않고 계속 짓궂은 놀림이나 장난을 한다면 그것은 괴롭힘으로 간주해도 됩니다.

당하는 아이가 "네가 장난치는 것은 알겠는데, 사람에 따라 다르겠지만 나는 그게 너무 싫어. 그만했으면 좋겠어"라고 말했는데도 계속한다면 명백한 괴롭힘입니다. '성희롱'이라는 말이 처음 나왔을 때, 많은 남자들이 뭘 그런 걸 가지고 법의 잣대를 들이대느냐고 말했어요. 지금은 법령이 만들어지고 시행되면서 많은 사람들이 직장 내에서 그렇게 하면 안 된다는 생각을 하고 있습니다. 학교 내 집단 괴롭힘이나 집단 폭력, 집단 따돌림도 같은 시각으로 봐야 한다고 생각해요. 이것은 엄연한 범죄입니다. 범죄의 정의는 법규를 어기고 저지른 잘못입니다. 아이들이 미성년자다 보니 범죄 운운하는 것이 듣기에 불편할 수도 있어요. 하지만 그런 시각으로 바라보고 아이들을 교육해야 합니다. 아이들에게 친구의 마음과 몸을 괴롭히고 친구의 인생에 해를 끼치는 것은 범죄라는 사실을 인식시켜주는 것이 중요합니다. 실제로 괴롭힘은 피해자의 인격과 삶에 너무나 오랜 기간 영향을 미쳐 '트라우마'를 남깁니다. 한 사람의 인생에 미치는 좋지 않은 영향의 크기를 감안한다면 범죄행위로 보는 것이 마땅해요.

저는 아이가 또래의 장난이나 괴롭힘 때문에 찾아올 때, 이야기를 들어보고 아이가 지나치게 예민해서 그런 거라면 "네가 좀 예민하게 반응한 것 같다. 네가 덜 불편하도록 우리 훈련을 좀 해보자"라고 해주지만, 어떤 아이의 부모에게는 "학교에 찾아가셔서 확실하게 전후 상황을 알아보셔야 할 것 같습니다"라고 단호하게 말합니다. 물론 우선 담임교사와 이야기해볼 것을 권하지만, 그 반응이 시답잖을 때는 그렇게 하라고 합니다. 그러면 어떤 부모들은 민망해해요. 도리어 학교와 교사가 난처해질 것을 걱정합니다. 부모는 내 아이를 보호하는 사람이에요. 부모 입장을 생각할 때가 아닙니다. 학교나 교사를 더 신경 쓸 때가 아니에요. 그보다 내 아이가 더 소중해요.

그런데 부모는 내 아이가 겪었던 마음의 고통을 생각하면 그곳에서 빼내오고 싶은 마음에 전학을 시키고 싶어지기도 합니다. 그 마음은 충분히 이해해요. 왜 부모로서 그런 마음이 들지 않을까요. 내 아이는 고통이 너무 심한데 어떻게 보면 학교도 이 문제를 해결하는 데 그렇게 적극적이지 않고 가해자 부모나 그 아이도 별로 잘못을 깨닫는 것 같지도 않아 보입니다. 그럴 때 얼마나 마음이 힘들까요. '다 필요 없어. 우리 애를 다시는 저 사람들하고 마주치지 않게 할 거야' 그런 마음도 들 겁니다. 그러나 웬만하면 내 아이를 전학시키는 것으로 이 일을 빨리 마무리하지 않았으면 좋겠어요. 힘들지만 내 아이를 위해 꿋꿋이 버티면서 같이 가보자고 정말 간절하게 말씀드립니다. 벌을 받아야 하는 것은 가해자이지 피해자가 아닙니다. 피해자가 눈치 보면서 학교를 다니다가 전학을 가야 하는 상황을 만들어서는 안 돼요.

또한 이 과정에서 가해자 아이가 그러면 안 되는 것이었다는 것을 좀 알도록, 그래서 다시는 그런 행동을 안 할 수 있도록 애써보고 노력해야 하는 것이 우리 어른들의 책임이라고 생각합니다. 그 아이들 모두가 반성하지는 않더라도 그중 몇 명이라도 그럴 수 있도록 우리가 노력해봐야 하지 않을까요. 조심스럽게 부탁드려봅니다. 경찰에 신고하고 교육청에 신고를 해서라도 틀린 것은 바로잡아야 합니다. 경찰에 신고하면, '학교 폭력 전담반'이 나와요. 이들은 아이들에게 괴롭힘은 범죄행위라고 단단히 인식시킵니다. 그러면 그다음부터는 아이들의 그런 행동을 훨씬 덜 하기도 해요.

그런데요, 진료를 받는 아이 중에는 가해자인 아이도 있습니다. 가해자 아이들을 만나보면 언뜻 '그냥 조금 짓궂은 아이네'라고 생각되기도 해요. 하지만 아이가 저질렀다는 행동을 들어보면 악랄하다는 말 외에는 표현할 말이 없는 경우도 많습니다. 그런데 아이들 자신은 그 행동을 악랄하다고 생각하지 않아요. 자신의 행동에 어떤 도덕적 의미가 있는지 모릅니다. 저는 아이들에게 그런 설명을 아주 자세하게 해줍니다. 아이들에게 왜 그런 행동을 했냐고 물으면 대부분 "아 진짜요, 그 새끼가 진짜 기분 나쁘게 했거든요"라고 해요. 아이의 이야기를 쭉 들어봐요. 그다음, "그래, 원장님이 들어보니깐 그 아이가 너를 기분 나쁘게 한 것도 있긴 있네. 그렇다고 네가 걔를 때릴 권리가 있는 것은 아니잖아"라고 말해줍니다. 아이들은 답답해하면서 "그럼 어떻게 해요? 그 새끼가 기분 나쁘게 구는데…"라고 말해요. "기분 나쁘면 말로 하는 거야. 때리는 것은 범죄야. 그건 네가 선을 넘는 거야"라고 분명히 말해줍니다. 의외로 그 극악무도한 아이들이 눈이 동그래져서 "그래요?"라고 의아해할 때가 많아요.

가해자 아이들을 보면 이런 도덕관이나 가치관이 제대로 정립되지 않은 경우가 많습니다. 학교나 부모는 아이가 그런 행동을 했다는 소리를 들으면 몽둥이부터 들어요. "이런 돼먹지 못한 놈. 너 같은 놈이 우리 집안에 있는 것은 불명예야. 수치스럽다 수치스러워" 하면서 아이를 때립니다. 이렇게 진행되면 가해자 아이에게 어떤 것도 가르쳐줄 수 없어요. 아이는 솟아오르는 분노를 다시 친구들에게 풀 것이고, 그 방식은 부모한테 배운 대로 폭력이 되기 쉽습니다. 학교에서는 만나는 교사들마다 이런 아이를 '인간 말종'이라고 쥐어박고 빨리 전학 보내기에 급급해요. 가해자 아이는 이런 일이 반복될 때마다 더 나쁜 아이가 됩니다. 이렇게 되면 몇 년 후 이 아이는 진짜 범죄자가 될지도 몰라요. 대부분의 가해자 아이들이 권고 전학을 받으면 아예학교에 복귀하지 않습니다. 학교는 제2의 부모예요. 아이의 생각이나 내면이 성장할 수 있도록 일을 처리해야 합니다. 어떻게해서든 아이를 건강한 성인으로 키워야 해요. 부모와 힘을 합쳐어르고 달래서 올바른 가치관을 심어주려고 노력해야 합니다.

제가 가장 가슴이 아픈 것은, 아이들이 점점 더 부모에게 말을 하지 않는다는 거예요. 괴롭고 힘든 일이 있으면 가장 먼저 부모한테 달려와서 도움을 청하면 좋으련만 아이들은 말을 하지 않아요. 또래 문제는 자기 영역이라 혼자 해결하고 싶은 마음도 있고, 혼날까봐 무섭고, 걱정시킬까 봐 두렵고, 말했다가 가해자에게 정말 보복을 당할까 봐 두렵기 때문입니다. 그래서 이런 일을 당한 아이들은 대부분 누구도 자신을 도와주지 못한다고 생각해요. 극단적인 선택은 이런 생각에서부터 시작됩니다.

　　아이를 도와주려면 평소 아이에게 '부모는 언제나 네 편'이라는 메시지를 자주 주세요. "엄마는(아빠는) 언제나 네 편인 것 알지?"라는 말을 자주 합니다. 사춘기이기 때문에 분명 부모의 그 말에 토를 달 겁니다. "맨날 혼내기만 하면서…." 그러면 이렇게 말해주세요. "그거야 네가 뭔가 잘못했을 때 가르쳐주려고 그러는 것이고, 여하튼 엄마는(아빠는) 편을 반으로 가른다면 무조건 네 편이야. 네가 어떤 일을 겪더라도 엄마는(아빠는) 죽을 때까지 네 편이야. 네게 도움이 되는 올바른 방향으로 뭐든 도움을 줄 거야. 그게 부모인 거야." 그러면 아이가 말은 안 해도 속으로 우쭐해합니다. 아이가 자신을 소중하게 생각하게 하려면 언제라도 도움을 줄 수 있는 사람이, 자신을 너무너무 소중하게 생각하는 사람이 '부모'라는 것을 느끼게 해주는 것이 정말 중요합니다.

주류가 아닌 것,
난 뭐 하나
내세울 게 없어요

청소년기 아이를 놓고 부모들이 이해가 안 된다고 말하는 것이
있습니다. 물론 사춘기 아이가 이해 불가인 것이 한두 개가 아니
긴 합니다만, 집안 형편이 나쁜 것도 아니고 공부를 잘하라고 닦
달하지도 않는데 아이가 항상 위축되어 있다는 거예요. 부모가
보기에는 보통(?)의 얼굴임에도 매일 못생겼다 못생겼다 하면서
거울만 보고 있답니다. 이 아이들은 왜 그럴까요?

'공부가 전교 1등도 아니고요, 우리 집이 엄청 잘 사는 것도 아니고요. 최신형 스마트폰이 있는 것도 아니고요. 무엇보다 얼굴이 얼짱들처럼 예쁜 것도 아니에요. 키도 아주 크지도 않고, 몸매가 특출하게 좋지도 않고, 그렇다고 노래나 춤을 아주 잘하는 것도 아니에요. 난 왜 이렇게 보잘것없이 태어났을까요? 난 정말 내세울 게 아무것도 없어요.'

자아상은 '나는 어떤 사람인가'를 스스로 생각하는 겁니다. '신체 자아상'은 그중에서 신체를 통해서 자신이 어떻다고 느끼는 거예요. 그런데 어떤 아이들은 예쁘게 생겼음에도 못생겼다고 괴로워합니다. 얼굴이 틀어졌다, 눈이 짝짝이다, 코를 세워야 한다, 볼을 깎아야 한다, 허리 살을 더 빼야 한다, 종아리를 날씬하게 해야 한다 등 자신을 매우 부정적으로 생각해요. 자신을 부정적으로 생각하면 상처를 받았을 때 극복해내는 것도, 좌절을 했을 때 자기 자신을 추슬러 다시 앞으로 나아가는 것도 어려워집니다.

신체 자아상이 영글기 시작하는 때는 바로 '사춘기'예요. 이때는 자신의 외모를 어떻게 인식하고 받아들이느냐가 중요합니다. 그리고 외모로 자기 자신을 평가하곤 합니다. 주변의 또래들도 친구를 외모로 평가해요. 그래서 "넌 좀 가꿔라", "넌 창피하지도 않니?", "그 다리로 어떻게 치마를 입고 다니니?"라는 말도 쉽게 합니다. 머리를 안 감거나 겨드랑이 냄새가 나는 것을 포함해 지나치게 지저분하다든지, 혼자만 교복을 크게 입고 다닌다든지, 여드름이 많다든지, 너무 뚱뚱하다든지 하면 아이들 사이에서는 슬쩍 따돌리거나 험담을 하기도 해요.

　이런 사춘기의 특징은 비단 요즘 아이들 것만은 아닙니다. 부모들도 고교 시절 서로 좀 더 예뻐 보이려고 외모에 관심을 많이 가졌었으니까요. 또래 사이에서 튀고 싶어서 노래나 춤을 연습하기도 하고 공부를 열심히 하는 사람도 있었어요. 옛날에는 공부를 좀 잘하면 또래들의 대우가 다르기도 했습니다. 그런데 요즘 꼭 그렇지도 않아요. 전교 1등처럼 아주 아주 잘하면 공부로 또래들의 관심을 끌 수 있습니다. 그보다 연예인처럼 춤을 잘 추거나 노래를 잘하거나 예쁘거나 잘 꾸미는 아이가 훨씬 더 인기가 많아요. 그래서인지 이 시기의 아이들은 머리끝부터 발끝까지 다 뜯어고치고 싶다고 말할 정도로 유독 외모에 집착하기도 합니다.

　아이들의 이런 경향이 점점 강해지는 데에는 SNS나 유튜브를 포함한 대중매체의 영향이 커요. 이것을 증명하는 유명한 실험이 있습니다. 칼 번이라는 심리학자가 피지섬의 10대 여자아이들을 대상으로 TV가 들어오기 전과 후, 자신의 외모에 대한 생각의 변화를 연구했습니다. TV가 들어온 지 3년 만에 피지섬에 사는 거의 모든 10대 여자아이들이 자신의 외모에 문제가 있다고 생각하게 되었다고 합니다. 그런데 우리 아이들은 태어나면서부터 TV를 접할 뿐 아니라 TV보다 더 강력한 영향을 주는 다른 수단들도 접하고 있어요. 그러니 외모에 대한 생각이 더욱 강해질 수밖에요.

여러 대중매체를 보면 출연자의 외모를 좀 중시해요. 드라마나 예능뿐 아니라 심지어 뉴스를 진행하는 앵커도 그런 것 같습니다. 그리고 어찌 되었건 몇몇을 제외하고는 대중매체에 등장하는 사람들은 대체로 외모가 눈에 띄는 사람들이에요. 그러다 보니 그런 사람이 태반인 것 같고 자신이 못난 것처럼 느껴집니다. 실제는 그렇지도 않아요. TV에 나오거나 각종 영상매체, SNS에 등장하는 사람들은 대부분 헤어 메이크업을 장시간 받습니다. 예쁘게 꾸며주는 코디네이터도 따로 있어요. 아마 그렇게 하지 않으면 일명 '생얼'은 일반인과 비슷할 겁니다.

아이들은 이런 대중매체의 자극을 거르는 능력이 부족하다 보니, 대중매체에서 주는 '외모'에 대한 메시지를 그대로 받아들여요. 게다가 이들은 인터넷과 스마트폰에 익숙한 세대라 정보를 수동적으로 받아들일 뿐 아니라 생산하기도 합니다. 자신의 모습을 찍어서 올리고, 서로 댓글 달고, 퍼 나르면서 예쁜 아이들은 '얼짱' 내지 '몸짱'이라고 떠받들어요. 이 '얼짱몸짱'은 성인처럼 옷을 선정적으로 입을 뿐 아니라 헤어나 메이크업도 전문가

못지않아요. 일부 성인들은 이런 아이들을 보고 섹시하다고 칭찬까지 합니다. 외모 지상주의가 퍼지면서 아이들이 너무 일찍 성인화되어버리고 그것이 자꾸 확산되고 있는 거지요. 이렇게 '외모'가 최고라고 믿는 아이들에게 또래 중 한 아이가 "우리 나이에 외모를 꾸미는 것이 꼭 중요해?"라는 말을 한다면 그 아이는 좋은 소리 듣기 어려울 겁니다. 청소년기 아이들은 개성을 중시하는 것 같으면서도 자기네들 사이에서 비슷하지 않은 것을 또 싫어하거든요.

발달상 '외모'에 관심이 많고 또래들 사이에서 튀고 싶은 심리가 있는 청소년기 아이들에게 똑같은 교복을 똑같은 방식으로 입게 하는 것도 외모에 집착하게 되는 요인으로 작용합니다. 어른들도 정장이 잘 어울리는 사람이 있고 캐주얼이 잘 어울리는 사람이 있는 것처럼, 그 교복의 디자인이 안 어울리는 아이도 있어요. 몸매와 외모가 출중하지 않으면 어색하고 못생겨 보이는 것으로 튀게 됩니다. 두발 단속도 마찬가지예요. 똑같은 머리 모양은 얼굴이 정말 잘 생기고, 두상이 예쁘고, 몸매가 출중하지 않은 한 못난이를 구분하는 수단이 되어버립니다. 아이들은 그 안에서 예뻐 보이려고 더 외모에 집착하는 것도 있어요. 저는 교복은 바지나 스커트, 카디건 등 편하게 선택할 수 있는 것들이 늘어나야 한다고 생각합니다. 두발은 어느 정도 다양성을 주는 것이 좀 필요하다고 생각합니다. 누구나 자기한테 어울리는 스타일이 있으니까요. 그렇지 않으면 학교 다니는 내내 이상하게 하고 다녀야 하기 때문에 아이들의 스트레스가 이만저만이 아닙니다.

아이들이 외모에 집착하게 되는 좀 더 근본적인 원인도 생각해봐야 해요. 부모의 양육 태도 때문일 수도 있습니다. 앞서서도 말했지만 어릴 때부터 아이가 키가 좀 작은 편이라 먹어야 키 큰다, 잠을 잘 자야 키 큰다, 운동해야 키 큰다 등 부모가 '키'를 지나치게 중요시했을 경우, 아이의 신체 자아상에 좋지 않은 영향을 미쳐서 아이가 외모에 집착하게 될 수도 있습니다. 키뿐 아니라 외모나 체중 등을 부모가 지나치게 중요시하면, 아이는 자신의 어떤 가치보다 그것을 가장 높은 위치에 놓아. 키, 외모, 체중 등을 자신의 가치를 결정하는 잣대로 생각해버립니다. 아이가 체중이 좀 많이 나간다면, "이렇게 뚱뚱하면 누가 널 좋아하겠니?"라고 말할 것이 아니라 "체중이 많이 나가면 건강에 좋지 않으니 운동을 좀 하자" 식으로 접근해야 합니다. 외모나 성형에 지나치게 집착하는 아이들 중에는 부모가 어렸을 적 아이의 신체에 대한 언급을 많이 한 것이 원인이 된 경우도 많아요. 아이가 자신에 대한 부정적인 신체 자아상을 가지고 있다가 주변의 자극들이 더해지면 다른 사람보다 예민하게 반응하는 겁니다.

어른들 중에도 나이가 들어서도 젊었을 때의 얼굴이나 몸이 달라지는 것을 유독 못 견디는 사람들이 있어요. 삶의 큰 틀에서 보면 늙는다는 것은 자연스러운 흐름인데 그조차 못 받아들이는 겁니다. 누구도 평생 스무 살의 모습으로 살 수 없어요. 나이가 들면 얼굴과 몸이 달라집니다. 젊음이 가져오는 아름다움은 없어지지요. 그런데 그 자리에는 보이지는 않지만 어떤 것으로도 살 수 없는 인생의 희로애락과 이를 통해 얻은 깨달음이 많이 쌓여 있습니다. 이 또한 또 다른 깊이의 아름다움이에요. 이들은 안타깝게도 그것을 느끼지 못하는 것입니다.

아이도 마찬가지예요. 내면의 가치와 아름다움을 알게 해야 합니다. 그러려면 아이가 긍정적인 신체 자아상을 가질 수 있게 도와야 해요. 더불어 외부 자극에 대해 비판적인 사고를 키울 수 있게 가르쳐야 합니다. 늘 반대편 사고를 할 수 있는 비판적 사고를 갖추면 외모 지상주의에도 휘둘리지 않아요. 아이에게 아주 어릴 때부터 사람들에게 존경이나 사랑을 받는 사람들 이야기를 많이 들려주세요. 신문 기사도 좋고, 동화책도 좋고, 아이가 좋아하는 만화 캐릭터도 좋습니다. 외모가 출중하지 않아도, 엄청나게 공부를 잘하지 않아도, 따뜻한 마음을 가지고 한 행동 하나하나가 모여서 존경을 받고 사랑도 받는다는 것들을 그때그때 짧지만 간단하게 가르쳐주세요. 그런 부모의 말들이 모여서 한 아이의 자아상과 가치관이 만들어집니다.

어린아이들은요, 예쁘게 꾸며주면 정말 인형 같습니다. 지나가다가도 너무 귀여워서 한참을 쳐다보게 되지요. 그런데 저는 아이를 너무 예쁘게 꾸며서 데리고 다니는 것이 좀 걱정스럽습니다. 어딜 가든 "너 너무 예쁘다"라는 말을 들으며 주목을 받는 것은 아이의 긍정적인 자아상에 썩 도움이 되지 않거든요. 자신의 가치를 인정받는 칭찬에는 여러 가지가 있습니다. 아이가 인사를 잘하면 "어머, 너 인사 잘한다", 아이가 말을 잘하면, "어머, 너 어쩌면 그렇게 말을 잘하니? 똑똑하구나" 등 칭찬은 너무나 많습니다. 특히 성실함, 뭔가를 끝까지 해내는 끈기, 타인에 대한 배려 등은 아이가 뿌듯해지도록 정말 듬뿍 칭찬해주어야 하지요. 그런데 아이를 너무 인형처럼 꾸며주면 외모가 가장 먼저 눈에 띄기 때문에 대부분 외모부터 칭찬해요. 어릴 때는 예쁜 옷이나 모자, 독특한 차림으로 주목을 받을 수 있지만 좀 크면 그것으로는 안 됩니다. 정말 예뻐야 해요. 어렸을 적에 그런 것으로만 주목받던 아이는 그런 관심이 줄어들면 좌절합니다. 자신에 대한 부정적인 신체 자아상을 갖게 됩니다. 아이를 너무 예쁘게 꾸며주고 싶은 부모들은, 은연중에 아이에게 외모로 눈에 띄고 주목받는 것이 가장 중요하다는 것을 가르칠 수도 있다는 생각을 한 번쯤 해봤으면 좋겠어요.

하지만 지금 당장 '외모'에 집착하는 아이에게 이런 이야기는 통하지 않습니다. 이 아이들은 부모가 보기에 아무리 한심(?)해 보여도 마음을 공감해주는 것이 우선이에요. 예를 들어 아이가

"엄마 나 뚱뚱한 것 같아"라고 말했어요. 그럴 때 "아니야 아니야 너 예뻐. 너보다 더 뚱뚱한 애들도 많아. 무엇보다 사람은 외모가 아니라 마음이 예쁜 것이 중요한 거야"라고 말하는 것은 별로 도움이 되지 않습니다. "크면 다 빠져. 나이 들면 다 빠져. 대학 가면 다 빠져"라는 말이나 "야, 거울 들여다보는 시간에 한 글자라도 더 봐라"라는 말도 마찬가지예요. 공감받지 못하면 더 스트레스만 쌓입니다. 공감해주고 현실적인 목표를 세워주세요. 아이가 여드름 때문에 힘들어 한다면, 그것이 다는 아니지만 그 고민을 풀어주면서 아이와 대화를 유도하는 것이 맞아요. 또 코가 너무 낮아 '납작코'라고 놀림을 당한다면, 성형외과 전문의와 상의 후 코를 세워준다고 하는 것도 나쁘지 않습니다. 자신감을 회복하는 데 도움이 많이 되거든요.

물론 아이가 전신 성형을 한다고 하면 그건 좀 말려야 합니다. 그런데 부모가 나설 필요는 없어요. 그 문제로 아이와 싸우지 말고 차라리 아이를 전문 병원에 데리고 가세요. 전문적인 조언을 제대로 해줄 수 있는 전문의가 직접 아이한테 이야기하게 해주는 것이 낫습니다. 전문의는 "아직은 어리기 때문에 지금은 못한다"라고 이야기할 거예요. 그것이 부모 자녀 관계도 상하지 않으면서 아이의 마음을 공감해주고 부모의 뜻도 관철시키는 방법입니다. 보통 얼굴뼈를 깎는 것이나 세우는 것은 아이의 골격이 다 형성되기 전에는 안 해주는 것이 원칙이에요. 단, 쌍꺼풀 수술은 눈이 너무 작아서 자신감이 없는 아이나 속눈썹이 눈을 찌르는 경우에는 전문의와 상의 후 결정하면 됩니다. 이외에 사춘기 아이들은 겨드랑이 냄새, 땀 냄새, 입 냄새 등에 아주 예민해요. 또래들이 킁킁 냄새를 맡고 놀리기도 합니다. 아이가 이런 것으로 걱정한다면 원인을 찾아 해결해주는 것이 좋아요.

아이가 성형수술을 하고 싶다고 하면 부모는 아무리 작은 것이라도 여러 가지 생각이 듭니다. 첫째는 아이 몸에 칼을 댄다니 건강에 해로울까 봐 걱정이에요. 둘째는 그래도 나를 닮은 건데 그 부분을 바꾸고 싶어 한다는 것이 부모로서 속상하기도 합니다. 부모는요, 나의 못난 부분이라도 자식이 그것을 닮으면 내 자식이니까 굉장히 귀여워요. 날 닮아서 예쁘다고 생각했는데 아이가 자꾸 콤플렉스를 느끼면 솔직히 서운하기도 합니다. 비용이 걱정되는 면도 없지는 않겠지요. 그래서 아이가 성형수술을 해달라고 하면 부모도 스트레스를 받습니다. 하지만 부모가 받는 스트레스보다 아이가 또래 사이에서 받는 스트레스가 더 크다는 점은 좀 알아주세요.

사회 전체가 모든 면에서 '루저(패배자)'를 너무 많이 이야기합니다. 키가 작아도 '루저'이고, 뚱뚱해도 '루저'이고, 못생겨도 '루저'입니다. 각종 프로그램들은 끊임없이 순위를 매기고 탈락시키고 실패의 고배를 마시게 해요. 학교에 가면 교사들은 "몇 등 안에 들지 않으면 '인 서울'은 생각도 하지 마"라고 말합니다. 아이들은 공부도 웬만큼 잘하지 않으면 서울에 있는 대학은 꿈도 꿀 수 없어요. 남자아이들은 심지어 키가 180cm가 안 되면 벌써 실패한 인생인 것 같고, 여자아이들은 군계일학처럼 눈에 띄게 예쁘지 않으면 우울해요. 사실 이런 상황에서 어떤 한마디를 해준다고 아이가 달라지지는 않습니다.

부모가 해줄 수 있는 일은 다만, 아이가 고민하는 것을 진심으로 공감해주고 도울 방법을 찾는 거예요. 끊임없이 "나는 너를 조건 없이 사랑한다"고 고백하는 것뿐입니다. "내가 너를 사랑하는 이유는 이유가 있어서가 아니라 너이기 때문이고, 너 ○○○는 이 지구상에 단 한 명이며, 나는 이 우주에 단 하나 존재하는 너를 사랑한다"고 자주 고백하는 것뿐입니다. "네가 공부를 잘해도 사랑하고 못해도 사랑하고 뚱뚱해져도 사랑하고 키가 작아도 사랑할 것이고…"라고 조건에 관계없이 '너'라는 인간 자체를 부모는 너무나 사랑한다고 말해주는 것뿐이에요. 그런 말들이 무슨 필요가 있을까 싶지만, 부모의 단단한 사랑은 아이가 외부 자극으로부터 자신을 지키는 커다란 방패가 됩니다.

아이들 욕에 대해서 어떻게 생각하세요? 아이가 욕을 하면 뭔가 나빠지는 것 같아 부모는 고민입니다. 그런데 아이들 입장에서는 욕을 못 하는 것이 더 스트레스예요. 무슨 말인가 하면, 아이들 생각은 이렇거든요.

'엄마는 고운 말만 쓰래요. 욕은 절대 나쁜 거래요. 언젠가 집에서 '씨'자 한 번 붙였다가 엄청나게 혼난 적도 있어요. 그런데 애들은 다 해요. 분위기가 나도 좀 해야 할 것 같은데 정작 어떻게 해야 할지도 모르겠고, 일단 하게 되면 엄마 말처럼 내가 나쁜 사람이 될 것 같아 고민이에요.'

저는 아이들이 "욕을 해도 되나요?"라고 물으면 언제나 "예스"라고 대답합니다. 욕은 아이들 발달상에 일정 기간 나타나는 아이들의 문화예요. 이 시기 아이들에게 욕은 그냥 일상 언어입니다. 어른들이 생각하듯 상대를 비하하거나 공격하려고 하는 것이 아니에요. "아 날씨 더워 죽겠네"라고 말하고도 뒤에 '씨발'을 붙입니다. 이때 '씨발'은 "야 이 나쁜 놈아!"라는 뜻이 아니에요. 그냥 습관적으로 쓰는 말이고 일정한 나이에 일시적으로 쓰는 말입니다. 잘한다고 칭찬할 수는 없지만 무조건 혼낼 일도 아니에요.

아이들이 욕을 입에 달고 사는 시기는 초등학교 고학년 사춘기가 시작될 즈음입니다. 이후 고등학교 때까지는 일상적인 언어 습관이 욕이나 거친 말입니다. 아이의 욕은 발달상의 일시적인 현상이니 너무 과민하게 반응할 필요가 없어요. 혹여 아이가 부모나 교사의 훈시 끝에 "에이, 씨발"을 붙여도 "앞으로 잘해라"라고 말하고 끝내면 됩니다. 그런데 보통은 "야, 너 지금 뭐라 그랬어?" 하면서 화를 내게 돼요. 이렇게 진행되면 아이는 억울해서 화가 나고 정말 부모나 교사한테 욕을 하는 상황이 벌어지기도 합니다. 아이가 드러내 놓고 면전에서 그러지 않는 한은 너무 완벽하게 통제하려고 들지 마세요.

청소년 시기에는 연예인에 열광하고 여자 아이들은 하지 말라는 데도 화장을 하고 속눈썹을 붙이고 눈썹도 밀고 다닙니다. 이 아이들이 10년 뒤에도 중학생 때처럼 똑같이 이러고 다니지는 않아요. 단지 과정일 뿐입니다. 이 시기 아이들은 완벽하게 통제하려 들면 별것 아닌 일에도 심하게 반항해요. 저는 우스갯소리로 이 시기 아이들은 '똥파리 원칙'에 입각해 행동한다고 얘기합니다. 똥파리는 제 주변을 치면 자신이 위험하건 아니건 무조건 튀어 올라요. 청소년기 아이들도 치면(지나치게 통제하면) 무조건 튀어 오르는(대들고 보는) 시기입니다.

부모가 과민할수록 아이는 이 부분을 중요한 문제로 인식합니다. 아이는 자신의 성장 발달에서 더 중요하게 다뤄야 할 문제가 많음에도 불구하고, 그 자리에 부모와 욕에 대한 싸움을 놓아버려요. 그렇게 되면 부모가 더 중요하게 다뤄야 할 아이의 문제를 다뤄주지 못합니다. 그렇다고 전혀 모른 척하고 있을 수는 없으니 조금 거리를 띄우고 중립적인 입장에서 "좀 대충해라"라고 하든가, 친구랑 전화를 하면서 말끝마다 욕을 붙인다면 그냥 부드럽게 "말 좀 순화해서 써" 정도만 해주세요. 그러면 아이도 반항하지 않고 "네" 하고 넘어갑니다.

사실 청소년기는 욕을 하는 아이보다 욕을 못 하는 아이들이 더 문제예요. 왜냐면 일부러 나쁜 욕을 할 필요는 없지만, 또래가 "야 이 새끼야. 너 왜 그래?"라고 말했을 때, "야 임마" 이 정도는 해줘야 색깔이 비슷하고 박자가 맞거든요. 그런데 또래가 습관적으로 하는 말에 "욕하면 안 되지. 고운 말을 써야지"라고 말하는 아이는 어떤 측면에서는 또래 문화를 잘 익히지 못한 사회성이 부족한 면이 있다고도 볼 수 있습니다. 또래와 친밀하게 놀려면 과하지 않은 선에서 그 시기 또래 문화의 흐름을 일시적으로 타주는 것도 필요해요. 그것 또한 사회성입니다.

자기를 건드리는 것을 무척 싫어하는 A라는 아이가 있고, 팔을 툭툭 치면서 말을 거는 것이 습관인 B라는 아이가 있습니다. B가 A한테 할 말이 있어 팔을 툭툭 치면서 말을 걸어요. A는 "왜 때려? 폭력은 나쁜 거야!"라며 버럭 화를 내버립니다. B는 할 말이 있어서 왔다가 '저거 뭐야?'라고 생각하며 다시는 곁에 가지 않게 돼요. 사회성이 잘 발달되고 상대의 입장을 잘 이해하고 기본적인 협동이 가능한 아이들은 이럴 때 B의 행동이 싫지만 악의적이지 않다는 것을 압니다. 그래서 그 아이가 간 다음 "아이, 아파 죽겠네. 왜 말 걸 때마다 치냐. 그냥 좀 하지" 할지언정, 그 자리에서는 그냥 "왜?"라고 대답해요. A는 그것이 안 되는 겁니다.

욕은 무조건 나쁘다고 생각하는 아이를 만난 적이 있어요. 제가 아이에게 "너희 나이 때는 아이들이 거친 말이나 욕을 다 하지 않니?"라고 물어보니, 아이는 눈을 크게 뜨며 "욕은 나쁜 거 아니에요, 원장님?"이라고 되물었습니다. "꼭 좋다고 얘기는 못 하지만 그렇다고 다 나쁜 것은 아니야. 상대방이 악의적으로 사용한 것이 아니거나 너를 면전에 놓고 비하하는 욕지거리를 하지 않는 한, 그냥 넘어가주기도 하는 거야"라고 설명해 줬어요. 아이는 "그래도 욕은 나쁜 거예요. 그래서 제가 하지 말라고 경고했는데도 애들은 자꾸만 해요"라고 대답했습니다. 이 아이는 학교에서 친한 친구가 거의 없었어요.

어떤 아이는 욕이 입에서 나오지가 않아 고민이라고 했습니다. "원장님, 저도 하고 싶거든요. 그런데 입에서 튀어나오지가 않아요. 친구가 욕을 섞어서 말할 때 저는 어떻게 말해야 할지 모르겠어요"라고 말했어요. 아이는 "아 근데, 엄마가 욕은 절대 하지 말라고 했는데…"라며 말끝을 흐렸습니다. 이런 아이들에게 저는 욕이 어려우면 꼭 욕을 사용하지 않아도 된다고 말해줘요. 대신 비슷한 색깔로 쓸 수 있는 다른 말을 알려줍니다. 화날 때는 "열 받네. 아~"라고도 하고 아이들과 대화를 하다가 "헐", "대박", "즐", "레알", "쩐다" 이런 말도 연습해서 쓰라고 해요.

이런 말이라도 쓰다가 어느 순간 또래들이 사용하는 말들이 편안하게 나오면 너도 사용해도 된다고 해줍니다.

보통 우리는 친구를 '절대' 때리지 말라고 가르쳐요. 하지만 '절대'를 지나치게 강조하면 아이의 마음이 너무 불편해지는 순간이 생깁니다. 소심하고 여려서 매번 맞고 오는 아이에게, 저는 "○○아. 내가 먼저 가서 때릴 것까지는 없지만, 방어하는 면에서 때려야 하면 때려도 돼. 그 아이가 너를 때릴 때 그 손을 확 쳐버리는 정도는 해도 돼. 그것은 때리는 것이 아니라 방어하는 거야"라고 얘기해줘요. 아이는 놀라서 "그래도 돼요? 절대 그러면 안 된다고 했는데…" 합니다. 그럴 때 저는 "아니지. 너는 소중한 사람이야. 누군가 너를 때릴 때 속절없이 맞고 있어서는 안 돼. 원장님이 너한테 싸우라고 부추기는 것이 아니야. 친구에게 네가 누구한테 맞을 만큼 하찮은 존재가 아니라는 것은 보여주라는 거야"라고 말해줘요. 그러면 아이는 "그럼 걔가 또 때리는데요?"라고 되묻기도 합니다. "네가 방어하면 상대가 또 때릴 수도 있어. 하지만 이건 네가 몇 대를 때렸고 걔가 몇 대를 때렸느냐 하는 숫자의 문제가 아니야. 그 아이에게 '나는 네가 그렇게 함부로 대할 사람이 아니야'라는 너의 내면의 힘을 어떻게 보여주느냐의 문제야." 이렇게 말해주면 아이의 마음이 편해져요.

누가 막 욕을 하면 "얌마, 말 좀 곱게 해라, 새끼야" 이렇게 말할 수 있어야 합니다. 상대가 "너는?"이라고 할 수도 있겠지요. 그러면 "아니 뭐, 서로 그러자고" 이렇게 말하면서 웃고 넘어갈 수 있어야 합니다. 그러면 친구가 그 순간 상대가 기분이 나빴었다는 느낌을 미묘하게 받아들여요. 또래가 "새끼야" 할 때 "야 임마" 했다고, 내 아이의 기본적인 철학이나 가치관이 바뀌는 것은 아닙니다. 그것은 단지 아이들의 문화일 뿐이니까요.

어떤 부모는 따지듯이 묻더군요. "원장님, 아이가 부모한테 욕하기 직전까지 가는데도 그걸 그냥 넘어가라고요?" '욕하기 직전까지 갔을 때'란 아이와 부모의 감정이 모두 격해 있는 상황일 겁니다. 그때 부모가 아이를 어떻게 대하느냐에 따라 아이는 큰 것을 배우기도 하고 부모에게 더 화가 나기도 해요. 아이가 주먹까지 올리며 "아빠가 나한테 해준 것이 뭐가 있어. 씨~"라고 말했다고 칠게요. 많은 부모들은 "너 지금 '씨'라고 했어? 부모한테? 지금 주먹도 올라갔어?" 하면서 격분하여 혼을 내거나 아이를 때리기도 합니다. 이렇게 대처하면 아이를 가르칠 수 없어요.

그럴 때는 "화가 날 순 있어. 아무리 너를 낳아준 부모라도 너하고 생각이 다르니까. 아빠가 보기엔 네가 우리에게 화가 많이 나 있는 것 같다. 하지만 화가 났다고 아무 말이나 행동을 해도 되는 건 아니야"라고 되도록 차분히 말해줘야 합니다. 이렇게만 해줘도 아이가 더 이상 격하게 굴지는 않아요. "죄송해요"라고 말하거나 여전히 부들부들 떨고 있지만 가만히 있습니다. 그때 "좀 진정해라. 지금 이야기하기에는 네 감정이 너무 격해져 있는 것 같네. 나중에 다시 얘기하자" 이렇게 말해주세요. 우리가 이게 참 잘 안됩니다.

아이가 흥분했을 때 부모가 차분히 대할 수 있다면, 부모와 자녀 관계는 한결 좋아질 거예요. 아이 눈에 부모 모습이 굉장히 어른스럽게 보일 겁니다. 아이는 '나의 불편한 감정을 표현해도 내 부모가 안전하게 받아주는구나'라고 생각하게 되고, 부모의 모습을 은근히 존경하게 돼요. 이런 일이 여러 번 반복되면 부모와 자녀 관계에서 부모를 존경하는 위계질서가 생깁니다. 하지만 아이가 흥분할 때 부모가 같이 흥분하면 아이 눈에 부모는 동년배같이 보여요. 아이보다 더 흥분해서 부모가 "너 그 따위로 말할 거면 친구들도 다 끊어. 게임도 하지 마. 내 집에서 살지도 마"라고 말하면 아이는 부모의 폭언과 폭행에 잠시 꼬리를 내리기는 하지만, 속으로 부모에 대한 분노를 키워갈지도 모릅니다.

청소년기 아이들이라도 아직은 어려요. 자신의 화나 분노, 적개심 같은 부정적 감정을 잘 표현하는 것에 미숙합니다. 이런 감정들이 함축되어 욕이라는 언어로 나오기도 해요. 그래서 이 나이에 욕을 너무 못하게 하면 좋은 방법은 아니지만 아이는 부정적 감정을 처리할 수 있는 방법이 없습니다. 그런 의미로 저는 아이들이 욕을 해도 된다고 말씀드리는 거예요. 아이가 심한 욕을 해도 일시적인 것이니 무조건 내버려둬도 된다는 의미는 절대 아닙니다. 아이가 욕을 하면 왜 욕을 하는지 잘 살펴서 또래들과 어울리려고 하는 것이라면 그것까지 일일이 통제하지 마세요. 아이가 부정적인 감정을 욕으로 표현하는 것이라면, 욕이라는 단순한 행위만 볼 것이 아니라 그 안의 아이의 마음을 보려고 해주세요. 이렇게 하는 욕은 욕만 못하게 한다고 아이의 문제가 해결되지 않기 때문에 드리는 말씀입니다.

또래 간 거래,
내 돈으로 더 싸게 샀는데
무슨 문제죠?

이렇게 얘기하면 아이들 보기에는 정말 '옛날 사람' 같겠지만, 저 어릴 적엔 물건을 사려면 반드시 가게에 가야 했어요. 요즘은 그렇지 않습니다. 스마트폰으로 컴퓨터로 쇼핑몰을 통해서 모두 구매가 가능해요. 구매가 가능할 뿐 아니라 팔 수도 있습니다. 소비자일 뿐 아니라 생산자이자 공급자도 될 수 있어요. 아이들은 이런 시장에 익숙한 세대예요. 그래서 또래들끼리 물건을 사고팔기도 하고, 돈을 빌려주고 이자를 받는 경우도 있습니다. 부모 세대는 상상도 못할 일이지요. 이런 세대의 아이들은 자신들의 거래에 대해 혼이 나면 다음과 같은 마음입니다.

'뭐가 잘못된 거죠? 내가 너무너무 갖고 싶어 하는 물건을 부모한테 사달라고 조르지도 않고 내 용돈 모아서, 게다가 더 싸게 샀으면 잘 한 것 아닌가요? 엄마 아빠도 물건 싸게 사는 것 좋아하잖아요? 엄마 아빠는 잘 모르지만, 이 물건 갖고 싶어 하는 애들이 얼마나 많았는데요. 걔들이 나를 얼마나 부러워했는지 몰라요.'

진료 중에 만난 중학교 1학년 아이는 친구에게 5천 원을 빌렸다가 얼마 뒤 이자로 인해 2만 2천 원을 갚아야 하는 사태가 벌어졌어요. 그 친구는 너무나 당당하게 아이의 엄마를 찾아와 돈을 요구했습니다. 아이의 엄마는 혼을 내서 돌려보내고 싶었지만 혹시 내 아이가 왕따라도 당할까 봐 일단은 "아줌마가 너에게 돈을 주어야 하는지 말아야 하는지 알아보고 주겠다"라고 말해서 돌려보내놓고 저를 찾아왔어요. 아이의 엄마는 그 친구의 부모한테 말하고 싶었지만, 중학생만 돼도 그랬다가는 긁어 부스럼이 될 수 있어 그것도 조심스러웠습니다.

이자까지 받다니… 놀란 분들도 있었을 것 같네요. 그런데 생산자의 역할을 경험해본 요즘 아이들은 물건의 가격도 책정해봤고 이미 또래에게 물건을 사고 팔아보았기 때문에, 당연히 빌려준 돈의 이자까지 받아야 한다고 생각하는 경우가 비일비재합니다. 돈을 빌렸다가 이자가 붙는 것은 그래도 양반이에요. 집에 있는 물건을 친구에게 가져다주기로 했다가 약속을 못 지켜도 빚 진 사람이 되는 경우가 있습니다. 한 아이는 친구에게 자기 집에 있는 초콜릿을 가져다준다고 했다가 깜박하는 바람에 빚을 졌어요. 친구는 "너 얼마 전에 너희 집에 있는 초콜릿 가져다준다고 했었잖아. 내일까지 안 가져오면 1천 원이야"라고 했답니다. 부모가 보기에는 정말 얼토당토않은 일이지만, 아이들 사이에서는 흔해요. 적잖은 아이들이 이런 일을 어떻게 처리할지 몰라 남모르게 괴로워하기도 합니다.

물론 모든 아이들이 이런 것은 아니에요. 일부 아이들이 이런 행동들을 하는데, 아이의 문제 해결 능력이 뛰어나면 그리 문제가 되지 않습니다. 무리한 요구를 하는 친구에게 "나 원 참, 말도 안 되는 소리 집어치워"라고 말하고 넘어가버리면 되니까요. 이런 일이 자꾸 문제가 된다는 것은 아이의 문제 해결 능력이 미숙하다는 말입니다. 그래서 부모들은 딜레마에 빠져요. 그렇지 않아도 문제 해결 능력이 미숙한 아이의 문제라 자신이 이것을 잘 처리하지 못하면 아이가 또래들 사이에서 따돌림을 당할 수도 있겠다는 생각이 듭니다. 또 아이들의 행동이 꼬마 고리대금업자 같아서 담임교사나 그 아이의 부모에게 알리고 싶지만, 내 아이한테 돌아올 후환이 두렵기도 합니다. 한편으로는 이 아이들의 요구를 들어주었다가 앞으로도 비슷한 일이 계속 발생할까 봐 걱정이 되기도 해요.

이럴 때 부모들이 가장 많이 하는 말이 "걔랑 절대 놀지 마. 걔랑은 말도 하지 마"입니다. 하지만 아이는 그 말을 지키기도 쉽지 않아요. 아이들끼리 사고파는 물건은 보통 그 나이 또래 아이들이 서로 좋아하는 것입니다. 어른들이 보기에는 뭐 저런 것을 사고파나 싶은 것도 있지만, 또래들 사이에서는 귀한 물건이지요. 그 귀한 물건의 유혹이니 뿌리치기가 쉽지 않아요. 그리고 아이들은 자신이 용돈을 모아서 시중에 파는 것보다 싸게 구입할 수 있기 때문에 거래가 성공적으로 성사되면 잘한 것이라고 생각합니다. 갈취한 것도 아니고, 소위 '삥'을 뜯은 것도 아니고, 거저 달라는 것도 아니고, 파는 사람이 달라는 액수만큼 나도 동의해서 주고 산 것이니까 정당한 거래라는 것이지요.

그런데 거래가 이루어질 때 아이들이 생각지도 못했던 미묘한 문제들이 발생하곤 해요. 예를 들어 친구에게서 CD를 샀는데 스크래치가 있어서 제대로 쓸 수 없는 경우도 있고, 알고 보니 그것이 공짜로 나눠준 CD인 경우도 있습니다. 아이는 그런 CD를 몇만 원이나 주고 샀기 때문에 배신감을 느껴요. 그래서 CD를 판매한 아이한테 따집니다. 판매한 아이는 어쨌든 다른 아이도 사겠다고 하는 것을 뿌리치고 네가 꼭 사고 싶다고 해서 너에게 준 것인데, 이제 와서 안 산다고 하면 어떻게 하냐고 되레 따져요. 그리고 자기가 팔 때는 절대 스크래치가 없었다고 말하기도 합니다. 두 아이의 마음이 잘 맞아서 사고파는 경우도 있지만, 문제가 생기면 보통 어른들의 상거래에서 일어날 수 있는 분쟁이 언제든 일어날 수 있어요. 제대로 된 상거래라면 제도에 의해 조정될 수 있지만, 아이들의 것은 그럴 수가 없습니다. 매끄럽게 해결될 수도 있지만 해결된 후에도 문제가 남아요. 우정에 금이 가고 싸움이 일어나기도 합니다. 학교생활도 어려워질 수 있고, 그 아이랑 친한 다른 아이들과 등을 질 수도 있어요.

기본적으로 또래들끼리 돈을 빌려주고 빌리거나, 물건을 사고파는 행위는 하지 않도록 해야 합니다. 아이에게 학교는 비즈니스를 하는 곳이 아니며, 물건을 사고파는 행위는 나중에 학교를 졸업한 후에 해야 한다고 말해주세요. 아이에게 "물건을 싼 값에 살 수 있는 작은 이득이 있을 수는 있지만, 너희는 아직 미숙하기 때문에 분쟁이 생기면 서로 마음에 상처를 입고 친구 관계가 나빠지거나 학교생활이 어려워질 수도 있어"라고 분명하게 말해주세요.

버스 요금 같은 것을 빌려주어야 하는 상황이라면, 기본적으로 친구 간에는 좋은 마음으로 그냥 주는 거라고 지침을 줍니다.

친구에게는 "내가 한 번 내줄게. 갚을 필요는 없어. 용돈을 적게 받는 편이라 다음에 또 그럴 수 있을지 모르겠지만, 오늘은 내가 여유가 있으니까 한 번은 내줄게"라고 말하도록 가르쳐주세요. 만약 빌려야 하는 상황인데 친구가 "내가 버스비 내줄게. 너 갚아"라고 얘기하면, "괜찮아. 그냥 걸어갈래. 정말 고마워"라고 거절하도록 알려주세요. 물론 친구가 농담처럼 갚으라고 말하는 것까지 그럴 필요는 없습니다. 혹 거절하지 않고 그 돈을 빌려야 할 때는 웃으면서 "이자 안 받을 거지? 나 이 돈만 내일 꼭 갚을게"라고 확인하도록 하세요. 돈 문제는 아이들 사이에서도 미묘하면 문제가 됩니다. 친구 중에 버스 요금 1천 원을 빌려주고 하루 이자가 1천 원이라고 말하는 아이가 있다면, 진지하게 "어제 빌려준 것은 정말 고마웠지만 이건 아닌 것 같아. 일단 원금만 갚고 내가 감사의 마음은 따로 표현할게"라고 말하고 다음날 먹을 것을 사주든지 해서 마무리를 짓도록 하세요.

꼬마 고리대금업자(?)가 내 아이가 빌린 돈을 갚으라고 집으로 찾아왔다면 어떻게 하면 좋을까요? 원금만 돌려주는 것이 옳습니다. "우리 아이가 빌려간 돈이 얼마니?" 확인하고, 그 돈을 내 아이한테도 확인하세요. 그리고 "너희들 나이에 이자를 받는 것은 옳지 않다고 봐. 그렇지만 네가 손해라고 생각할 테니까 아줌마가 너에게 필요한 학용품을 고마움의 표현으로 준비할게"라고 하면서 선물을 하나 주는 것이 좋습니다.

그 아이한테 그런 부분에 대해서 너무 장황하지 않게 조금만 설명해주세요. 너무 길게 설명하면 내 엄마도 아니면서 잔소리한다고 생각합니다. "친구들 사이에서는 좋은 마음으로 친구가 돈이 급할 때 빌려줄 수는 있어. 하지만 이자를 받아서 원래 빌려준 돈보다 더 많은 돈을 달라고 하는 것은 옳지 않아"라고 말해주세요. "어른들은 그러잖아요"라고 따진다면, "어른들도 다 옳은 것은 아니야. 돈을 벌 목적이라면 친구한테 빌려주면 안 돼. 그냥 좋은 마음으로 빌려주고, 준만큼만 돌려받은 거야. 집에 가서 생각해보고 아줌마가 가르쳐줬으니까 앞으로는 안 그랬으면 좋겠어"라고 설명해줍니다. 그 후로도 이런 일이 반복되면 그 아이 부모한테 이야기해야 될 것 같아요. 기분이 상할 수도 있기 때문에 매우 조심스럽게 이야기했으면 합니다.

아이들의 이런 거래는 교사가 알아야 하는 것이 원칙이에요. 학교를 보내면 수업 시간만큼은 교사가 부모입니다. 초등학생의 경우, 담임교사에게 말해서 수업 중에 돈의 관리나 거래 등에 대해 가르쳐주는 시간을 갖는 것이 좋아요. 담임교사에게 아이들 간의 거래 사건을 전할 때, 그 아이를 표적으로 하는 것이 아니라 전체를 대상으로 교육을 좀 해달라고 부탁합니다. 담임교사가 빌려준 아이를 불러서 "너 이런 일 있었다며"라고 말하면, 빌린 아이는 고자질쟁이가 되어 놀림을 당하거나 따돌림을 받을 수도 있어요. 때로는 아이들끼리 "쟤네는 아들이나 엄마나 모두 고자

질쟁이야. 웃기지 않냐?"라고까지 말합니다. 그러니 빌린 아이나 빌려준 아이가 표적이 되지 않도록 조심해야 해요.

　중고등학생의 경우에는 빌려준 아이의 부모한테 말하는 것보다 담임교사에게 먼저 말해야 합니다. 큰 아이들은 내막을 소상히 파악하는 것이 우선이에요. 담임교사가 아이들을 불러서 상황을 알아본 후, 필요하다면 담임교사가 빌려준 아이의 부모에게 전화하는 것이 좋아요. 담임교사는 "학교에서 이런저런 일이 있었습니다. 한번 아이한테 슬쩍 알아보세요" 정도로 말합니다. 전화를 받은 부모는 아이에게 넌지시 물어야 해요. "듣자 하니 요즘 교실 안에서 물건을 사고팔고, 돈을 빌려주고 빌리는 일이 많다고 하던데 너도 혹시 그런 일이 있었니?" 정도로 물어봅니다. 일반적인 이야기를 하듯 또래 간의 돈이나 물건을 거래하는 지침에 대해 얘기해주는 것이 좋아요. 잘못하면 서로 고자질쟁이가 되어 아이들 간에 문제가 생길 수 있으므로 조심해야 합니다.

용돈,
나도 나름 사회적 지위가 있어요

  중학교 2학년 남자아이를 둔 부모가 황당한 전화를 받았습니다. 전화를 건 것은 경찰이었어요. 중학생이 금을 팔러 왔는데 아무래도 훔친 것 같다며 금은방 주인이 신고했다는 겁니다. 경찰서에 가보니 '금'은 다행히 집에 있던 것이었어요. 아이에게 왜 그런 짓을 했냐고 물었습니다. 아이는 "우리 집은 용돈을 안 줘요"라고 대답했어요. 부모는 어이가 없어서 "말하면 다 주는데…"라고 하다가 말을 잇지 못했답니다.

'어린아이가 무슨 돈이 필요할까? 말하면 다 줄 뿐 아니라 필요한 것은 다 사주는 데.' 많은 부모들이 이렇게 생각합니다. 그런데 아이들도 돈이 필요해요. 아이들의 생각은 이렇습니다.

'나도 돈 필요해요. 우리도 나름대로 사회적 지위가 있고 체면이 있어요. 애들 떡볶이나 순대, 어묵 사먹을 때 저만 손가락 빨고 있을 수 없잖아요. 한 번 얻어먹으면 저도 사야 하고요. 시험 끝나면 PC방도 한 번씩 가야하고요. 아빠가 회식 빠질 수 없듯 저도 안 갈 수가 없어요. 다 말할 수는 없지만 저도 돈 필요한 일 많아요. 돈 없으면 친구들 사이에서도 얼마나 초라한데요.'

아이들은 부모에게 일일이 말하지 못하는 '돈 쓸 일'이 생각보다 많아요. 그러다 보니 수중에 돈이 없으면 이런 당황스러운 사건까지 일으킵니다. 이외에도 집에 있는 외국 돈을 몰래 가지고 나가 환전해서 쓰려는 경우도 많았어요. 아이들을 만나보면 용돈에 대한 불만이 정말 많습니다. 아이들도 어른처럼 똑같이 돈이 필요하고 돈을 갖고 싶어 했어요.

용돈을 안 주는 집도 있습니다. 이런 아이는 돈이 없어서 또래 관계가 힘들다고 말해요. 아이의 심정은 마치 지갑에 땡전 한 푼 없는 회사원과 같습니다. 회사에서 밥도 나오고, 커피도 나오고, 교통카드도 있지만 지갑에 돈이 한 푼도 없으면 어쩐지 초라해지고 쭈뼛거리게 됩니다. 그 상황과 똑같아요. 용돈을 안 주는 부모 중에는 "아이가 돈이 생기면 PC방에 갈까 봐요"라고 대답하는 경우가 많습니다. 그런데 아이들은 "원장님, 제가 안 갈 수가 없어요. 시험 끝나면 아이들이 다 PC방에 간단 말이에요. 1~2시간 내지 2~3시간은 꼭 게임을 하는데, 거기 못 끼면 친구들이랑 놀 수가 없어요"라고 말합니다. 이럴 때 돈이 없으면 빌붙어야 하기 때문에 아이가 자존심이 상해요. 그러다 부모 돈을 슬쩍하는 일까지 발생합니다. 저는 또래 관계를 위해서도, 경제 교육을 위해서도 아이의 사생활을 존중하는 의미에서 용돈을 꼭 주어야 한다고 생각해요. 언제부터 줄까요? 초등학교 때부터 주는 것이 좋습니다.

용돈을 받는 아이들은 용돈의 액수가 또 스트레스예요. 이런 아이와 부모가 오면 제가 적당한 액수를 정해주기도 합니다. 초등학생 1학년의 경우, 하루 5백 원씩 주급 3천5백 원은 넘지 말라고 조언해요. 가끔 아이가 "선생님, 한 달에 다 받으면 안 되나요?"라고 질문을 하기도 합니다. 그러면 "네 나이에는 아직 그 정도의 돈을 관리하는 것은 어려워"라고 대답해줘요. 지금 아이가 받는 용돈을 물어보고 현재 더 많이 받고 있다면 깎으라고 하지는 않지만 본인이 지금 많이 받고 있다는 것은 알고 있으라고 말합니다. 적게 받게 있다면 부모에게 올려주라고 해요. 일반적으로 초등학교 저학년은 한 달에 1만 원 내외, 고학년은 한 달에 2만 원(주급은 5천 원) 내외가 적당한 것 같습니다.

그리고 용돈에는 매일매일 꼭 먹여야 하는 간식, 꼭 필요한 학용품은 포함시키지 말라고 합니다. 그런 것은 부모가 사주고, 용돈은 아이가 사회적 지위를 유지하기 위해서만 사용하라고 해요. 아이에게 "네가 용돈을 2주 동안 모아서 5천 원이 되면 그것으로 그동안 사고 싶었던 것을 사든지, 문구점에 가서 엄마가 잘 안 사주지만 가지고 싶었던 장난감을 사든지, 아니면 친구들과 먹을 것을 사 먹든지 네가 알아서 쓰면 돼"라고 정리해줍니다. 용돈은 아이가 정말 마음대로 써보게 하는 돈인 거지요. 몸에 해로운 것을 사 먹거나 나쁜 데 쓰면 안 되지만 그렇지 않은 선에서는 어떻게 쓰든 아이에게 맡겨둡니다. 때로는 실수도 하겠지만, 그러면서 아이는 돈을 어떻게 써야 하는지 배우게 됩니다. 참, 6년 내내 같은 액수를 받으면 불만이 많을 거예요. 아이의 학년이 올라갈 때마다 아이와 상의해 그 가정의 형편에 맞춰서 조금씩 올려줍니다. 물론 이 액수가 반드시 정답은 아니에요.

여하튼 이렇게 액수를 정해주면 아이들이 좀 애매한 것들을 묻기 시작합니다. "그럼, 친구 생일 선물은요?" 친구 생일 선물은 그 친구가 이전에 생일 선물을 해줬던 것과 비슷하게 해주는 것이 좋을 겁니다. 아이가 혼자 사기 어려운 것은 부모가 도와주세요. 한 달에 친구 생일이 여러 건 있을 때는 부모가 친구 생일 선물을 준비해주어야 합니다.

"친척들이 주는 용돈이나 세뱃돈은 어떻게 해야 돼요?"라는 질문도 많이 해요. 아이들은 친척들에게 받은 용돈은 자기가 받지만, 자기 돈이 아니라고 합니다. 항상 부모가 다 저금해버리고는 "네 돈 맞아. 네 통장에 넣어주니까 네 돈이지"라고 말한다는 군요. 하지만 정작 자기가 쓰려면 부모에게 다 물어봐야 한대요. 저금을 하지 않을 때는 원래는 부모가 사주던 운동화나 옷을 살때, 꼭 그 돈을 가져다 쓴다고 투덜댑니다. 저는 초등학생이라면 이렇게 생긴 용돈의 반은 아이에게 주었으면 좋겠어요. 너무 큰 액수를 받았다면 아이와 상의해 '일부'만 주도록 하세요. 중고등학생은 돈을 잘 관리한다는 전제로 다 주어도 될 듯합니다. 물론 집집마다 사정에 맞추는 것이 기본이에요. 핵심은 아이들에게도 보너스를 얻는 즐거움이 있어야 한다는 겁니다.

아이가 받을 돈을 미리 퍼센트로 정해놓고, 아이가 예측할 수 있게 해주어야 경제관념도 생겨요. 예를 들어 '이번 추석에 생기는 1만 원이랑 부모에게 받은 용돈 1만 원, 지난번에 남은 모아놓은 돈 1만 원 합쳐서 3만 원짜리 레고를 사야겠다'라는 식의 생각을 해볼 수 있습니다. 중학생의 용돈으로는 주급 1만 원, 한 달에 4만 원 정도가 적당하다고 생각해요. 휴대폰 요금, 학용품, 운동화, 참고서, 교통비는 부모가 내주도록 합니다. 단, 휴대폰 요금은 정액제로 해야 해요. 고등학생의 용돈은 주급 2만 원 정도가 적당하다고 봅니다.

아이들은 용돈 받는 날이 잘 지켜지지 않는 것에도 스트레스를 받아요. 아이가 이의를 제기하면 부모는 "말하지 그랬어" 또는 "알았어. 한꺼번에 주면 되잖아"라고 별일 아닌 듯이 말해버립니다. 부모 입장에서는 액수가 얼마 되지 않고, 주지 않을 생각도 아니니 편하게 말하는지도 몰라요. 그런데 아이는 돈을 급히 쓸 일이 없더라도 용돈 주는 날짜를 부모가 자주 어기면 치사하다고 느낍니다. 아이의 기분을 설명하자면 이런 거예요. 회사에서 사장이 깜박 잊고 이번 달 월급을 안 줬습니다. 그래서 말을 했더니 "내가 안 줬던가? 달라고 하지 그랬어?"라고 말하는 거지요.

사실 아이들이 가장 치사하다고 느끼는 것은, 뭐니 뭐니 해도 수시로 용돈을 회수하는 겁니다. 용돈을 한꺼번에 다 써버리거나 부모가 원하지 않는 나쁜 곳에 쓰면 부모들은 용돈을 회수해버리지요. 숙제를 안 했거나 게임 시간을 어겼거나 성적이 떨어져도 용돈을 회수하기도 합니다. 이런 일로 용돈을 회수하는 것은 제 생각에도 좀 치사한 것 같아요. 아이가 용돈을 잘 쓰게 하려면 잘못 써봐야 하거든요. 용돈은 잘못 써봐야 이렇게 쓰면 안 되는구나를 배웁니다. 아이가 용돈을 잘못 쓸까 봐 걱정되면, 용돈을 줄 때는 "나쁜 데 쓰지 말아라. 친구한테 돈을 나눠주지 말아라. 불량식품 사 먹지 마라"라고 말해주면서, '나쁜 데'란 무엇을 말하는지 부모가 절대 싫은 세 가지 정도만 짚어주세요. 나머지는 아이 마음대로 써보게 합니다. 그리고 잘못 써도 용돈은 꼭 다시 줘야 해요.

초등학생 아이가 월급으로 받은 1만 원을 한 번에 다 써버리고 또 돈을 달라고 합니다. 이럴 때는 어떻게 해야 할까요? 일단 대화를 좀 나눠봐야지요. "네가 쓴 것 중에 가장 후회하는 것 있니?"라고 물어봅니다. 아이가 "그때 친구가 장난감 뭐 사자고 해서 샀는데 그게 좀 아까운 것 같기는 해요"라고 해요. 그러면 "그래? 그런 걸 좀 줄여보자. 그런데 그게 얼마였니?"라고 물어봐요. "7천 원이요"라고 합니다. "1만 원 받아서 7천 원 썼으면 돈이 거의 안 남았겠구나. 어디에 필요한데?"라고 물어보고, 꼭 필요한 것이면 그 전에 돈을 잘못 써버렸어도 줘야 해요. 돈으로 너무 치사하게 대하지 말아야 합니다. 물어보지도 않고 달라는 대로 다 주는 것도 안 되지만, 꼭 필요한 것은 주어야 합니다.

돈을 잘못 쓴 행동에 대해서는 반성할 것은 무엇인지, 배울 것은 무엇인지만 이야기하면 돼요. 단, 돈을 추가로 주기 전에는 거기에 해당하는 대가를 치르도록 약속합니다. "이 돈은 네가 원래 받는 것 외로 추가로 받는 것인데, 네가 그 대가로 할 수 있는 것이 뭐가 있을까?" 그리고 아이에게 돈을 주고 부려먹는다는 느낌이 들지 않을 정도의 작은 부탁을 하나 정도 하세요. 예를 들어, 오늘 저녁 동생을 챙겨준다거나 다음 주 엄마가 저녁 모임을 나가야 하는데 그날은 좀 일찍 와서 동생 학원 숙제를 챙겨준다거나 하는 겁니다. 아이가 그러겠다고 하면 고맙다고 말하고 추가의 돈을 주세요.

문제 행동을 했거나, 시험 성적이 떨어졌거나, 게임 시간을 어겼을 때 벌을 주는 수단으로 '용돈'을 사용하지 말아야 합니다. 제가 만났던 한 남자는 아내하고 사이가 나빠지거나 자기가 화가 나는 일만 있으면, 생활비를 제때 넣어주지 않았어요. 아내는 매달 일정하게 들어가는 돈이 있으니, 남편에게 애걸하듯 "학원비 내야 돼", "세금 내야 돼" 등의 문자를 보내야 했습니다. 남편은 돈이 없어서 그러는 것이 아니었어요. 돈으로 벌을 주겠다는 의도였습니다. 돈 주머니를 잡고 자기가 화가 났다는 표현을 하는 거였습니다. 아내는 남편이 그런 행동을 할 때마다 엄청난 굴욕감을 느꼈어요. 아내는 '나가서 돈을 벌어야 되겠다. 내가 적어도 경제적으로 당신의 노예가 아니라는 것을 증명하기 위해서라도 돈을 벌어야겠다. 내 자존심을 걸고 보여줘야겠다'라고 생각했습니다. 아내는 아직 돌도 되지 않은 어린 아기를 어린이집에 맡기고 파트타임 일을 시작했어요. 자꾸 돈을 가지고 힘을 행사하는 남편에게 필사적으로 저항하고 싶어진 것입니다.

아이들의 용돈도 마찬가지예요. 아이가 뭔가 잘못했을 때마다 용돈을 들먹이면 아이도 그렇게 느낄 수 있습니다. 아이들도 어른들과 마찬가지로 돈을 생각하기 때문에, 돈으로 통제하려고 들면 굉장히 자존심 상하고 치사하게 느낍니다.

체험 학습

이런 면이 짜증 나요 ▶

체험 학습이 좋다는 말에, 주말마다 체험 학습 스케줄을 잡는 부모들이 많아요. 그런데 이것 때문에 스트레스를 받는 아이들도 많습니다. 피곤하기 때문이에요. 아이는 피곤하면 찡찡거리고 부모는 돈을 들여서 왔기 때문에 아이가 찡찡거려도 자꾸 "이것 좀 봐. 저것 엄청 신기하지 않니?" 합니다. 그래도 아이가 관심을 안 가지면, "엄마 아빠가 너 이거 보여주려고 얼마나 돈을 들였는 줄 알아?" 하면서 화까지 내요. 그러면 아이는 무력해집니다. 아이는 부모를 더 강한 방법으로 통제하기 위해 막 울어버려요.

어떻게 다뤄줄까요 ▶

이럴 때는 부모가 아주 현실적인 지침을 주어야 합니다. "피곤하니? 이제 집에 가고 싶어?"라고 묻고, 아이가 가고 싶다고 그러면 "알았어. 준비해서 가자. 피곤하면 얼른 가야지. 다음에 또 기회가 있을 거야"라고 말해주어야 해요. 체험 학습이 중요한 것이 아니라 '아이'가 중요하기 때문입니다. 이런 경험으로 아이는 '이게 적절하게 해결되는구나. 엄마 아빠한테 화낼 필요가 없구나' 하는 것을 알게 돼요. 자신의 불편한 감정이 과하게 악을 쓰고 떼를 쓰지 않아도 해결될 수 있다는 것을 배우게 됩니다.

206

용돈 기입장

이런 면이 짜증 나요 ▶

아이들은 용돈 기입장에 대해서 "내가 더러워서 안 적고 안 받고 만다"라고 말하는 경우가 많아요. 부모는 용돈 기입장을 쓰는 것이 경제관념을 기르는 데 도움이 될 거라고 생각하지만, 아이는 돈 쓴 것을 부모가 꼬치꼬치 물으려 든다고 생각합니다. 마치 생활비 주는 남편이 아내가 쓴 가계부 항목을 하나하나 검사하는 느낌이에요.

어떻게 다뤄줄까요 ▶

용돈 기입장은 아이 자신이 필요하면 쓰도록 하지만 부모가 강요할 것은 아닙니다. 쓰더라도 너무 세세하게 적을 필요는 없어요. 철저히 아이의 필요에 의해 쓰이고 아이에 의해 검토되어야 합니다. 보통 용돈을 잘못 사용하면 용돈 기입장을 검사하는 경우가 많아요. 그보다는 이번에 용돈 쓴 것 중에서 가장 후회되는 것이 무엇인가를 묻고 그것을 깨우치게 하는 정도가 좋습니다.

장래희망을 묻는 것

이런 면이 짜증 나요 ▶

미래의 불확실함, 모호함에 대한 불안이 높은 아이들은 자신도 자신의 미래가 어떻게 될지 모르겠는데, 어른들이 자꾸 물으면 스트레스를 받아요. 너무 일찍 현실을 알아버린 아이들도 마찬가지입니다. 중학교 2학년 아이였어요. "너 옛날에 파일럿 된다고 하지 않았니?"라고 물으니, "안돼요, 절대. 이 성적으로 어떻게 가요?"라고 말했습니다. 의사나 변호사도 전교 1등을 해도 될까 말까라며 포기했어요. 아이는 이런 질문을 받을 때마다 자신이 현실적으로 안 된다는 것을 인정해야 하기 때문에 절망스럽습니다. 이런 아이들에게 장래희망을 묻는 것은 명절 때 결혼 안 한 조카에게 "너 결혼 안 하냐?"라고 묻는 것과 같아요. 또한 아이들은 어른들이 자신의 장래희망을 심심풀이 땅콩처럼 물어서 짜증이 납니다. 아이 입장에서 장래희망은 아주 곰곰이 생각해야 하는 예민한 문제예요. 그런데 어른들은 지난번에 물어봐놓고 또 물어봅니다.

어떻게 다뤄줄까요 ▶

아이들은 '장래희망＝직업'이라고 생각하는 경향이 있어서, 장래희망을 물어보면 공무원, 회사원, 교사와 같은 직업을 말하는 경우가 많아요. 그래서 "장래희망이 뭐니?"라고 묻기보다 "네가 어떤 일을 할 때 행복할 것 같니?", "네가 어떤 일을 하면 잘 할 수 있을 것 같니?"라고 물어봐 주세요. 그런데 아이와 장래희망에 대한 이야기를 하려면 인생의 선배로서 아이의 얘기를 한참 진지하게 들어주고, 때로는 많은 조언도 주고, 아이가 꿈을 향해 나아가도록 안전하게 인도해줄 수 있어야 해요. 그렇지 않을 바에는 물어보지 않는 편이 나아요.

명절날

이런 면이 짜증 나요 ▶

일단 고생하기 때문입니다. 멀리 가야 하고 불편하게 끼어서 자야 해요. 사촌들이 다 모였을 때, 아이가 서열상 가장 첫째라면 동생들이 뭘 잘못해도 큰아이 이름만 불러서 짜증이 나기도 합니다. 애들이 울어도, 애들이 시끄럽게 떠들어도 보통 큰아이 이름만 불러요. 큰아이 입장에서는 사촌동생들이 자기 말을 듣지도 않는데, 자기한테만 뭐라 하니까 짜증이 납니다. 특히 여동생들은 조금만 뭐라 해도 울어버리고 어른들한테 이르기 때문에 불편하기도 해요. 또 세뱃돈을 엄마가 수거해가는 것에도 짜증이 나요. 그런데 이보다 가장 큰 스트레스는 엄마 아빠가 화내는 겁니다. 아빠는 운전을 하면서 길이 막힌다고 욕이나 거친 말을 하면서 성질을 내고, 엄마는 명절날 시댁에 있었던 일 때문에 아빠와 싸우거든요.

어떻게 다뤄줄까요 ▶

옛날에는 못 먹고 살았기 때문에 맛있는 거 먹는 즐거움에 명절의 불편함을 참을 수 있었습니다. 요즘 아이들에게는 그런 장점이 없어요. 그렇다고 명절을 쇠지 않을 수는 없습니다. 아이에게 명절이 갖는 의미에 대해 잘 설명해주고, 불편함을 참아낼 수 있도록 다독여주세요. 사실 아이들은 이날 세뱃돈을 받거나 게임기를 들고 갈 수 있다는 것으로 불편함은 참아내기도 합니다. 문제는 부모가 주는 스트레스예요. 세뱃돈은 본문에서도 말했듯 일부는 아이에게 주세요. 그리고 아빠는 운전을 하면서 화를 내는 일을 줄이고, 엄마는 시댁을 다녀온 후 화를 내지 않도록 조심합니다. 부부의 화는 아마 근본적인 문제가 있을 거예요. 두 사람이 진지하게 대화를 나눠 스트레스를 줄이는 것이 필요합니다.

Chapter 3

여러모로 부담스러운
학교생활

관계가 넘쳐나고,
규칙은 빡빡하고,
공부도 괴로워요

　한국교육과정평가원에 따르면, 매년 검정고시생이 꾸준히 증가하여 지난해 27년 만에 최대가 되었다고 합니다. 옛날에는 검정고시 하면 경제적으로 어려워서 교육을 못 받았을 때, 학업을 계속할 수 없을 정도로 아팠을 때, 소위 방황을 좀 했을 때 치르는 것이었어요. 그런데 지금은 너무 다양한 이유가 있습니다. 그 다양한 이유 중에 학교에 적응을 못해서 검정고시를 보려는 아이들도 많습니다. 이런 현실을 반영하듯 매년 대안 학교의 수도 점점 늘어나고 있어요. 왜 아이들은 학교를 싫어할까요? 왜 아이들은 "학교 좀 안 다니면 안 돼요?"라고 물을까요?

우리의 학창 시절을 한번 생각해보자고요. 학교가 좋았나요? 싫었나요? 좋았다면 왜 좋았고, 싫었다면 왜 싫었나요? 학교가 좋으려면 학교 안에서 인간관계가 좋거나, 학교 안에서 인정을 받거나, 학교 안에 즐거움이 있어야 합니다. 이 중 하나는 있어야 학교가 좋아요. 교사와 편하게 이야기를 나누고 농담할 정도로 관계가 좋아도 학교가 좋습니다. 학교에 자신을 유난히 예뻐해주는 교사가 있거나 자신이 존경하는 혹은 좋아하는 교사가 있어도 학교를 가고 싶어요. 국어, 수학, 영어, 역사, 한자, 운동, 그림, 글짓기, 춤, 노래 등 뭔가 교사나 또래에게 인정받을 것이 있어도 학교가 좋습니다. 또래들과 놀고 장난치는 것이 좋은 아이들도 학교생활이 재밌어요. 공부를 못해도 급식이 맛있어서 학교가 좋은 아이도 있습니다.

이런 것들이 없을 때 아이들은 학교가 괴로워요. 인정은 고사하고 문제아로 찍혔거나, 교사와의 관계나 또래와의 관계가 극도로 나쁘거나, 아예 또래와 교사에게 존재가 없는 사람이어도 학교가 싫습니다. 초등학교 저학년 때는 편식이 너무 심해 먹는 것이 고역이어서 또래와 자꾸 어울려 먹는 것도 괴로워요. 놀 친구가 없거나 놀아도 즐겁지 않은 아이들은 학교 가기가 싫습니다. 공부가 유난히 어렵게 느껴져도 학교생활이 즐겁지 않아요.

아이들에게 학교가 괴로운 이유는 또 있습니다. 학교는 여러 사람이 같이 생활하는 곳이에요. 그 안에는 늘 사람과 사람이 뭔가 관계를 시작하고 그 관계를 유지해야 합니다. 유지는 생각보다 쉽지 않아요. 아직은 문제 해결 능력이 미숙한 아이들이 모여 있다 보니, 유지시키는 과정에서는 많은 갈등이 발생합니다. 그 갈등 때문에 아이들은 괴로워요. 또한 학교에는 많은 아이들을 관리하기 위한 '규칙'이 있습니다. 그런데 이 규칙은 아이들이 원하지 않는 것이 대부분이에요. 따라서 스트레스의 감내력이 떨어지는 아이들은 학교생활이 굉장히 힘듭니다. 어떤 아이들 중에는 그 규칙 자체를 자신에 대한 지나친 통제로 받아들여 괴로워하기도 해요. 하지만 똑같은 단체 생활인데 아이들은 학원을 학교만큼 힘들어하지 않습니다. 선택의 여지가 있기 때문이에요. 학원은 아이가 선택할 수 있고 중간에 그만 둘 수도 있습니다. 그래서 학교에 비해서는 결정권과 주도권이 아이에게 좀 있는 거지요. 하지만 학교는 다릅니다. 그만 두기가 쉽지 않고, 사회통념상 적응을 잘 못한 사람은 낙오자처럼 인식돼요. 아이들에게는 참으로 부담스러운 곳입니다.

우리 아이들은 왜 학교에 다녀야 할까요? 성인이 되어 사회에 나가기 전에 필요한 사회성을 배우기 위해 학교에 다녀야 합니다. 교과과정을 통해 두뇌를 발달시키고, 또래 관계를 통해 인간관계의 기술을 배우고, 학교 규칙을 통해 충동 조절 능력을 키우고, 이 모든 과정을 통해 자기 효능감, 자신감, 자아 정체성의 통합을 얻어야 하기 때문에 아이들은 학교에 다녀야 해요. 학교는 아이들에게 스트레스가 되는 면이 많지만, 이 또한 사회인이 되기 위한 예행연습입니다. 따라서 아이가 학교에서 받는 스트레스를 이겨낼 수 있도록 부모와 교사가 도와주어야 해요.

아이가 학교에서 존재할 수밖에 없는 불편함에 너무 괴로워하면서 학교를 피하고 싶어 할 때, 부모는 어떻게 해야 할까요? 아이가 학교의 어떤 면에 괴로워하는지부터 알아봐야 합니다. 그리고 거기에 필요한 도움을 찾아봐야 해요. 어떤 아이는 학교를 다니지 않고 검정고시를 보는 것이 대학 가기에 유리하다며 학교를 다니지 않겠다고 말하기도 합니다. 아이의 말이 맞을 수도 있어요. 그렇다 할지라도 이 아이가 학교생활이 조금이라도 즐거웠다면 대학 입시를 들먹이며 쉽게 그만두지는 않았을 겁니다.

아이가 학교생활에 지나치게 스트레스를 받아 학교를 그만두고 싶어 할 때, 기본 원칙은 '학교보다 아이가 더 중요하다'입니다. 너무나 힘들어하고 괴로워한다면 아이를 편안하게 해주는 것이 최우선이에요. 하지만 입시나 자기 계발 등을 이유로 학교를 그만둔다고 할 때는 반드시 다른 이유가 있는지 찾아봐야 합니다. 아이는 부모가 미처 눈치채지 못한 다른 문제를 가지고 있을지도 몰라요. 그 문제를 찾아 해결해주지 않으면 대학에 가고 사회에 나가도 여전히 적응하는 데 힘들어할 수도 있습니다.

아침 기상,
일부러 그러는 거 아니에요.
맹세코 일찍 일어나고 싶어요

아이가 학교에 다닐 때, 부모와 아이 사이를 가장 나빠지게 하는 랭킹 1위가 있어요. 의외로 '아침 기상'입니다. 영유아기에는 아이를 잘 먹이는 것이 부모의 역할이라고 생각해요. 아이가 학교에 다니기 시작하면 지각 안하고 학교에 보내는 것이 가장 중요한 부모의 역할이라고 생각합니다. 실지로 지각이 잦으면 어떤 교사들은 집으로 전화를 걸어 "○○ 어머님. 다른 것은 몰라도 아이를 제시간에는 보내주셔야 하는 것 아니에요?"라면서 나무라듯 말하기도 한다는군요. 아이가 지각이 잦을 때, 부모에 대한 외부 평가는 솔직히 좋지 않습니다. 그래서 우스갯소리로 부

모와 원수(?)되는 아이들은 어릴 때는 죽어라고 안 먹어서 속을 썩이다가, 학교에 가서는 죽어라고 깨워도 안 일어나는 아이들이라고도 합니다. 그런데 안 일어나는 아이들, 아니 아이들 입장에서 정정하면 못 일어나는 아이들은 어떤 마음일까요?

'오늘도 또 지각이야? 엄마, 정말 1시간 전부터 깨운 것 맞아요? 어제 밤늦게까지 컴퓨터 하고 카톡질 했기 때문이라고요? 아니거든요. 일찍도 자봤어요. 그래봤자 아침에 일어나기 힘든 건 마찬가지던걸요. 아 짜증 나. 이번 주도 화장실 청소 해야 되겠네. 늦게 일어나서 지각하면 괴로운 건 엄마보다 나예요. 등교하자마자 선생님들한테 한소리 듣고 벌점도 쌓여요. 벌점 많이 쌓이면 교내 봉사, 사회봉사도 해야 된단 말이에요. 나도 하늘에 맹세코 일찍 일어나고 싶어요. 엄마 골탕 먹이려고 일부러 그러는 거 아니에요.'

못 일어나는 아이는 깨우는 부모보다 더 괴로워요. 아이는 눈을 뜨는 순간, 깨우다 깨우다 스트레스를 받을 대로 받은 부모의 신경질적인 목소리부터 듣습니다. 부모는 깨울 때 아이가 발길질에 욕까지 했다지만, 잠결이라 아이는 기억나지 않아요. 아이가 기억하는 건 아침마다 신경질적으로 깨우는 엄마의 모습입니다. 늦어서 짜증 나는 것은 나인데, 엄마가 더 난리를 피우며 짜증을 낸다고 느껴요.

아이는 아침 기상부터 학교로 가는 한 걸음 한 걸음이 괴롭습니다. '학교를 안 갔으면 좋겠다'라는 생각만 들고 자꾸 한숨만 나와요. 교문 지도하는 교사한테 한 대 맞는 것도 싫고, 지각으로 벌점을 받아 화장실 청소를 해야 하는 것도 싫습니다. '아 겨우 5분, 10분인데 좀 봐주면 안 되나?' 하는 생각이 들다가 매일 1시간도 아니고 5분, 10분 늦은 자신이 한심하게 느껴지기도 해요. 친구들도 지각이 잦거나 결석이 잦은 아이를 별로 좋아하지 않습니다. 왜냐하면 모두 아침에 일어나는 것이 힘들고 학교에 오기 싫어도 참고 다니는데, 누구는 수시로 지각하고 결석을 해요. 왠지 그 아이가 얄미워집니다.

진료를 받는 아이 중에 지각 때문에 매번 교내 봉사를 하는 아이가 있었어요. 제가 "너는 5분만 일찍 일어나면 되는데, 그게 어려워서 매일 화장실 청소를 하게 되잖아. 화장실 청소 당연히 안 좋잖아. 그런데 왜 이런 일이 반복될까?"라고 물었습니다. 아이는 "원장님, 저도 아는데 잘 안 돼요"라고 하면서 자기도 싫지만 고쳐지지 않아 미치겠다고 말했어요. 이렇게 매번 늦게 일어나고 지각하는 아이를 보면 부모는 '내가 언제까지 이 애를 깨워줄 수 있을까? 나이가 몇 살인데 기본적인 자기 관리도 못하고 정말 큰일이다. 이 애가 앞으로 제대로 살아갈 수 있을까?'라는 생각이 듭니다. 아이가 지각해서 벌점 받을까 봐 걱정, 미래에 대한 걱정, 부모 자격에 대한 걱정, 교사한테 전화 올까 봐 걱

정, 내일 아침은 또 어떻게 깨우나 걱정 등. 오만가지 걱정들이
피어오릅니다.

부모 입장에서는 깨워주기까지 했는데, 자기가 늦게 일어나고
서 늦었다고 성질까지 내니까 미칠 노릇이에요. 더 미운 것은 아
침에 일어나지도 못하면서 밤에는 또 늦게 잔다는 겁니다. 공부
를 하다 늦게 잤으면 그나마 이해하지만, 휴대폰으로 친구랑 카
톡 하느라 밤새 유튜브 보느라 늦게 자요. 아무리 일찍 자라고 해
도 이불 속에서 숨어서까지 스마트폰을 잡고 있습니다. 게다가
이렇게 일어나는 것을 어려워하는 아이들이 휴일에는 이상하게
일찍 일어나요. 부모가 일찍 일어날 수 있으면서 일부러 안 한다
고 오해할 만합니다.

아이들의 아침 기상은 몇 가지 이해가 필요해요. 정말 징글징
글하게 안 일어나는 아이들에게도 사정은 있습니다. 이런 아이
들은 대부분 뇌가 빨리 안 깨는 유형이에요. 성인 중에도 아침에
에스프레소를 진하게 한잔 마시거나 피로 회복제를 마셔야지만
잠이 깨는 사람들이 있습니다. 이 사람들은 알람시계를 아무리
서너 개 맞춰놓아도 아침에 잘 일어나지 못합니다. 뇌가 늦게 깨
는 유형이라 실제로 30분 동안 울린 알람 소리를 잠이 깨기 5분
전에 겨우 듣거든요. 25분 동안 이 사람의 귀에는 알람 소리가 전
혀 들리지 않았을 가능성이 높습니다. 부모는 1시간을 깨웠다고

하지만 아이는 부모가 깨우는 소리를 단 5분밖에 듣지 못했을 수 있어요. 이런 아이들은 소리로만 깨워서는 안 됩니다. 뇌를 깨워야 하기 때문에 다른 방법을 써야 합니다.

첫 번째 방법은 흔들어서 깨우는 거예요. 그런데 한 엄마에게 이 방법을 추천했더니 "원장님, 저 흔들다가 애한테 맞아요"라면서 너무 위험한 방법이라고 했습니다. 아이가 흔들었을 때 발로 차거나 때리지 않는다면 흔들어서 깨우도록 하세요. 하지만 발로 차거나 때린다면, 초등학생의 경우 아이를 잠자리에서 끌고 나와 욕실에 데려다 놓고 세수를 빨리 시켜버립니다. 찬물이 닿으면 잠이 훨씬 빨리 깨거든요. 아니면 아이가 일어나기 직전에 좋아하는 반찬을 만들어 아이를 식탁 의자에 앉혀놓고 입에 넣어줍니다. 졸면서도 우물우물 씹다가 잠이 깨버려요. 이런 아이들은 움직여야 뇌가 깨어나서 잠이 깹니다.

두 번째 방법은 물 스프레이를 이용하는 거예요. 중고등학생은 몸이 크기 때문에 부모가 잠자리에서 끌고 나올 수가 없습니다. 흔들어서 깨우다가 팔이나 다리에 맞으면 부모도 다칠 수 있어요. 이런 아이들은 잠결에 차가운 무언가가 닿게 하는 것이 낫습니다. 그런데 이 방법은 아이가 멀쩡할 때 충분히 이야기를 나눠야 해요. "너도 아침에 일어나는 것이 문제라고 생각하니?"라고 물어보세요. 대부분 아이들도 상당히 괴롭기 때문에 그렇다고 합니다. 그러면 "어떻게든 내가 너를 깨워주어야 하지 않겠니? 너도 그걸 원하니?"라고 다시 물어요. "네가 싫으면 그냥 내버려둘게"라고도 하세요. 아이가 "그럼 곤란하죠. 깨워주세요"라고 하면, "알겠어. 너를 깨우려면 흔들어서 깨우는 것이 맞는데, 내가 너를 흔들면 네가 발길질을 하거든. 그래서 '일어나라'고 말로만 하거나 알람 시계를 이용해봤는데 지금까지 소용이 없었어. 그런 경우는 물 스프레이를 냉장고에 차갑게 했다가 얼굴에 찍~ 뿌리는 것이 좋대"라고 말해줍니다. 아이가 동의하면 그대로 하세요. 단, 물을 뿌렸을 때 잠이 덜 깬 아이가 "아 뭐야~" 하면서 신경질을 낼 수 있기 때문에 부모는 한 번 뿌리고 부리나케 도망 나와야 합니다. 이외에 물수건을 차갑게 해서 목이나 얼굴을 덮어주는 방법도 있어요. 어떤 아이는 "원장님, 저는 아예 얼음으로 할래요. 엄마, 그냥 얼음 넣어주세요"라고 말하기도 했습니다. 그것도 좋은 방법입니다.

이외에도 커튼을 젖혀서 빛이 들어오게 하거나 겨울이 아니면 문을 열어서 찬바람이 들어오게 한 후 이불을 걷어내는 것도 괜찮은 방법이에요. 어떤 것이든 아이를 깨우는 방법을 정할 때는 반드시 아이와 충분히 이야기하세요. 부모가 어떤 점이 어려운지, 아이가 받는 스트레스는 무엇인지 솔직하게 대화를 합니다. 아이도 개선하고 싶은 마음이 있다고 하면, 아이와 상의하여 최대한 도와줄 방법을 찾으세요. 그러면 아이도 진지해집니다. 의외로 아이 스스로 이렇게 깨워달라, 저렇게 깨워달라는 식의 의견을 말하기도 해요. 사실 차가운 물을 스프레이로 뿌리는 것도 상담받는 아이 중 한 명이 말해준 방법입니다.

간혹 아침에 욕실에 들어가서 1시간씩 안 나오는 아이도 있어요. 변기에 앉아서 졸고 있는 것이지요. 이럴 때도 "네가 언제 제대로 한 적 있어?" 또는 "너 때문에…"라는 식의 비난보다는 진솔한 대화를 나눠봅니다. 편안한 시간을 골라 말을 건네면서 문제 해결 방법을 구체적으로 알려주세요. 저는 이런 아이에게 "네가 일부러 그러는 것도 아니고, 네가 게을러서 그러는 것이 아니라는 것을 잘 알아. 너의 뇌 특성이 좀 그런 것 같다. 그런데 이것이 개선이 되지 않으면 네가 굉장히 괴롭고 너와 너의 사랑하는 가족들이 매일매일 싸우게 되잖니?"라고 말하며 대화를 시작합니다. 아이는 대번에 "그렇죠"라고 해요. "부모도 사람인데, 화가 왜 안 나겠니? 욕실에 들어가자마자 변기에 앉지 말고, 바로 샤워 부스로 들어가서 머리를 감아버려. 그러면 훨씬 상황이 나아질 거야" 이렇게만 말해줘도 많이 고쳐집니다.

그런데 아이들은 왜 휴일에 일찍 일어날까요? 엄청나게 강렬한 동기나 흥미를 가지고 있기 때문입니다. 뇌는 그럴 때 활성화가 잘 되고 빨리 깨요. 저는 아이들에게 기본적으로 "네가 아침에 못 일어나는 것이 큰 문제라는 인식을 가지면, 그것만으로도 많이 고쳐질 수 있어. 본인이 '진짜 문제네'라고 강하게 생각하고 있으면 많이 고쳐져"라고도 말해줍니다. 정말 문제라고 생각하고 있으면, 전날 잘 때 '내일은 정말 일찍 일어나야지'라고 다짐도 하고 알람도 한 번 더 확인하게 돼요. 그러면 알람 소리가 들립니다. 휴일에는 '내일 영화 보러 갈 때 늦으면 친구들한테 욕먹는데…' 하면서 잠들기 때문에 챙겨서 일찍 일어나게 돼요. 강렬한 동기나 흥미가 제일 중요한 겁니다. 늘 좋아하고 재미있어 하는 것에만 강렬한 동기나 흥미를 가질 것이 아니라 자기가 고쳐야 할 문제에도 강렬한 문제 인식을 가지면 많이 바뀔 수 있어요. 아이 스스로 아침 기상이 문제라고 뼛속 깊이 받아들이려면, 이 또한 아이와 진솔한 대화가 필요합니다.

늦게 일어나는 아이들 중에도 가만 보면 항상 일어나는 시간이 일정한 경우가 있어요. 부모가 아무리 7시부터 깨워도 아이는 항상 7시 50분에 일어납니다. 자기 나름대로 일어나는 기준이 있는 거예요. 아이는 8시 30분까지 학교에 가려면, 7시 50분에 일어나는 것만으로 충분하다고 생각하고 있습니다. 그런데 이 시간에 일어나면 샤워하고 머리 말리고 나면 땡, 밥 먹을 시간이 없어요. 부모는 밥 한 술이라도 먹여서 보내려고 7시나 7시 30분부터 깨우기 시작하지만, 아이는 절대 일어나지 않습니다. 아이 뇌의 기상 설정이 7시 50분이기 때문이지요. 이런 아이들은 어쩌다 일찍 일어나도 7시 50분이 될 때까지는 굼뜨게 움직여요. 이때도 부모와 아이가 진지하게 얘기해서 서로 시간 설정을 맞춰야 합니다. 아이가 계속 "난 7시 50분이면 충분하다고 생각해"라고 말하면, 그다음부터는 그냥 7시 50분에 깨우세요. 깨워달라는 시간에 깨우면 그래도 일어납니다.

아이가 깨워달라는 시간에 깨웠는데도 일어나지 않을 때는, 행동에 책임을 지게 하는 것도 필요해요. '너 어디 골탕 한번 먹어봐라' 하는 마음이어서는 안 됩니다. 역시나 진지하게 "엄마로서 너한테 최선을 다하고 있는데, 네가 깨울 때마다 욕을 하고 화를 내고 그러면 엄마도 너랑 그렇게까지 실랑이하고 싶진 않아. 그렇게 되면 나도 기분이 나빠. 그렇지만 네가 깨워달라고 하면 부모로서 할 수 있는 최선을 다할게"라고 하세요. 아이가 "그럼 7시 50분부터 깨워주세요"라고 하면, "좋아. 그런데 엄마가 세 번 정도 흔들고 너를 깨워주는데, 그 이후에도 네가 일어나지 않으면 엄마도 그만하련다. 네가 싫어서가 아니라 그러는 것이 서로에게 좋을 것 같아서야"라고 말해줍니다. 이렇게 합의를 본 후 그래도 아이가 안 일어나면 내버려두세요.

사실 지각은 학교의 규칙을 기준으로 아이와 교사가 해결해야 할 문제입니다. 아이가 잘못하면 벌점도 좀 받도록 두어야 해요. 부모는 제3자입니다. 아이가 지각하는 것을 괴로워하는 부모는 제3자이면서 그 책임을 다 지려고 하는 거예요. 그것을 하지 말라는 겁니다. 부모로서 할 수 있는 선까지만 해주고, 그 이상은 관여하지 마세요. 아이가 교사한테 혼이 나든, 벌점을 받든, 벌점을 상쇄하려고 교내 봉사를 하게 되든 아이가 감당해야 할 몫입니다. 진솔하게 대화를 나눠 아이가 도와달라면 도와주고 그렇지 않으면 그냥 두세요. 문제의식도 더 생깁니다. 그래야 아이들이 조금 더 자율적이고 독립적인 사람으로 커갑니다.

담임교사,
나랑 너무 안 맞아요.
학교 가기 싫어요

　중고등학생 정도 되면 담임교사 스타일에 별로 영향을 받지 않아요. 담임교사 과목이 주요 과목이 아니면, 조례나 종례할 때만 만나기 때문입니다. 혹여 담임교사 때문에 스트레스를 받는 것이 있어도, 중고등학생들은 또래들끼리 담임교사 흉을 보면서 풀어요. 담임교사 스타일 때문에 힘들어지는 것은 초등학생들이에요. 초등학생은 하루 종일 담임교사와 함께 있어야 하기 때문에 담임교사 스타일에 많은 타격을 받습니다. 담임교사와 아이의 스타일이 달라 아이가 찍히게 되면, 1년 내내 아이가 굉장히 괴로워요. 초등학교 아이들 중에 교사와의 문제로 학교를 못 다니겠다고 상담하러 온 아이들이 꽤 있습니다. 그중 한 아이의 마음입니다.

'우리 선생님은요. 너무 깔끔하셔서 주변에 뭘 하나만 떨어뜨려도 혼이 나요. 똑바로 앉아 있지 않아도 혼나요. 먼지 난다고 쉬는 시간에도 가만히 앉아 있으래요. 친구들이랑 조금만 얘기해도 떠들었다고 뭐라 하세요. 아, 우리 선생님은 나하고 너무 안 맞아요. 엄마 나 전학 가면 안 돼요?'

지나치게 깔끔한 담임교사는 교실 바닥에 아무것도 떨어뜨리면 안 된다는 규칙을 정하기도 해요. 심한 교사는 지우개 가루도 떨어뜨리지 못하게 합니다. 본인이 소리에 너무 예민해서 아이들이 떠드는 것을 싫어하면 쉬는 시간에도 떠들지 못하게 하고, 화장실에 갈 때도 살금살금 가도록 규칙을 정해요. 담임교사가 급식 지도를 너무 중요하게 생각하는데 아이가 담아주는 만큼 먹지 못하면, 거기에 자존심을 걸고 억지로 먹이는 사람도 있습니다. 이렇게 되면 아이는 급식 때문에 학교가 싫어지고 교사가 싫어져요. 또 글씨를 또박또박 쓰는 것을 좋아하는 교사도 있습니다. 그런데 글씨 쓰는 것을 고치려면 몇 년이 걸려요. 어떤 아이는 이것 때문에 1년 내내 스트레스를 받기도 합니다. 보통 남자아이들이 많은데, 시공간 협응 능력이 덜 발달해 글씨를 지저분하게 쓰는 아이들은 교사가 아무리 몇 바닥씩 다시 써오라고 숙제를 내줘도 금세 달라질 수가 없거든요. 그런데 교사는 계속 아이에게 성의가 없다고 혼을 냅니다. 아이가 스트레스를 받을 수밖에요.

 교사가 굉장히 적극적이고 활동적이고 경쟁적인 스타일일 때도 아이들은 힘듭니다. 이런 교사들은 옆 반보다 우리 반이 뭐든 잘해야 해요. 환경 미화도 청소도 우리 반이 더 예쁘고 깨끗해야 하고 공부도 우리 반이 더 잘해야 한다며 아이들을 들볶습니다. 이런 스타일의 교사는 체육 시간 공을 줄 때도 그냥 나눠주지 않고, "누가 빨리 뛰어가서 공을 잡아오나 보자"라고 경쟁을 시킵니다. 모둠 시간에도 빨리 끝낸 조에게는 상을 내려요. 이렇게 경쟁의식을 부추기면 행동이 느린 아이들은 설 자리가 없습니다. 교사와 스타일이 맞는 아이들은 학교생활이 즐겁겠지만, 그렇지 않은 느린 아이들은 다른 아이들의 미움까지 받게 돼요. 반대로 교사의 성격이 너무 차분하고 조용하면 그 반의 좀 성급하고 경쟁적인 스타일의 아이는 미움을 받을 수도 있어요. 사람마다 스타일이 있듯, 교사들도 스타일이 있을 수 있습니다. 문제는 그 스타일이 유난히 두드러지거나 강할 때 반대 성향을 가진 아이들은 힘들어진다는 거예요.

 아이가 교사와 반대 성향이라 괴로워한다면 어떻게 해야 할까요? 찾아가세요. 가서 정말 좋게 이야기를 나누세요. 하지만 내 아이가 문제가 좀 많은 편이라면 일단 교육적 도움을 받든, 치료를 하든, 아이의 문제를 적극적으로 해결하려고 하는 것이 우선이에요. 교사에게는 부모의 사랑과 잘 키우고 싶은 진심을 잘 전달해야 합니다. "저희 아이가 문제가 많은 것도 알고 있고, 선생님이 힘드신 것도 충분히 알겠어요. 그래서 너무 죄송해요. 선생님이 지도해도 잘 먹히지 않는다는 것 또한 저희가 잘 알고 있어요. 지금 저희도 전문적인 도움을 받으면서 노력하고 있어요. 저도 아이 때문에 많이 힘들어요. 그래도 잘 키워보고 싶어요. 선생님, 제발 도와주세요"라고 말하세요. "우리 아이한테 왜 이러세요?" 이렇게 따지면 상황이 더 힘들어집니다.

아이가 다른 교사들과는 잘 지내는데, 유난히 특정 교사와 맞지 않아 사사건건 부딪히는 경우도 있어요. 이때는 분명하게 이야기해줘야 할 것 같습니다. 우선 "선생님, 저희 아이를 지도하시는 데 무슨 어려움이 있으세요?"라고 물으세요. 교사가 "그런 것 없어요"라고 말하면, "저희 아이에게 모든 것을 맞춰달라고 말씀드리는 것은 무리라는 걸 알아요. 그런데 저희 아이 특성이 이만저만해요. 죄송하지만 이것 하나만은 이렇게 해주셨으면 좋겠어요"라고 얘기를 해야 할 것 같습니다. 말할 때는 잘못을 지적하는 것처럼 들리지 않게 부탁하듯이 해야 해요. 예를 들어 아이가 소리에 너무 예민하다면, "책상을 '땅!'하고 칠 때 아이가 놀라고 무서워하는 것 같습니다. 선생님께서 이 부분을 알고 계셨으면 좋겠습니다"라고 말하라는 겁니다. 부탁 뒤에는 선생님의 교육 방침을 존중하지만 아이가 그것을 너무나 괴로워한다는 말도 붙이세요. 교사의 입에서 "조심하겠다"라는 말을 듣고 돌아와야 합니다.

교사를 만나고 온 후 아이에게도 얘기해주세요. "너희 선생님이 좀 조심하겠다고 하셨는데, 너를 놀라게 할 의도가 있으신 것 같지는 않더라"라고 말이지요. 만약 이후에도 교사가 아이를 계속 힘들게 한다면, 신학기라면 전학도 고려해야 합니다. 학기가 얼마 안 남았으면 좀 참긴 하는데 교감이나 교장을 찾아가보도록 하세요. 그리고 아이가 너무 예민한 편이니 그 다음 해에 담임교사를 배정할 때 고려해달라고 부탁합니다. 교장이나 교감이 봤을 때 그 아이와 덜 부딪힐 만한 교사를 골라 반을 배정해줄 거예요. 반이 배정된 후 반을 바꾸는 것은 전례가 없기 때문에 그 전에 말해야 합니다. 이런 부탁을 하는 이유는 내 아이만 힘들지 않게 특별 배려해달라는 의미가 아니에요. 초등학생도 아직 어린아이입니다. 아이에게 그 부분에 문제가 있다고 하더라도 그 것을 개선하고 성장하는 데는 시간이 필요해요. 아이에게 그런 시간적 여유를 주자는 이야기입니다. 그 시간 동안 아이가 너무 힘들어한다면 가능한 한 방법으로, 아이가 학교에서 좀 마음 편하게 생활을 할 수 있도록 돕자는 거예요. 그렇지 않으면 아이가 학교에서 설 자리가 없습니다.

담임교사와 맞지 않아 아이가 스트레스를 받을 때는 기본적으로 이런 말을 해주는 것이 도움이 돼요. "너하고 잘 맞는 선생님이었다면 좋았겠지. 하지만 누구도 이 선생님을 너에게 일부러 배정한 것은 아니야. 우리가 살아가다 보면 원치 않게 맞지 않는 사람과 같은 부서에 가기도 하고, 짝이 되기도 하고, 파트너가 되기도 하거든. 이런 경험은 너의 부족한 점, 네가 힘들어하는 점을 잘 극복할 수 있게 하는 계기가 될 수도 있어. 너무 괴롭게만 생각하지 않았으면 좋겠어. 그 선생님이 너를 표적으로 정해서 괴롭히면 그건 정말 안 되는 거야. 그 선생님이 나쁜 사람인 거야. 그런데 그런 것이 아니라 선생님의 스타일이 너하고 맞지 않는 것이라면 너도 이런 일을 계기로 조금씩 다듬어지고 무뎌질 필요도 있어. 물론 엄마가 선생님한테 얘기는 할 거야. 왜냐하면 너와 선생님의 관계는 네가 조금 더 배려 받고 보호받아야 하는 위치니까. 엄마가 선생님께 양해를 구할 거야. 하지만 네가 점점 커가면서 상대방만 너를 배려하고 이해할 수는 없어. 너 또한 상대방을 이해하고 처한 환경에 맞춰 나가야 해."

그리고 아이에게 교사와 있을 때 불편한 것에 대해서 부모에게 자주 이야기하도록 하세요. 초등학생 혼자 교사와의 문제를 해결하기는 좀 어렵습니다. 자꾸 이야기를 하다 보면 좀 나아지는 면도 있어요. 아이가 "우리 선생님 목소리 너무 싫어"라고 말하면, "선생님 목소리 너무 크니?"라고 물어줍니다. "너무 커. 맨날 소리를 꽥꽥 질러"라고 말하면 "그렇지. 그런 상황이면 좀 괴롭지"라고 아이의 감정을 수긍해주세요. 이렇게 부모와 자꾸 얘기를 하다 보면, 교사의 큰 목소리에 대한 아이의 반응이 덜 예민해집니다. 사람은 한 주제를 반복해서 얘기하다 보면, 마음 안에서 그 주제에 대해 준비도 하게 되고, 그 주제를 적당히 받아들이게도 되고, 나름 어떻게 대처해야 할지에 대한 방법도 생각하게 돼요. 그러다 보면 부모가 "그럼, 너는 어떻게 하니?"라고 물었을 때, 아이는 "그냥 못 들은 척 해요"라든가 "살짝 귀를 막아요"라는 말을 할 수도 있게 됩니다. 그러면서 조금씩 덜 스트레스를 받게 되는 거지요.

학교 규칙,
왜들 나를 굴복시키지 못해
안달이세요?

학교에는 모든 학생들에게 일률적으로 적용되는 지침이 있어요. 그 지침이 그렇게 합리적이거나 최선은 아니지만, 대부분의 아이들은 자신의 욕구에 반하는 학교의 지침을 참고 잘 따르는 편입니다. 그런데 유독 학교의 제도나 규칙에 저항하는 아이들이 있어요. 학교의 제도나 규칙을 따르는 것을 굉장히 자존심 상해합니다. 이 아이들은 어떤 입장일까요?

'교복 안에다 하얀 목폴라 좀 입는다고 하늘이 무너져요? 머리 좀 길러서 파마한다고 영어 듣기 평가가 안 들려요? 화장 좀 하고 다닌다고

머릿속의 수학 공식이 사라져요? 담배 좀 피운다고 다 깡패 돼요? 왜 이러세요? 왜 나를 굴복시키지 못해 안달이에요? 에이 씨, 기분 나빠. 절대 지지 않을 거야.'

이 아이들은 왜 그럴까요? 두 가지로 생각해볼 수 있습니다. 하나는 외부 입력 정보나 자극에 대해 늘 과민하게 받아들이는 경우예요. 교사가 "너희들 이런 식의 복장 절대 안 돼!"라고 말하면 과민하기 때문에 이것을 공격으로 해석합니다. 공격이기 때문에 받아들이는 것 자체가 기분이 나쁘고, 자존심이 상하고, 자기가 지는 것 같아요. 다른 하나는 부모 자녀 관계에서 분노가 많고, 특히 아버지와의 관계가 너무 안 좋은 경우입니다. 아버지는 아이들에게 심리적으로 '권위적 대상'을 상징해요. 아버지가 지나치게 억압적이고 강압적이었을 때, 아이들은 세상의 모든 권위적 대상과 갈등하게 되는 경우가 많습니다. 학교에서 만나는 교장, 학생주임 교사, 담임교사도 아이에게는 권위적 대상이에요. 이들이 "하지 마"라고 말하면, 부모와의 관계에서 해결되지 않은 갈등이 아이에게 다시 재현됩니다.

어떤 사회나 오랜 기간 많은 사람이 옳다고 생각해 따르는 기준들이 있습니다. 이 아이들은 그것을 지키는 것이 어려워요. 모든 정해진 규칙이 자기가 정한 것이거나 자기에게 아주 이롭지 않으면, 그 규칙을 지키는 것에 너무나 많은 심리적인 의미를 두거든요. 이를 받아들이면 자신이 굴복당하는 것 같고, 규칙을 집행하는 사람들이 이 규칙을 가지고 자신을 장악하고 억압하는 것 같습니다. 이를 어김으로써 통쾌함을 느껴요. 다소 이상한 자존심을 가지고 있는 것입니다. 이런 아이들은 늘 화가 나 있는 사람 같아요. 누가 조금만 뭐라 해도 "왜!" 하면서 불같이 화를 냅니다.

사회적인 규칙이 꼭 정답은 아니지만 관습적으로 오랜 시간 많은 사람들의 경험을 통해 옳다고 인정된 것들이에요. 많은 사람이 바람직하다고 공감한 것들입니다. 그래서 많은 사람이 정해진 규칙에 저항하지 않고 따르는 거예요. 그것을 지켜가는 과정에서 서로가 편안해지고 보호받는다고 생각하기 때문입니다. 이 이이들에게는 기본적으로 이런 개념이 없어요.

우리 사회 안에는 이런 것들이 작은 범주에서 큰 범주에 이르기까지 굉장히 많습니다. 교복 안에 목폴라를 입으면 안 된다는 것도 어찌 보면 이런 규칙의 작은 범주예요. 아이들 말처럼 교복 안에 목폴라를 입든 안 입든 상관없습니다. 그걸 교복 안에 입었다고 큰일이 생기는 것도 아니고, 어떤 아이는 입고 어떤 아이는 안 입었다고 뭐가 문제일까요? 예전 학교에 다닐 때 여학생들 머리카락 길이가 귀 밑 1cm였어요. 이 또한 이 길이가 3cm가 된다고 큰 문제가 생기는 것은 아닙니다. 아이들 말이 맞아요. 그런데 아이들이 놓치는 것은, 결국 그것이 기본이 되어서 자기도 느끼고 있지 못하는 사이에 사회나 국가에서 정해놓은 제도나 규칙이 나를 보호해주고 있다는 사실입니다.

예를 들어, 사거리에서 신호등을 지키는 것은 모든 사람이 따르는 규칙이에요. 이것을 누군가 어긴다고 생각해봅시다. 그때 그 사거리에 있던 사람들은 억울하게 교통사고를 당하는 거예요. 그런데 우리는 내가 지키면 저 사람도 지킬 거라는 기본적인 믿음이 있습니다. 이 기본적인 믿음 없이는 누구도 무서워서 밖에 나가지 못해요. 이처럼 굉장히 오랜 기간 많은 사람들이 믿고 지켜야 한다고 생각하는 기본적인 것들을 서로 지킴으로써 내가 보호받은 것이 얼마나 많은지 이 아이들은 모릅니다. 이런 것을 아이가 자연스럽게 받아들이기 위해선 아주 어렸을 때부터 소소한 규칙을 지키는 것이 훈련돼야 해요. 그런데 어른들은 강압적으로 규칙을 지키게 할 뿐, 왜 지켜야 하는지 설명해주지 않습니다. 소위 반항기라고 불리는 중고등학생도 규칙을 지켜야 하는 이유를 차근차근 설명해주면 의외로 대부분 받아들이거든요.

저는 차근차근 이렇게 설명해줍니다. "사람들이 횡단보도를 건널 때 차가 정지해야 하지?"라고 이야기를 시작해요. 아이가 그렇다고 대답하면, "어떤 사람이 '서란다고 설 줄 알아? 내가 왜 서!'라고 한다면, 너 어디 마음 놓고 길을 건널 수 있겠니? 학교 규칙은 그런 것에 저항하지 않고 오랜 시간 옳다고 생각되어서 지켜져왔던 것을 편안하게 지켜보는 연습을 하는 거야"라고 설명해줍니다. 물론 아이들은 "그거랑 그거랑 어떻게 같아요?"라고 따지기도 해요. 하지만 그렇게 말은 하면서도 그 규칙을 받아들이는 자세가 많이 달라집니다.

아이들에게 이런 이야기도 해줍니다. "원장님이 봤을 때는 너희들 머리가 5cm가 길든 짧든, 목폴라를 입든 안 입든 아무 상관없어. 그걸 어겼다고 네가 무슨 사회의 해악이 되겠어? 그렇지 않아. 그런데 규칙이라는 것은 어떠한 것이든 일일이 설득시키고 납득시켜서 지키게 하는 것이 아니거든. 그렇게 납득시키지 않아도 많은 사람이 오랜 시간 옳다고 믿어진 것에 대해서는 편안하게 받아들여. 문제는 네가 그것에 지나치게 저항하는 것 그 자체야." 그러면 아이는 눈을 크게 뜨며 "그럼 제가 문제가 있다는 말이에요?" 하며 물어요. "그렇지. 네가 문제가 있다는 이야기지"라고 저는 솔직히 말합니다. 아이는 조금은 누그러져 "그런데 저는 이 머리가 정말 싫단 말이에요"라고 말해요. "그래 알아. 너희들 머리 모양을 자유롭게 해주는 것이 뭐가 문제겠니? 나는 그런 것은 문제가 없다고 생각해. 문제는 다른 사람들은 자유롭게 해주면 좋아하고 규제를 해도 편안하게 받아들이는데, 너는 '자유롭게 해주지 않으면 죽음을 달라!'한다는 거야. 너의 그 대응 방식이 문제라는 거야. 사실 그건 목숨을 걸만큼 중요한 일은 아니거든"이라고 설명해줍니다.

우리가 살면서 정말 저항해야 할 것들이 있어요. 불의한 일이나 약자를 괴롭히는 것에는 옳지 않다고 항거해야 합니다. 변화를 위해서 그런 것들은 저항하고 따져야 해요. 어떤 때는 자기 발전을 위한 저항이 필요하기도 합니다. 그런데 이 시기 아이들은 일상의 많은 것에 대해 단지 저항을 위한 저항을 하기도 해요. 이 부분에서 제가 가장 걱정스러운 것은, 아이들이 저항하는 데 너무 많은 에너지를 소모해버린 탓에 정작 자기 발전을 위해 쓸 에너지가 남아 있지 않다는 점입니다. 아이를 지도하는 어른들은 항상 이 점을 염두에 두고 있었으면 해요. 되도록 아이가 극도로 저항하지 않고 편안하게 받아들일 수 있는 방법들을 고민했으면 합니다.

아이들은 차근차근 설명해준다고 고분고분해지지는 않아요. 아이는 제 말에도 "아니에요. 중요해요"라고 힘주어 대답합니다. 그럴 때 저는 이런 방법을 씁니다. "너한테 죽을 때까지 그 머리 모양을 하라고 하면 또 모르지만, 몇 년만 지나면 네가 머리를 땋고 다니든 틀어 올리든 누가 뭐라고 하겠니? 그렇잖아?" 그러면서 한마디 보태요. "네가 어떤 머리 모양을 하든 짧으나 기나 원장님은 너를 좋아해." '너의 외적인 모습과 관계없이 너라는 사람은 불변의 존중감을 가지고 있는 아이다'라는 메시지를 주는 것입니다. 이렇게 말하면 아이들이 씩 한번 웃어요. 담임교사가 이렇게 얘기해주면서, "나 좀 봐줘라. 네가 자꾸 걸리니까 담임인 나도 곤란하잖아"라고 하면, "선생님 봐서 좀 자를게요"라고 말하는 아이들이 많습니다. 그렇게 좀 풀어나가야 해요. 이런 문제를 부모가 다루게 될 때도 마찬가지입니다.

아이들의 복장을 규제하고 여학생의 경우 화장을 하지 말라고 하는 것은, 이 시기 아이들이 너무 성숙해서 어른하고 구별이 안 되기 때문입니다. 아이들에게 그 이유도 말해주어야 해요. "너 세상 사람이 다 좋은 게 아니야. 때로는 너희들이 범죄나 나쁜 것의 표적이 될 수도 있어. 길에서 성인들이 주먹다짐을 하고 있으면 그냥 지나가는 경우도 많아. 그런데 학생 같은 사람이 맞고 있으면 대부분의 어른들은 이게 무슨 일인가 들여다보고 경찰에 얼른 신고한단 말이야. 너희들이 다 큰 것 같지만, 아직은 사회의 여러 가지 보호를 받아야 해. 너희를 지켜줘야 하는 것은 성인의 몫이기도 해. 그래서 복장을 일률적으로 하는 면도 있어." 이런 이야기를 해주면 아이들이 규칙을 따르는 것을 좀 편안해합니다.

아이들에게 기본적인 규제는 괴롭힘이 아니라 보호의 의미가 있다는 메시지를 전달하세요. 스스로 조절하지 않으면 보호하기 위해서 외부로부터 규제가 온다고 알려줘야 합니다. 그리고 이런 이야기는 규제나 통제하고자 하는 사람의 목소리가 아니라 보호하고자 하는 사람의 목소리로 말해야 합니다.

요즘 아이들이 교복을 좀 줄여 입어요. 한 아이가 이렇게 하소연하더군요. "애들 다 줄여 입는단 말이에요. 어떤 엄마는 줄이라고 돈까지 주는데 우리 엄마는 내가 교복을 줄여 입는 것을 경멸의 눈으로 쳐다봐요. 이 정도는 학교에서 문제가 안 된다고 말해줘도 엄마는 안 된대요. 내가 내 용돈으로 줄여서 왔는데, 엄마가 굳이 가서 도로 늘려서 왔어요. 엄마를 이해할 수 없어요." 아이들 사이에서는 옷을 크게 입고 다니면 이상한 애 취급을 하기도 합니다. 아이들 문화는 무시한 채 계속 호통만 치면 아이와 소통을 할 수 없어요. 아이의 마음을 공감은 해줘야 합니다. 너무 심하게 줄여 입으면 학교에서 교사들이 자를 들고 다니면서 원상 복구해놓으라고 해요. 부모까지 나서서 심한 규제를 할 필요는 없습니다. 부모는 "학교에서 지적을 받으면 그때는 좀 늘여라"라고 약속 정도 받아놓으면 됩니다.

아이가 담배를 피운다면 어떻게 해야 할까요? 아이들 입장에서는 친구가 피워보라고 권할 때, 안 피우면 따돌림 당할 것 같기도 합니다. 아이들이 우르르 몰려나가서 담배를 피울 때, "야 망 좀 봐"라고 말하는데, 그 자리에서 "싫어"라고 말하면 '왕따'가 될 것 같고, "선생님한테 걸리면 어떡해!"라고 얘기하면 '찌질이' 취급을 받을 것 같아요. 아이들은 담배를 호기심 때문에 피우기도 하지만, 거절하면 그들의 무리에서 떨어져 나올까 봐 걱정되고, 걸릴까 봐 안 피운다고 하면 찌질이 취급을 받을까 봐 피우기도 합니다. 그리고 받아들이기 어렵겠지만 아이들에게 담배는 어느 정도 또래 문화화되어 있어요. 아이들은 '담배를 피운다고 해서 무슨 나쁜 짓을 하는 것도 아니고 사회의 법과 질서를 어기는 것도 아닌데 왜 우리를 나쁜 아이 취급해!'라고 생각합니다. 따라서 아이들의 흡연은 '그러면 나쁜 놈이니까 피우지 마'가 아니라 과학적인 근거를 가지고 접근할 필요가 있어요. 그 또한 무조건 규제가 아니라 보호를 위한 것임을 느끼게 해야 합니다. 그래서 결국 아이 스스로 선택하게 해야 해요.

담배를 피우는 아이들을 상담해보면 그 아이들도 고민이 많습니다. 담뱃값을 당해낼 재간도 없고, 그렇다고 매번 얻어 피우는 것도 고통이고, 미성년자라 살 때마다 누구한테 부탁해야 하고, 그래서 끊고 싶지만 끊기도 어렵고, 부모 모르게 피우는 것도 미안하고, 걸릴까 봐 걱정도 되고 스트레스가 이만저만 아니에요. 저는 이런 아이들에게 "남들 보는 앞에서만 피우지 마라"하면서 일단 공인을 해줍니다. 그리고 "학교에서는 제발 좀 걸리지 마라"라고 부탁해요. 그러면서 현실적인 이야기를 좀 해줍니다. "나는 네가 담배를 좀 일찍 피웠다고 나쁜 애라고 생각하지는 않아. 하지만 어린 나이의 흡연은 건강에 굉장히 나쁠 뿐 아니라 네가 절대로 허용되지 않는 장소에서 피워서 걸리는 것은 문제라고 봐. 네가 네 자신을 보호해야 하잖니? 학교에서 자꾸 걸리면 권고 전학을 받을 거야. 전학을 하는 것은 정말 작은 일이 아니야. 온 가족이 너의 기호 식품 선호도 때문에 이사를 가야 하거든. 학적부에도 안 좋은 기록이 남을 거야. 이런 일들이 생길 것을 뻔히 알고도 조절을 못 한다는 것은 문제야."

이렇게 말해주면 아이들은 꼭 걸리지 않게 피우겠다며 고개를 끄덕여요. 그러면서 문득 생각난 듯이 묻기도 합니다. "그런데요, 원장님. 정말 담배 오래 피우면 죽어요?" 몸에 안 좋다니까 좀 걱정되는 거지요. 그러면 저는 "담배를 피운다고 나쁜 놈은 아니지만, 애나 어른이나 할 것 없이 몸에 해롭기는 하지"라고 흡연이 해롭다는 것을 일반화시켜서 말해줍니다. 그러면서 다소 적나라하게 설명해요. "너 자동차 시동 걸 때 배기가스 배출구에서 까만 연기 나오는 거 알지? 흡연은 입에 그 배출구를 딱 물고 자동차 시동을 부르릉 거는 것과 같거든." 아이들은 깜짝 놀라 "한 개비가요?"라고 물어요. 그러면 아마 그럴 거라고 대답합니다.

덧붙여 15세 이전에 흡연을 시작한 사람이 비흡연자에 비해 폐암으로 인한 사망률이 20배가 높다는 것, 10대에 시작한 지속적인 흡연은 수명을 25년 정도 단축시키고 2명 중 1명이 결국은 흡연 관련 질병으로 사망한다는 것, 흡연을 일찍 시작할수록 니코틴 중독이 심해 평생 끊기가 어렵다는 것, 담배를 안 피움으로써 안 걸리는 암이 40개가 넘는다는 것도 알려줍니다. 그러면 아이들은 고개를 절레절레 흔들며 "듣고 보니 굉장히 나쁜 거네요"라고 말해요. "그래, 나쁘니까 끊으라고 하는 거야. 건강에 해로워서 끊으라는 것이지 도덕적으로 나쁘기 때문에 끊으라고 하는 것은 아니야"라고 말해줍니다. 청소년의 흡연은 칭찬할 만한 좋은 행동은 아니지만, 그 자체가 범죄 행위는 아니에요. 건강에 해로운 것을 일찍 접한 것이 문제입니다. 그렇게 접근해야 아이들을 도와줄 수 있어요.

공부,
한다고 되겠어요? 이왕 망친 거,
포기할래요

시험을 앞둔 중학교 2학년 남자아이가 진료실로 찾아왔어요. 부모는 아이가 시험 기간인데도 공부를 전혀 하지 않는다고 걱정했고, 아이는 한 술 더 떠서 이번 시험은 보러 가지 않겠다고 선언했습니다. 아이는 "원장님, 제가 공부한 만큼 확실하게 결과가 나온다는 보장이 있으면 잠을 엄청 줄여서 3시간밖에 안 자고도 공부할 마음이 있어요. 그런데 보장이 없잖아요. 보나 마나 글렀어요. 해봤자예요"라고 말했어요. 시험과 관련해서 학습량이 많거나 시험에 긴장이 돼서 받는 스트레스는 너무나 당연한 스트레스입니다. 대부분의 아이들은 나름대로 괴롭지만, "어떻게 하겠어. 열심히 해야지" 하면서 건강하게 이겨내요. 학습과 시험은 조금 '스트레스'를 받아야 능률도 오르고 결과가 좋아지는 면이 있습니다. 그런데 이 남자아이처럼 아예 포기해버리는 아이들도 있어요. 이런 아이들은 어떤 마음일까요?

'사실 시험 잘 보고 싶어요. 이번 시험도 잘 보고 싶어서 한 달 전부터 철저한 계획을 세우고 공부를 시작했어요. 그런데 일주일도 안 돼서 제가 계획한 것이 다 틀어져버렸어요. 어차피 이번 시험은 틀렸어요. 지금부터 공부해도 분명 결과는 나쁠 거예요. 결과가 나쁘면 엄마 아빠가 얼마나 실망할까요? 내 자존심은 또 얼마나 상할까요? 그럴 바에는 아예 이번 시험은 안 볼래요. 그 편이 낫겠어요.'

공부는 안 하면서 공부한다고 되겠냐고 스트레스를 받은 아이들은, 사실 속으로는 공부를 잘하고 싶어요. 그런데 공부나 시험과 관련해 제대로 해보기도 전에 미리 부정적인 결과를 예측합니다. 조금 해본 상태이거나 아직 시작하지도 않은 상태에서 머릿속으로 먼저 단계를 진행시켜요. '이렇게 해서 되겠어?', '해 봤자 점수가 오르지도 않을 텐데 뭐. 우리 학교 시험문제 얼마나 어려운데', '어떤 아이는 코피까지 쏟으면서 해도 70점을 못 넘던데' 이런 식으로 생각합니다. 그래서 포기해요.

제대로 해보지 않기 때문에 결과는 둘째치고 이 과정에서 배우게 되는 것들을 놓치고 맙니다. 하다 보면 실력이 쌓이고, 요령도 생기고, 참아내는 능력도 생기고, 오랫동안 의자에 앉아 있는 연습도 되는 건데 그 과정을 결코 밟지 못합니다. 이 아이들은 늘 결과를 미리 생각하고 부정적으로 예측해요. 그래서 결국 안 합니다. 중간 절차와 과정을 안 밟으면 결과는 반드시 나빠요. 결과가 나쁘면 자기 생각이 맞았다고 합니다. 이번 시험을 위해서 100 정도 하는 것을 목표점으로 삼았다면, 80만큼만 실행해도 부정적인 결과를 예상해요. 100을 못했기 때문에 0과 같다고 생각합니다. 그리고 시험을 보기 전부터 좌절하고 포기해 버리는 거지요.

이런 아이들은 잘하고 싶은 마음이 있기 때문에, 계획을 세울 때도 목표를 굉장히 높게 잡습니다. 이전에 결과가 나빴던 것까지 회복하기 위해 '더 잘해야지' 하는 마음에 목표를 더 높게 잡는 거예요. 계획도 체계적으로 세웁니다. 그런데 계획이 너무 치밀하고 빡빡해서 도저히 해낼 수 없습니다. 잠자는 시간 빼고는 화장실 가는 시간조차 모두 공부할 계획을 세워요. 이렇게 무리하게 계획을 세우는 것은 실제로 해보지 않았기 때문이기도 해요. 체계적이긴 하지만 자기에 대한 구체적인 파악이 없는 겁니다.

자신이 1시간 동안 영어 문제를 얼마나 풀 수 있는지를 몰라요. 마음만 앞서다 보니 굉장히 많은 분량을 잡아놓고는 하루 이틀은 계획대로 해내고는 그 후는 나자빠져버립니다. 그래놓고 "거봐, 안 되잖아" 식으로 나오는 거지요. 하루 이틀 공부량이 자기가 계획한 목표에 도달하지 못하면 "어차피 이번에는 틀렸어" 하면서 안 해버립니다. 그러면서 본인 마음도 편하지 않아요. 놀아도 제대로 놀지를 못합니다. '아 정말 해야 하는데…'라는 생각을 계속하고 있기 때문에, 영화를 보면서도 게임을 하면서도 계속 책상 쪽을 흘깃거립니다. 결국 공부하는 아이들보다 더 스트레스를 받아요.

몇 번 해봐서 안 되면 현실적인 것으로 수정하면 되는 겁니다. 모든 일이 그래요. 그런데 이 아이들은 쉽게 '이왕 망친 거 법칙'을 적용합니다. 이 법칙은 이 시기 아이들의 행동을 보고 제가 만든 말이에요. '이미 망쳤는데 여기서 조금 더 노력해봤자 어차피 결과는 망친 거야. 하는 게 무슨 의미가 있어' 하면서 아예 놓아버리는 겁니다. 다이어트하고 똑같아요. 며칠 다이어트를 열심히 하다가 먹어버렸습니다. 그러면 '어? 많이 먹었네. 지금부터 좀 안 먹어야 되겠다' 하면 되는데, "에이, 이번 주 망쳤네. 이왕 망쳐진 거 왕창 먹자" 하는 것과 같습니다. '이왕 망친 거 법칙'을 적용한 아이들은 오히려 더 노력하지 않고 놓아버려요. 시험 기간인데도 게임도 더 많이 하고, 영화도 보고, 만화도 보고, 안 보던 미국 드라마까지 찾아봅니다. 그러면서 역시나 마음은 더 불편해지고 스트레스도 더 심해지지요.

무엇이 문제일까요? 공부란 마지막 결과가 중요한 것이 아니라 중간 과정에서 성장과 발달, 그때의 경험을 통한 인내심과 좌절을 극복하는 것을 배우는 것입니다. 이 아이들은 그것을 배우지 못하는 거예요. 공부를 할 만한 아이이고 한때 공부를 잘했던 적도 있는 아이 중에도 이런 스트레스로 쉽게 포기하는 경우가 많습니다. 이런 아이에게 부모가 절대 하지 말아야 하는 말과 행동이 있어요. 하나는 "엄마(아빠)는 너 공부 못해도 돼. 너 안 해도 돼. 시험 못 봐도 엄마(아빠)는 괜찮아. 너 이렇게 괴로워하면서 할 거면 하지 마"라는 말입니다. 이런 부모는 대개 아이를 이해하고 있어요. 내 아이가 공부나 시험에 지나치게 예민해서 스트레스를 많이 받는다는 것을 알기 때문에 아이를 편하게 해주려고 하는 말이에요. 그런데 이런 아이들은 그런 식의 말을 싫어해요. 잘하고 싶은 마음이 있기 때문에 그 말을 듣고 '그건 엄마(아빠)가 괜찮은 거지 나는 안 괜찮다고요'라고 생각하거든요.

용기를 준답시고 "열심히 하면 너는 잘할 수 있어"라는 말도 별 도움이 되지 않아요. 이들은 '안 되는데 뭘 열심히 하라는 거야'라고 생각합니다. 한편으로는 '우리 부모가 나에게 몹시 기대를 하고 있구나. 내가 열심히 하는 모습을 보이면 얼마나 더 기대할까? 그러면 실망할 텐데. 아예 공부하는 모습을 보여주지 말아야지. 그래야 기대도 안 하고 실망도 안 하겠지'라고 마음먹어요. 이 아이들에게 "아니야 지금도 늦지 않았어. 넌 마음만 먹으면 잘할 수 있어. 1등도 할 수 있어"라는 말은 용기를 주는 말이 아니라 오히려 용기를 앗아가는 말입니다. 무엇보다 "하려면 제대로 하고 안 할 거면 하지도 마라"라는 말은 절대 하지 말아야 해요. 이것은 All or None, 100이 아니면 다 0이라는 식의 아이 생각을 더 강화시키기 때문입니다. 목표를 높이 잡고 빡세게 공부하는 것이 이 아이들에게는 All이에요. 만약 거기에 변수가 생겨 조금 틀어지면 None이라고 생각해 '에라, 이왕 틀어진 거 잘하긴 글렀어. 잠이나 자자'로 바꿉니다.

아이들에게 '잘할 수 있어', '안 해도 돼', '제대로 해'라는 말이 좋지 않은 것은 모두 '결과'를 염두하고 있기 때문이에요. 결과에 예민한 아이에게 결과를 가지고 조언하니 아이들의 증상이 더 심해지는 거지요. 지난번에 75점을 받은 아이에게 "이번에는 80점만 받아볼까?"라고 얘기하는 것도 마찬가지예요. 눈에 보이는 결과인 점수나 석차를 운운하는 것은 학습이나 시험 스트레스를 가중시킵니다. 이런 아이들에게는 너의 목표는 점수나 석차가 아니라는 말을 해줘야 해요. "네가 할 수 있는 만큼 최선을 다해봐. 그게 중요한 거야. 최선을 다해도 때로는 마음에 들지 않는 결과가 나오기도 해. 인생이란 그런 거야. 최선을 다하는 것이 중요해. 네가 공부를 새벽 1시까지 하려고 계획을 세워놓았더라도 몸 상태가 안 좋은 날이 있어. 그런 날은 그만큼만 하고 자는 거야. 그게 최선인 거야. 네가 할 수 있는 선에서 최선을 다하면 돼. 그러면 결과가 나빠도 상관없어. 엄청 똑똑하고 훌륭한 사람도 최선을 다했다고 항상 결과가 좋은 것은 아니야. 전교 1등 하던 애가 늘 1등을 하는 것도 아니잖아. 그 아이가 늘 모든 과목을 100점 맞는 것도 아니잖아. 원래 그런 거야. 결국 공부를 통해 네가 배워야 하는 것은 그 과정이야. 그래서 매 순간 네가 할 수 있는 선에서 최선을 다해보는 거야" 이렇게 얘기해주면 됩니다.

시험 때만 되면 시험 보러 안 간다고 하는 아이에게는 "그냥 가서 시험만 보고 나와. 이름만 쓰더라도 괜찮아. 이번 시험 너의 목표는 시험을 피하지 않는 연습이야. 점수는 너의 목표가 아니야"라고 말해주세요.

제 아이가 중학생일 때 일일 명예 교사를 한 적이 있어요. 그때 아이 반 아이들에게 물었습니다. "너희들은 공부를 왜 한다고 생각하니?" 아이들은 '나중에 잘 되려고', '꿈을 이루려고', '돈 잘 벌려고', '좋은 대학 가려고'라고 대답했어요. 틀린 말은 아니었지만 대부분 부모에게 들은 말이었습니다. 그 말도 일부 맞지만 공부를 하는 이유는 첫 번째, 그것을 통해 대뇌와 소뇌의 발달을 이루기 위해서라고 생각해요. 조선 시대의 민초들은 짚신을 꼬는 일을 통해 대뇌와 소뇌를 발달시켰습니다. 짚신을 꼬아야지 본인이 신을 수도 있고, 그래야 밥벌이를 할 수도 있었어요. 구멍 난 짚신은 안 팔리니까 공을 들여 열심히 정교하게 만들었습니다. 그것을 통해서 나름 세상을 살아가는 지혜도 배우고, 지루하지만 참고 끝까지 해내는 인내심도 배웠어요. 저는 지혜와 인내심을 배우는 것, 그것이 공부의 두 번째 이유라고 생각합니다. 시대마다 뇌를 발달시키고 지혜와 인내심을 배우는 방법이 달라지는데, 지금은 그것이 '공부'인 거지요. 그래서 높은 점수나 석차보다 중요한 것이 한 문제를 풀더라도 그 문제를 끝까지 풀고 정확하게 이해하는 것입니다. 그 과정을 통해 최선을 다하는 삶의 자세를 배우고, 지겹고 싫은 것을 참아내는 인내심을 배우게 되거든요. 그날 아이들에게도 이렇게 설명해주었습니다.

그리고 수업을 마치며 이런 말로 마무리하였지요. "원장님은 말이야. 학교 다닐 때 수학을 정말 잘했거든. 그런데 지금은 다 잊어버렸어. 너희들 수학 문제 풀어봤더니 지금은 50점도 못 맞더라. 하지만 그 당시 수학을 배우면서 논리적이고 체계적인 사고를 발달시켜서 그것으로 지금 다른 일을 하고 있는 거야. 너희들은 자꾸 '내가 몇 점을 맞느냐, 내가 이 문제를 풀어내느냐 풀어내지 못하느냐'만 생각하는데, 공부에서 중요한 것은 그게 아니야. 과정이지. 수학은 논리적이고 체계적인 사고를 기르는 중요한 과정이고, 부호와 기호의 약속을 지켜나가는 과정이거든.

누구나 전 세계 사람들이 ' + '라고 되어 있으면 더하고, ' – '라고 되어 있으면 빼지 않니? 그런 약속을 빠뜨리지 않고 차근차근하는 법을 배우는 거야. 그러니까 꼴등을 해도 괜찮아. 한 문제라도 한번 제대로 풀어봐. 꼴등을 하더라도 그 자세를 배웠으면 공부를 잘한 거야." 제가 생각하는 공부란 이런 것입니다. 아이들도 부모들도 '공부'를 이렇게 생각해주었으면 좋겠습니다.

단체 벌,
난 잘못도 안 했는데
왜 벌을 받아요?

반에서 한 아이가 잘못을 했습니다. 반 전체가 그 아이 때문에 벌을 받게 되었어요. 많이 억울하기는 하지만 대부분의 아이들은 그 교사의 특성을 알아서 '여기서 내가 화를 내면 벌이 더 길어지겠지. 다른 아이들도 나처럼 짜증 나고 집에 가고 싶을 텐데 화가 나도 좀 참아야지'라고 생각했습니다. 그렇게 다들 참고 있는데 어떤 아이가 교사에게 "내가 잘못한 것도 아닌데 왜 나까지 벌을 받아요?" 하면서 따졌어요. 예상한 대로 단체 벌은 더 길어졌습니다. 물론 저는 이 교사가 잘했다고 생각하지 않아요. 아이의 말은 맞는 말입니다. 충분히 억울할 수 있어요. 아이들 입장에서는 단체 벌만큼 억울한 것도 없다고 생각합니다. 그러나 이 아이는 자신의 행동이 자기처럼 잘못하지 않았지만 억울하게 단체 벌을 받고 있는 그 반 다른 아이들에게 어떤 영향을 줄지 고려하는 것이 좀 빠져 있었어요. 이 아이의 입장을 들어볼까요?

'왜 내가 잘못하지도 않은 일로 단체로 벌을 받아야 해요? 선생님한테 따졌더니, 오히려 저보고 혼자만 치사하게 벌 받기 싫어서 그러는 거래요. 지난번에 내가 잘못했을 때는 나 혼자 벌섰단 말이에요. 이거 너무 불공평한 거 아니에요?'

공평하지 않은 것은 억울한 게 맞아요. 그런데 안타깝게도 세상에는 완전히 공평한 것이 없습니다. 매사 '이건 옳지 않다', '공평하지 않다', '평등해야 한다', '억울하다'라는 말을 달고 사는 아이는, 나이에 비해 좀 자기중심적인 편일 수 있어요. 여기서 '자기중심적'이라는 것은 자기 입장에서 봤을 때 말도 안 된다고 생각되면 다른 사람을 고려하지 않고 기어이 자기 의견을 말하고야 만다는 거예요. 이 아이는 어쩌면 자신이 다른 아이들을 대표해서 용기를 냈다고 생각했을 수도 있습니다. 하지만 자신의 생각이 옳더라도 그 교사가 옳지는 않지만 뻔히 다른 사람의 피해가 예상되는 상황이면 그 말을 하지 말았어야 해요.

공평함은 옳은 겁니다. 그 방향으로 가야 하는 것은 맞아요. 그러나 인간의 삶이라는 것이 두부모 자르듯 할 수 없을 때가 많습니다. 그래서 우리는 많은 것을 고려하고 상황을 통합적으로 이해하고 판단하려고 노력해요. 아이가 어느 정도 통합적인 사고를 할 수 있는 나이가 되었음에도 불구하고 여전히 공평하냐 불공평하냐만을 지나치게 부여잡고 있다면, 어렸을 때 편애가 심했거나 부모의 양육 지침에 지나치게 일관성이 없었던 것은 아닌지 생각해봐야 합니다. 어렸을 때 차별이나 억울함을 많이 느낀 아이일수록 공평을 강력하게 주장하지 않으면 자신이 피해나 손해를 본다고 생각해요. 사고의 유연성이 떨어지는 겁니다.

이 아이들은 항상 자로 잰 듯 '똑같이'를 주장해요. 그런데 '똑같이'를 규칙으로 두면 그 규칙에서 벗어나 있는 남의 입장을 고려할 필요도, 자신이 남의 입장을 배려해서 조금 양보할 일도 없어집니다. 남들이 보기에는 다소 이기적인 모습일 수 있어요. 동생과 빵을 나눠 먹어야 하는 상황에서 동생이 배가 더 고프면, 내 것을 좀 더 나눠줄 수도 있는 법입니다. 배려할 줄 아는 아이는 그러고도 별로 억울하지 않아요. 하지만 지나치게 공평함을 주장하는 아이는 어떠한 상황이라도 내 것이 줄어들면 속상합니다. 이런 아이들은 모든 상황에서 공평한가 아닌가가 가장 먼저 보이기 때문에 다른 아이들보다 학교생활이 더 괴로울 수 있어요.

저는 단체 벌을 받아서 억울해하는 아이에게 이렇게 얘기해줄니다. "단체 벌은 정말 효과적이지 않아. 왜냐면 그 문제를 일으킨 아이를 너희들이 미워하게 될 수도 있거든. 아마 선생님은 그 아이가 미안해서라도 더 잘할 거라고 생각했을 수 있어. 또 너희들이 같은 반이니까 동료 의식을 느끼라고 그런 면도 있을 거야. 하지만 선생님의 그 방식이 너희 반 아이 전체에게 과연 꼭 교육적이었을까?" 대부분 '공평'이 중요한 아이들은 "선생님은 아마 그냥 성질나서 그랬을 걸요"라고 말하면서도 억울함을 좀 공감받았다고 생각합니다.

그리고 아이한테 보통 단체 벌을 받는 아이들은 어떤 행동을 하더냐고 물어보지요. "뭐, 씩씩거리기는 하지만 다 받고 가죠"라고 대답합니다. "그런데 너는 유난히 화가 나는구나. 네가 틀린 것은 아니야. 네가 잘못한 것은 아닌데 만약 네가 그렇게 큰소리를 내면서 기분 나빠 하면 너희를 벌받게 한 그 아이 말고, 너처럼 아무 죄 없는 다른 아이들이 불편해지잖아. 원장님 생각에는 그럴 때는 군말 없이 벌을 받아 그 상황을 마무리하고, 나중에 조용히 선생님을 찾아가서 '이것은 여러 가지 의미에서 좋은 방법이 아닌 것 같아요'라고 얘기를 하는 것이 좋을 것 같아"라고 가르쳐줍니다.

단체 벌을 받을 때는 그 자리에서 말하는 것보다 따로 찾아가서 이야기하는 것이 나아요. 감정이 격해져 있을 때는 서로의 의도를 제대로 전달하기 어렵거든요. 어떤 교사들은 이런 상황에서 아이가 개인적인 생각을 말하면, 벌을 받기 싫어서 대든다고 생각합니다. 그럼 문제는 더 꼬이게 됩니다. 따로 찾아가서 말하면 교사도 감정이 어느 정도 가라앉아 있는 상태이고 지켜보는 반 아이들도 없기 때문에, 아이의 의견을 조금은 편안하게 받아들일 수 있어요. 대신 아이에게는 교사에게 찾아가기 전 어떤 말을 할지 미리 머릿속으로 연습한 다음에 가게 합니다. 말로 하는 것이 어렵다면 편지로 하게끔 하는 것도 괜찮아요.

요즘에는 많이들 안 하지만, 혹시나 단체 벌을 주게 될 때는 다시 한번 교육적 의미에 대해 생각해보셨으면 합니다. 잘못을 책임지는 것을 배워야 하는데, 자꾸 다른 아이가 잘못한 것을 내가 책임지게 되는 상황이 반복되면 어찌 보면 내 것과 남의 것의 구별을 배우는 데 좋지 않은 영향을 줄 수도 있어요. 저는 기본적으로 단체 벌은 좋지 않다고 봅니다. 잘못한 아이의 책임인데 교실에 같이 있었다는 것만으로 모두에게 책임을 지게 하는 것은 아이들 입장에서는 많이 억울할 수 있어요. 그렇게 억울한 마음이 들면 오히려 잘못한 아이가 싫어지고 미워질 수도 있습니다.

아이가 억울해할 때, "별것 아닌 것 가지고 왜 그래? 쪼잔하게!"라고 말하지 마세요. "다른 사람도 고려해야지 그렇게 행동하면 되니?"라고 하는 것도 좋지 않아요. 아이를 더 억울하게 만

듣니다. "억울했겠네. 기분 굉장히 나빴겠다"라고 아이의 감정에 충분히 공감해주세요. 그리고 지나치게 아이가 억울해하고 공평함에 집착한다면, 자라면서 뭔가 공평하지 않고 한쪽에 치우치고 억울했던 경험이 많은 것은 아닌지 곰곰이 되짚어보세요. 부모의 태도나 집안 분위기 혹은 친가와 외가 쪽의 분위기가 그런 것은 아닌지도 살펴보세요. 아이에게 혹시 공평하지 않거나 억울한 경험이 있었는지 직접 물어보는 것도 필요합니다.

요즘 아이들, 학원 정말 많이 다닙니다. 아이들은 이 '학원'에 불만이 많아요. 부모들은 학원에 가는 것이 아이 성적을 올리는 데 가장 좋을 것 같다는 생각이 들면 그쪽으로 밀어붙이거든요. 아이와 타협과 조율을 하지 않아요. 아이가 다닐 학원을 결정하면서 '아이의 의사'는 고려하지 않는 것입니다. 무조건 부모를

믿고 부모 말을 들으라는 겁니다. 이에 대한 아이의 입장을 들어볼까요?

'어떤 과목을 배울지, 어느 학원으로 결정할지 다 엄마 마음대로예요. 간혹 내 의견을 얘기하라고 하기는 해요. 그래 봤자 마지막 결정은 항상 엄마 마음대로예요. 엄마는 항상 엄마 말을 듣는 것이 최선이래요. 내가 다닐 학원, 내가 좀 선택하면 안 되나요?'

부모들은 자기 생각대로 하는 것이 아이에게 가장 좋은 것이고, 그 좋은 것을 아이한테 빨리 주고 싶습니다. 이것은 부모의 욕구예요. 그 학원에 다니면 확실히 좋은 결과를 볼 수 있을 것 같고, 그 결과를 부모 자신이 빨리 보고 싶기 때문입니다. 그래서 아이가 스스로 결정하고 시행착오를 겪으면서 '좋은 것'을 찾아가는 경험을 주지 못해요. 이런 식으로 학원을 결정하면 다닌 후 결과가 아무리 좋더라도 아이는 자기가 결정한 것이 아니기 때문에 자기가 잘한 것 같지가 않습니다. 뭔가 자긍심이 잘 안 느껴져요. 부모 덕인 것만 같습니다. 따라서 학원을 다니는 내내 스트레스를 받습니다. 아이들은 자신이 원하지 않은 학원에서 자신은 굳이 필요하지도 않은 과목까지 부모의 강압에 의해 배운다고 생각해요. 그 학원에 다니는 것이 자신의 학습에 도움이 된다는 것을 느껴도 학원을 가기가 싫을 수 있습니다. 자꾸 늦거나 빠지게 돼요.

청소년기 아이들은 아무리 자신에게 도움이 되고 좋은 결과가 있을 거라고 해도 그 과정에서 부모가 지나치게 몰아붙이거나 자신의 의견이 받아들여지지 않는다고 생각하면 자신이 주체가 아니기 때문에 하기 싫어집니다. 사실 아이들만 그런 것도 아니지요. 어른들도 자신의 일인데 자신은 직접 선택하거나 결정할 수 없고 다른 사람의 결정에 따라야만 하는 거라면 하기 싫어집니다. 조금만 기다려주었으면 아이가 원했을 수도 있고 도움을 요청했을 수도 있었는데, 부모의 급한 마음이 상황을 나쁘게 만들어버리는 거예요.

아이를 학원에 보낼 때는 아이한테 필요한지 물으세요. 아무리 성적이 나쁜 아이라도 이 절차는 반드시 필요합니다. "네가 영어를 혼자 공부할 수 있겠니? 지금 학교에서 배우는 것이 충분하니?"라고 물어보세요. 아이가 다행히 "아니요"라고 대답하면, "아무래도 학원에 가야 할 것 같은데 너 혹시 다녀보고 싶은 곳 있니?"라고 다시 물어봅니다. 아이가 "친구가 다니는 학원에 같이 다닐게요"라고 할 수도 있어요. 아주 이상한 곳이 아니면 그러라고 허락해줘도 됩니다. 아이가 없다고 하면, "비교적 친구들 사이에서 평이 좋은 곳으로 너도 한번 알아봐. 엄마도 알아볼마"라고 합니다. 그리고 아이에게 하루 이틀 알아볼 시간을 주세요. 부모는 학원을 알아봤지만 아이는 알아보지 않을 수도 있습니다. 그러면 "엄마가 알아본 곳 중에서 네가 골라볼래? 아니면 하루 정도 시간을 더 줄 테니까 너도 좀 알아볼래?"라고 해주세요. "됐어요. 엄마가 알아본 데서 고르죠" 하면 그대로 진행하고, 시간을 하루만 더 달라고 하면 그렇게 합니다. 부모는 알아본 곳의 장단점을 아이한테 얘기해주고, 아이에게 고르게 한 후 그곳에 보내면 돼요. 단, 학원을 제시할 때는 아주 형편없는 곳은 빼야 합니다. 그리고 그중 부모가 가장 마음에 든 곳이 있더라도 그곳을 강요해서는 안 돼요. 아이가 학원을 선택한 후에도 "네가 다녀보고 아니다 싶거나 마음에 안 드는 부분이 있으면 언제든지 얘기해줘"라고 말해줍니다.

아이가 "아니요. 저 혼자 공부할 수 있어요"라고 말하면, "그래 좋아. 앞으로 일주일 정도 네가 혼자 공부하는 것을 좀 보자. 잘하면 좋겠지만 생각보다 잘 안 될 수도 있어. 마음은 있지만 방법을 잘 몰라서 잘 안 될 수도 있거든. 그럴 때는 더 늦지 않게 빨리 도움을 받자"라고 말해주세요. 이때 시간을 너무 길게 주지는 마세요. 일주일 정도가 적당합니다. 일주일 후 아니라고 판단되었을 때는 "거봐! 내가 이럴 줄 알았어"라고 말하지 말고, "엄마가 보니까 혼자 공부하는 것에 어려움이 좀 있는 것 같네. 학원의 도움을 받아볼래?"라고 물어요. 그래도 아이가 "절대로 싫어요. 저 혼자 공부해서 중간고사 볼 거예요"라고 말하면 기회를 또 줍니다. 형편없는 점수가 나올 것이 뻔하더라도 혼자 공부해서 시험을 보게 해야 해요. 중학교 때 시험 한 번 망쳤다고 인생

망가지지 않습니다. "그래 좋아. 네가 준비해서 한번 해봐"라고 말하고, 의외로 잘 나왔으면 인정하고 아이의 공부 방식을 믿어주세요. 성적이 형편없이 나오면 "좀 도움이 필요할 것 같다"라고 아이한테 확인시키고 그다음 단계로 넘어갑니다.

문제를 해결할 때 급하면 반드시 또 다른 문제가 생겨요. 체계적인 단계를 거치면 상대방이 별 거부감 없이 동의하지만, 급하면 중간에 거쳐야 하는 단계가 너무 많이 생략되어 상대가 거부감이 들어 동의하지 않을 수도 있습니다. 상대방이 동의하고 그다음 단계로 가는 것이 합의예요. 합의를 보는 과정에서 타협도 하고 조율도 하는 것입니다. 우리나라 부모들은 아이와 합의하는 것을 잘 하지 않아요. 항상 급합니다. 아이가 "엄마, 저 일주일만 시간을 주세요"라고 요청해도, "너 지금까지 해온 것을 봐서는 말도 안 돼! 그냥 잔말 말고 학원 다녀" 이렇게 나와요. 아이가 1~2주 정도 시간을 줬는데 여전히 공부는 별로 하지 않으면서 계속 학원은 안 다니겠다고 우길 때는 "좋아. 그럼 엄마가 이번 시험까지는 시간을 주마"라며 한 번 더 기회를 줘야 합니다. 아무리 결과가 뻔하더라도 합의를 이루려면 잘못된 결과라도 경험시켜야 하는 거예요.

아이에게 혼자 공부할 시간을 주었을 때 결과는 어떻게 평가해야 할까요? 대부분 반에서 몇 등, 평균 몇 점이 안 되면 학원에 다니기로 약속합니다. 좋은 방법이 아니에요. 점수나 등수가 나쁘기 때문이 아니라 공부를 좀 더 효과적으로 하기 위해 학원에 가는 것이 좋겠다고 말해주어야 합니다. "엄마가 너에게 기회를 주기로 했으니까 잔소리를 안 하고 지켜봤는데 공부하는 양이 너무 적더라. 네가 하긴 했어. 안 하진 않았는데 공부 양이 적어. 그건 네가 아직 어려서 시간 조절이 어려울 수도 있다는 이야기야. 이럴 때는 차라리 학교나 학원처럼 일단 가면 시간에 맞춰 공부하게 해주는 곳이 좀 더 효과적일 수 있어"라고 말이지요.

아이가 시험 문제 중 너무 기초적인 것들을 많이 틀렸다면 이런 식으로 말해줄 수 있습니다. "지금 네가 기초가 많이 흔들리는데 기초가 부족한 사람이 혼자 공부하려고 하면 너무 힘들어. 누가 좀 가르쳐줘야 하는데, 과외가 가장 효과적이겠지만 비용이 감당 안 되는구나. 학원에 가는 것이 좋을 것 같아. 대신에 소수 정원으로 배울 수 있는 곳으로 엄마가 알아볼게. 그런 곳이 상세하게 가르쳐줄 수 있을 것 같아." 시간을 들여서 아이와 충분히 대화하고 이해시켜서 아이의 의견을 존중한 다음에 수강 과목을 결정해야 합니다.

아이가 친구들이 많이 다니는 학원을 고르면 부모는 걱정합니다. 몰려다니면서 공부는 안 하고 놀 수 있다고 생각하기 때문이지요. 하지만 그렇게 시작해도 괜찮습니다. 처음에는 학원에 대한 저항감을 좀 없애주는 것을 목표로 삼으세요. 그렇게 한두 달 정도 다녀보면 아이도 자기가 좀 너무하는 것 같다고 생각합니다. 아이들이 학원을 많이 다니기 시작하는 중고등학교 시기는 친구 따라 강남 가는 때라 친구에 의해 많은 것을 결정해요. 그 것을 모두 말릴 수는 없습니다. 하지만 아이가 친구 따라 학원을 빠지고 PC방을 자주 간다면, 그때는 단호하게 이야기해야지요. "네가 따로 비용을 들여서 공부하는 것에 한 번도 돈이 아깝다고 생각한 적은 없지만, 이건 좀 아깝다. 엄마 아빠도 굉장히 힘들게 돈을 버는데 네가 학원에 빠지고 친구랑 PC방에 몰래 드나드는 것은 절대 용납할 수 없어"라고 분명하게 말하고 학원을 바꾸도록 하세요.

그런데 아이를 학원에 보낼 때 이런 생각을 좀 해봤으면 좋겠습니다. 학교나 담임교사는 아이가 선택할 수 없지만, 가욋돈을 내서 가는 학원마저 아이에게 그런 스트레스를 줄 필요가 있을까요? 충분히 아이를 존중해서 고르고 충분히 아이가 존중받는 학원을 다니도록 해주세요. 그래야 아이의 마음이 건강해요. 중고등학생을 자녀로 둔 부모들의 대화를 보면, "학원 갔다 왔니?", "학원 숙제는 다 했니?", "내일 학원 갈 것 챙겼니?", "씻고 빨리 자"가 대부분이에요. 이것보다는 학원은 흡족한지, 학원을 다니면서 아쉽다고 생각하는 것은 없는지, 그 학원에는 문제가 없는지, 계속 그 학원을 다니는 것으로 충분한지, 학원 교사들은 너를 존중해주는지를 더 궁금해해줬으면 좋겠습니다. 또 너무 오랜 시간 동안 너무 많은 과목을 보내지는 않았으면 해요. 학원에서 보내는 시간이 많다고 공부를 많이 하는 것은 아닙니다. 학원에 있는 시간이 많고 숙제를 많이 내줄수록 아이들은 집에 오면 공부를 안 해요. 밖에서 보내는 시간이 너무 많으면 집에 오면 지쳐버립니다. 이런 아이들은 학원 숙제 하느라 힘들어서 학교에서는 잠만 자요.

학원은 학교에서 배우는 내용을 아이가 잘 따라가지 못할 때 부족한 부분을 도와주는 곳이지, 학원 공부가 학교 공부보다 우선이 되어서는 안 됩니다. 학원은 아이가 혼자 하기 역부족인 과목만 다녔으면 좋겠어요. 아이가 워낙 재미있어하는 과목이 있어서 조금 더 많이 배우고 싶어 한다면 아이의 의견을 잘 들어봐서 학원을 다니는 건 괜찮을 것 같습니다. 부모는 자신이 바라는 수준으로 아이를 끌어당기는 것이 아니라 아이 스스로 공부에서 얻어야 하는 것이 무엇인지 늘 생각하고 있었으면 해요. 아이의 공부에서 부모는 철저하게 제3자입니다. 이것을 기억하셨으면 합니다.

방과후 보충,
남들은 안 하는데 나만…
창피해요

학교마다 시작하는 학년은 좀 다르지만 보통 초등학교 2~3학년부터 학년 초에 기초 학력 진단 평가를 본 후, 방과 후 보충 학습을 받도록 합니다. 부모 세대 때를 생각해보면 기초학력이 떨어지는 아이들을 수업 후에 남겨서 따로 가르쳤던 '나머지 공부'와 비슷해요. 학교에서 직접 아이의 부족함을 채워준다는 취지입니다. 그런데 잘못 진행하면 공부를 이제 막 시작하는 초등학교 시기에 학업과 관련된 자존심이 손상되고, 학교나 또래 관계에 대한 즐거움을 잃을 수도 있어요. 초등학교 때는 부모가 다그치지 않는 한 '공부'에 대한 괴로움이 크지 않은 편입니다. 이 시기 아이들에게 가장 중요한 것은 '또래'거든요. 또래와 어울리면

서 사회성을 발달시켜야 학교라는 곳이 재밌고 즐겁다는 생각도 하게 됩니다. 그런데 이 보충수업으로 공부를 못하는 아이라고 낙인이 찍히면, 공부 때문에 그 좋은 또래 관계에 피해를 볼 수도 있어요. 그것 때문에 아이는 학교에 갈 때마다 자존심이 상합니다. 아이들의 마음은 이렇거든요.

'다른 애들은 다 집에 가는데 나만 남아서 공부하래요. 수업이 끝나면 놀이터에 가기로 했는데 애들이 나머지 수업 한다고 안 놀아주면 어쩌죠? 내일도 남아야 한다는데 정말 학교 가기 싫어요. 애들이 내 뒤에서 "쟤 바보래" 하면서 수군대는 것 같아요.'

방과 후 보충 학습에 대한 아이들의 스트레스는 고학년이 될수록 심해집니다. 굉장히 창피해해요. 이런 부작용을 줄이려면 교사나 부모가 조금 더 섬세해져야 합니다. 먼저 교사는 여러 아이들 앞에서 "너 남아서 공부하고 가"라고 하지 말고 그 아이에게만 슬쩍 말해주세요. 또 보충 학습을 받아야 하는 아이만 남기는 것이 아니라 똑똑한 아이들 중에서도 수업 시간에 못 한 것이 있는 아이나 숙제를 안 해 온 아이도 수시로 남깁니다. 그러면 보충 학습에 대한 상처가 좀 덜 생겨요.

부모는 교사가 "아이가 학습이 부진해 방과 후에 보충 학습을 받으라고 교육청에서 연락이 왔는데, 그렇게 하는 것이 아이한테 도움이 될 것 같습니다. 부모님 생각은 어떠신지요?"라고 물을 때, 보충 학습이 최선이더라도 아이에게 의견을 좀 물어주세요. "사람이 다 잘할 수는 없는 거야. 네가 착하고 친구하고 잘 지내는데, 이 과목은 기초를 다져야 할 것 같아. 지금이라도 잘 익히면 앞으로 공부를 해나가는 데 네가 덜 힘들 거야. 선생님이 도와주시겠다고 하니까 남아서 공부를 하고 오면 어떻겠니?" 아이가 "싫어요"라고 강력하게 말하면 "방법은 네가 고를 수 있어. 하지만 배우긴 배워야 해. 보충 학습이 너무 싫으면 다른 방법을 좀 찾아보자"라고 말하고 앞서 학원을 보낼 때 설명했던 것처럼 아이와 타협과 조율을 시도합니다. 이때 아이가 모르는 것을 부끄럽게 생각하지 않도록 진심으로 조심하세요.

그런데 학교에서 보충 학습에 대한 연락이 오면 부모가 더 흥분하기도 합니다. 그러면 아이의 자존심은 더 상해요. 부모와 아이 모두 감정이 불안정해질 수 있는 상황일수록 감정을 가라앉히고 그 문제를 직접적으로 다뤄야 합니다. 무엇보다 아이와 솔직하게 대화해야 해요. 대화를 시작하면서 이렇게 말해주었으면 좋겠습니다. "네가 공부를 못한다는 것 때문에 네가 나쁜 것도 아니고 창피할 일은 아니야. 이건 네가 잘못한 일이 아니란다. 배운 것 중에 잘 모르는 것은 이번 기회에 제대로 배우고 넘어가야 해. 그냥 둘 수는 없어. 네가 앞으로 10년은 학교에 다녀야 하는데, 여기서부터 흔들리면 점점 더 네가 힘들어져. 공부는 모르는 것을 하나씩 알아가는 과정이기 때문에 잘 모르면 배우면 되는 거야."

아이가 혹시 "엄마 창피해?"라고 물으면 분명히 말해주세요. "그렇지 않아. 물론 공부를 잘해주면 기쁘겠지. 하지만 못했다고 너를 창피하게 생각하진 않아. 이건 단지 네가 앞으로 개선해야 하는 문제일 뿐이야." 이런 일을 닥치면 부모의 자존심보다 아이의 자존심이 훨씬 더 상합니다. 부모가 어떤 스트레스를 주지 않아도 아이는 스스로 충분히 괴로워요. 아이의 자존심이 더 이상 손상되지 않도록 주의해서 상황을 해결해가는 지혜가 필요합니다.

얼굴 표정에 대한 참견

이런 면이 짜증 나요 ▶

부모는 아이의 표정이 밝지 않으면 별별 생각이 다 들어요. 저런 표정을 짓고 다니면 친구들이 싫어하지 않을까? 선생님들도 "너 무슨 불만 있어?"라고 말하지 않을까? 학교생활에 무슨 문제가 있는 것은 아닐까? 우울증은 아닐까? 별별 걱정이 다 듭니다. 그래서 불안한 마음에 아이한테 자꾸 "웃어! 얼굴 좀 펴!"라는 말을 하게 되지요. 아이는 딱히 불편한 상황이 아닌데, 부모가 자꾸 이렇게 말하면 "내 표정이 어때서요?" 하고 약간 기분 나쁘게 따지게 됩니다. 부모는 아이에게 "너 지금 화나 있는 것 같거든" 할 것이고, 아이는 다시 "나 화 안 났다고요" 할 거예요. 부모는 재차 "아니야, 너 꼭 화 난 것 같아" 하다가 아이가 진짜 화가 나버리는 상황이 발생합니다. 이럴 때 아이의 마음은 '어릴 때는 똥꼬를 열라 말라 하더니 이제는 표정까지 이래라 저래라 하네'일 거예요.

어떻게 다뤄줄까요 ▶

사실 이럴 때 가장 좋은 방법은 "고쳐"라는 지적이나 명령이 아닙니다. 부모가 한 번이라도 더 웃어주면서 말을 걸어주는 거예요. 웃는 얼굴에 침 못 뱉는 것은 아이도 마찬가지입니다. 부모의 웃는 표정을 보면 아이 표정도 좀 부드러워지고 말도 좀 곱게 나와요. 그리고 꽤 나이가 있지만 낯선 환경에 가면 긴장해서 잘 웃지 않고 표정이 딱딱해지는 아이들은, "네가 아직 익숙하지 않아서 그래. 조금 안정되면 괜찮아질 거야"라고 말해주는 것이 필요해요. 이런 아이에게 자꾸 얼굴 표정을 밝게 하라고 하면, 낯선 상황에 적응하는 것과 억지로 웃어야 하는 것 두 가지를 한꺼번에 해야 하기 때문에 더 힘들어집니다.

일요일

이런 면이 짜증 나요 ▶

아이에게 일요일은 쉴 수 있는 시간이 아니라 부모가 평일에 못했던 일들을 하는 날입니다. 부모는 각종 경조사로, 친지 집에 방문으로, 여러 가지 장을 보느라 바쁘거든요. 많은 아이들은 이런 것들 때문에 쉬고 싶지만 쉴 수가 없어 일요일이 스트레스입니다. 아이는 월요일부터 금요일까지는 학교에 충실하고, 토요일과 일요일은 부모 스케줄에 맞춰서 끌려다녀야 하는 입장이에요. 어쩌다 아무 스케줄도 없는 일요일은 늦게까지 자면서 쉬고 싶지만 부모가 자꾸 산에 가자, 운동 가자, 놀러 가자고 합니다. 활동적인 부모는 아이가 집에서 책이나 보고 컴퓨터 게임이나 하는 것이 못마땅하거든요. 그래서 혼을 내서라도 아침 일찍 아이를 끌고 나갑니다. 아이는 끌려 나가서도 몸은 축 늘어져 있고 입은 댓 발 나와 있어요. 이 모습에 부모는 아이를 다그치고 화를 냅니다. 그러니 이래저래 일요일이 싫어질 수밖에요.

어떻게 다뤄줄까요 ▶

큰 아이라면 일요일은 부모의 스케줄에서 좀 빼주세요. 어린아이라도 따라다니는 것을 힘들어한다면 부모 중 한 사람만 가고 한 사람은 남아서 아이를 돌보도록 합니다. 부부가 꼭 같이 가야 할 장소라면, 잘 아는 친구 엄마한테 몇 시간 봐달라고 부탁해도 좋아요. 아이가 너무 안 움직여서 일요일이라도 운동을 시키고 싶은 아빠라면, 억지로 끌고 나가기보다 진솔하게 이야기하세요. "네가 너무 안 움직여서 아빠는 좀 걱정돼. 운동량이 부족한 것 같아. 운동을 하긴 해야 하는데, 뭐가 좋겠니? 산은 어때?" 아이가 "등산은 정말 싫어요"라고 하면, "그럼 다른 운동을 해보자. 네가 한번 골라보렴. 하긴 해야 돼"라고 아이가 선택하게 하세요. 아이가 그냥 조금 걷겠다고 하면 기분 좋게 "좋아 걷자" 하면서 집 근처를 짧게 산책합니다. 그리고 그 시간 동안은 되도록 재밌고 즐거운 이야기만 하도록 하세요.

방학

이런 면이 짜증 나요 ▶

아이들은 방학을 공부 안 하고 전면 폐업하는 것이라고 생각합니다. 그런데 부모는 아이가 하루 종일 집에 있을 것 걱정이에요. 그래서 학교를 가지 않는 시간만큼 학원에 보냅니다. 아이 입장에서는 방학도 학기 중만큼 공부를 해야 하니 스트레스예요. 사실 어찌 보면 아이들에게는 일주일의 휴가도 없습니다. 어른들은 일주일 휴가를 받으면 휴가 동안은 회사 일 안 해요. 그런데 아이들은 학기 중에는 학기 중대로, 방학은 방학대로 늘 스케줄이 있습니다. 억울하고 짜증 나는 면이 있어요.

어떻게 다뤄줄까요 ▶

저는 방학 스케줄 때문에 골이 난 아이들에게 방학은 공부를 안 하는 기간이 아니라는 설명해줍니다. 그러면서 "공부는 끝이 없는 거야"라고 말해주지요. 아이들은 한숨을 쉬며 "그럼 방학을 왜 해요?"라고 물어요. "여름에는 냉방기를, 겨울에는 난방기를 가동해야 하잖아. 그러면 돈이 많이 들잖아. 그리고 너무 추울 때와 너무 더울 때는 공부 효율이 떨어져. 그래서 자택학습을 하라는 거야. 방학 때 숙제를 내주는 것이 너희들이 장소를 바꿔서 집에서 공부하라는 의미야." 그러면 아이들이 "그런가?" 합니다. 그러면서 물어요. "봄방학은요?" 봄방학에 대해서도 현실적인 이야기를 해줍니다. "한 학년을 마무리하고 새 학년에 올라가는 것을 준비하라는 거야. 선생님들도 성적 관리도 해야 하고, 학년이 바뀌면서 인수인계해야 할 것이 많거든." 이렇게 말해주면 아이들이 좀 알아들어요.

그런데 이건 어디까지나 아이들에게 해주는 말입니다. 부모들에게는 아이도 좀 쉬고 재충전하는 시간이 필요하다고 말하고 싶네요. 방학 때 심하게 늦잠을 자서는 안 되지만, 약간 늦잠을 자게 해주세요. 학기 중에 약간의 긴장 상태로 살았다면 방학은 긴장이 풀리는 시간이 되어야 합니다. 방학 때만큼은 공부하고는 관련이 없는, 아이가 하고 싶었던 것을 배우게 하거나 역사 탐방, 국토 순례 같은 것을 보내보는 것도 괜찮아요. 방학 때 아이의 긴장을 좀 풀어주세요. 그래야 학기 중 부모와의 관계에서 쌓였던 스트레스를 좀 털어버릴 수 있습니다.

웹툰·만화영화·드라마 등 마음껏 못 보는 것

이런 면이 짜증 나요 ▶

진료를 볼 때 아이들이 자주 하는 말이 있어요. "어쩌다 한 번쯤은 정말 아무런 규제 없이 마음껏 보고 싶어요." 요새는 각종 포털 사이트, OTT, 유튜브까지 아이들이 보고 싶은 것이 너무 많습니다. 웹툰, 만화영화, 드라마, 유튜브 등 하루 종일 눈치 안 보고 원 없이 보고 싶어 해요. 하지만 부모는 두렵습니다. 그렇게 하루 허용해줬다가 계속 아이가 그러겠다고 할까 봐 걱정이에요. 또 겨우 하루 정도 허용해주는 것이 아이한테 무슨 도움이 될까도 생각해요. 그런데 이건 조절이나 관리의 문제가 아니라 수용의 문제예요. 아이는 부모가 내가 원하는 것을 마음으로 받아줬느냐 허용해줬느냐를 중요하게 보거든요.

어떻게 다뤄줄까요 ▶

저는 아이가 원하면 하루 정도는 그렇게 해줘도 된다고 생각합니다. "좋아, 오늘은 한번 실컷 놀아봐"라고 해줘도 돼요. 물론 내일이 시험이면 곤란하지만, 중간고사나 기말고사가 끝난 하루 정도는 아이가 원하는 대로 해줘도 괜찮습니다. 이것은 일종의 상징도 돼요. 시험이 끝나고 하루 마음껏 논 후에는 다시 일상으로 돌아와야 한다는 거지요. 청소년기 아이라면 시험 끝난 하루 정도는 아이가 하고 싶은 것을 하고 놀아도 되는 자유를 주는 것도 괜찮다고 생각해요. 하지만 아이가 어릴 경우는 각종 영상물을 실컷 보게 해주는 것보다 "엄마 아빠가 오늘 하루는 아무것도 안 시키고 신나게 놀아줄게"라고 하는 것이 더 좋아요. 어릴 때는 부모가 신나게 놀아주는 것을 제일 좋아합니다.

Chapter 4

아이들의 최고의 난제,
부모

아이들이 가장 사랑하면서도 그 사람 때문에 가장 고민하고 괴로워하는 사람은 누구일까요? 바로 '부모'입니다. 사실 우리의 어린 시절을 생각해봐도 '부모'는 좋으면서도 마냥 좋지만은 않았어요. 부모에 대한 그 따뜻했던 경험이 평생을 그리워하게 만들고, 그 서운했던 경험이 평생을 서럽게 만들기도 했습니다.

부모는 정말 한 인간의 일생에 너무나 큰 영향력을 끼치는 중요한 사람입니다.

부모는 최소 20년을 아이와 같은 공간에서 삽니다. 아이와 부모의 사이가 좋고 아이가 부모로부터 좋은 영향을 받을 수 있다면, 20년 동안 아이는 너무나 행복하고 편안할 거예요. 반대로 아이와 부모 사이가 나쁘고 부모가 나쁜 영향을 주는 나쁜 사람이라면, 20년 동안 아이는 집이 지옥일 겁니다. 한 공간에서 20년을 같이 산다는 것은 너무나 많은 자극을 줄 수밖에 없는 상황이에요. 게다가 아이는 부모를 피할 수도 없어요. 나쁜 친구는 피하면 되고, 학원 선생님이 괴롭히면 학원을 다니지 않으면 됩니다. 나만 보면 뭐라고 하는 동네 아줌마가 있다면, 그 아줌마를 만나지 않는 길로 돌아서 다니면 돼요. 그런데 부모는 좋든 나쁘든 피할 수가 없어요. 일정 기간 헤어질 수가 없습니다.

부모와 아이의 관계는 평등한 관계도 아니에요. 부모는 아이 생존의 중요한 열쇠들을 전부 쥐고 있습니다. 아이는 부모에게 전적으로 의존할 수밖에 없어요. 자신이 부모를 거부하면 죽을 수도 있다고 생각합니다. 부모가 주는 모든 것은 '사랑'이라는 이름으로 포장되어 있어요. 이것이 절대적인 것이라 아이들은 정말 힘듭니다. 부모가 주는 어떤 것이 괴롭고 스트레스가 되어도 그것이 '사랑'이라는 포장지로 싸여 있기 때문에 괴롭다는 말도 못해요. 오히려 그런 생각을 하는 자신이 부모의 사랑을 의심하는 나쁜 아이 같습니다.

또 하나, 부모 자녀 관계는 부모가 아이를 보호해주고 보살펴주고 도와주어야 하는 것이 기본 전제예요. 태초부터 그렇게 믿어져왔고 누구나 그것을 당연하다고 생각합니다. 부모 된 사람은 내 아이를, 아이는 내 부모가 그럴 것이라고 믿어요. '내가 아이에게 잘해야지'라고 마음먹고 하는 행위가 아니라 당연한 겁니다. 그런데 이 당연한 것이 오지 않으면 아이는 엄청난 상처를 받습니다. 남들은 다 받는 부모의 사랑도 받지 못하는 자신이 정말 못난 인간처럼 여겨지거든요. '내가 얼마나 못났으면 부모조차 나를 싫어할까? 부모로서 당연히 주어야 하는 것조차 주지 않을까?'라는 생각이 듭니다. 부모와 자녀의 관계에서 기본 전제는 아이가 애써야 오는 것이 아니라 당연히 와야 하는 것이기 때문이에요. 부모로부터 당연히 받아야 하는 보호, 보살핌, 도움을 받지 못하면 아이는 인간으로서 기본적으로 가져야 할 존엄성, 고귀함, 존중감 등이 망가져버립니다.

한 여자가 자신은 아이를 낳고 나서 마음이 너무 힘들어졌다고 찾아왔어요. 그 여자는 아이를 키우면 키울수록 자신의 친정엄마를 이해할 수 없다고 말했습니다. 자신이 아이를 낳아보니깐 아이는 뭐라 말할 수 없이 예쁘고 바라보고 있는 것만으로도 사랑의 감정이 막 솟아나는 존재였어요. 아이가 새벽에 '엥~' 하고 울면 아무리 피곤해도 일어나게 되었습니다. 그런데 친정엄마는 자신을 그렇게 키우지 않았어요. 그녀가 힘들어하는 이유는 그것이었습니다. 왜 엄마는 나를 그렇게 대하지 않았을까? 엄마는 내가 그렇게 미웠을까? 내가 그렇게 못난 사람인가? 내가 태어나지 말았어야 하는 존재였을까? 엄마는 나를 키울 때 엄마로서 가져야 하는 본능이 왜 없었던 것일까? 그녀는 이런 질문들로 너무나 괴로워했습니다. 그러다 진료를 받던 중 우연히 친정엄마가 계모였다는 사실을 알게 되었어요. 아주 어렸을 때 부모는 이미 이혼한 상태였습니다. 그녀는 그 사실을 알자마자 마음이 너무 편안해졌어요.

물론 친엄마 못지않게 잘해주는 계모도 많습니다. 이 사례는 친엄마냐 계모냐를 이야기하려는 것이 아니에요. 부모 자녀 관계는 조건 없이 희생적인, 아주 본능적인 사랑을 주는 것이 기본 전제이기 때문에, 그것이 뭔가 어긋나면 한 개인이 평생 느끼는 혼란은 상상할 수 없을 정도로 크다는 것입니다. 이 여자는 친정엄마가 계모였다는 사실을 확인한 순간, 그럴 수도 있겠다는 생각을 했대요. 나를 직접 낳지도 않았는데 시집와서 경제적으로 어려우니, 어떤 때는 어린아이가 미울 수도 있었겠다는 생각이 들었답니다. 무엇보다 '내가 그렇게 존중받지 못할 정도로 형편없는 존재가 아니었구나'라는 생각이 들면서 자존감이 올라갔고 마음의 평화를 되찾았어요. 부모가 불편하고 부모의 사랑이 애매모호한 것 같을 때 아이가 받는 아픔과 혼란은 이루 말할 수 없습니다. 사람마다 스트레스를 대처하는 그릇을 가지고 있다면, 그것은 그 그릇을 소주잔만큼이나 작게 만들어버려요. 모든 종류의 스트레스에 약한 아이를 만듭니다.

부모라는 이름으로 아이와 해야 할 상호작용이 있고 주어야 할 사랑이 있어요. 이것은 아이가 부모에게 잘할 때 주는 것이 아니라, 조건 없이 주어야 하는 겁니다. 그것을 받지 못하면 아이들은 마음이 너무나 힘들어요. 아이에게 부모는 우주입니다. 그 우주가 안전하고 그 우주에서 사랑받고 존중받는다고 느끼고 신뢰가 형성되어야 아이가 편안하게 자랄 수 있습니다. 살아가면서 겪을 수밖에 없는 스트레스 또한 잘 겪어나갈 수 있어요. 어떤 스트레스든 그것을 잘 겪어나가게 하는 기본 전제 조건은 '부모'이기 때문이에요.

직장 엄마,
내 마음의 안식처,
언제나 같이 있고 싶어요

아이가 엄마가 일하는 것으로 스트레스를 받는다고 하면, 일하는 엄마들이 참 속상할 것 같아요. 회사 다니랴 집안일 하랴 맡긴 아이 찾아오랴 아이 먹이고 입히고 씻기랴 몸이 열 개라도 모자란 엄마를 측은해하지는 못할망정 스트레스를 받는다니…. 주변에서 얼마나 번다고 집안 꼴도 아이 꼴도 이렇게 만드냐며 핀잔을 하는 것도 서러운데, 아이조차 내가 일하는 것을 싫어한다면 마음이 안 좋겠지요. 남편이 일찍 퇴근해서 도와주는 것도 아니고, 맡긴 아이를 찾을 시간이 되면 회사 업무 정리도 못하고 종종거리면서 뛰어다니느라 얼마나 정신이 없는데, 도와주는 사

람은 하나 없고 나무라는 사람들만 잔뜩인데, 그 안에 내 아이까지 끼어있다니…. 억울해질 수도 있습니다. 아이는 왜 엄마가 일하는 것이 싫을까요? 아이의 목소리입니다.

'나는 엄마가 정말 좋아요. 24시간 365일 딱 붙어 있었으면 좋겠어요. 엄마만 있으면 난 뭐든 할 수 있을 것 같거든요. 엄마가 없으면 불안해요. 아무것도 손에 안 잡혀요. 엄마 혹시 나보다 일이 더 중요한 거 아니죠?'

억울해도 어쩔 수가 없어요. 아이들은 아빠보다 엄마가 더 필요합니다. 아빠들, 서운해하지 마세요. 아빠가 필요 없는 사람이라는 것이 아니라 더 필요한 사람이 '엄마'라는 겁니다. 특히 어릴 때는 아이에게는 아빠보다 엄마가 더 중요한 사람이에요. 아이들은 엄마 옆에 더 가까이, 더 오래 있기를 원합니다. 아이는 언제나 부모로부터 보호받고, 보살핌을 받고, 도움을 받고, 사랑받고 싶어 해요. 이런 것들이 잘 갖춰지면 아이는 편안하고 행복합니다. 하지만 잘 갖춰지지 않으면 죽을 것 같습니다. 엄마는 그것을 아주 세심하고 효과적으로 해줄 수 있는 사람이에요. 어린아이에게 엄마는 자신이 사는 우주이자 자기 자신입니다.

물론 아빠라고 보호하고, 보살피고, 도움 주고, 사랑해주는 것을 못하는 것은 아니에요. 하지만 오랫동안 엄마가 그 역할을 해

오면서 엄마가 그 역할에 훨씬 더 적합하게 진화되어 왔습니다. 사회문화적으로도 그것이 엄마의 역할이라고 많은 사람들이 동의하고, 엄마들은 그런 환경에서 태어나고 자라면서 아이를 보살피는 역할을 너무나 자연스럽게 받아들이게 되었어요. 그래서 더 효과적으로 잘합니다. 아이도 그걸 알아요. 엄마가 자신을 키우는 데 훨씬 더 능숙하고 효율적이며 자기를 안정감 있게 다룬다는 것을 압니다. 따라서 아이는 엄마를 좋아하고, 엄마가 늘 자기 곁에 있는 것을 좋아해요.

사람에게 엄마는 심리적인 안식처이자 고향 같은 존재입니다. 지금 엄마인 사람조차 자신의 엄마를 생각하면 그런 이미지가 떠오를 거예요. 시댁과 갈등이 있어서 스트레스를 받을 때, 일찍 돌아가신 친정엄마 생각이 납니다. '위로받고 하소연할 친정이 있다면 얼마나 좋을까? 친정엄마가 살아계셨다면 나한테 이렇게는 못했을 텐데…'라고 생각하게 돼요. 마음이 너무 힘들어서 눈물이 날 때, 사람들이 가장 먼저 떠올리는 심리적 안식처는 바로 '엄마'입니다. 엄마를 이렇게 생각하는 것은 이미 우리 유전인자에 그렇게 코딩되어 있기 때문이에요. 우리 아이들의 마음 안에 저장되어 있는 엄마도 그런 이미지입니다.

어떤 엄마가 하소연을 했어요. "원장님, 아이가 학원 갔다가 집에 오면 오후 5시예요. 제가 퇴근해서 집에 오면 6시 반이고요. 씻고 간식 먹으면서 1시간 반 정도만 기다리면 되는데, 뭘 그렇게 엄마 타령을 하는지 모르겠어요." 아이들은 언제나 엄마가 이용 가능했으면 합니다. 자신이 필요로 할 때 손을 뻗치면 잡을 수 있는 위치에 엄마가 항상 있었으면 해요. 내 마음의 안식처를 가까이 두고 싶어 하는 겁니다. 아이는 '1시간 반'이라는 시간의 크기가 중요하지 않아요. 그냥 엄마가 자기 옆에만 있었으면 좋겠다고 생각합니다. 현관문을 열고 들어오면 엄마가 반겨주고, 방문을 열고 나오면 엄마가 거실에 앉아 있으면 해요.

이 글을 읽으면서 일하는 엄마의 마음이 참 답답할 것 같습니다. '원장님 말씀 다 맞고 제 마음에도 친정엄마를 그런 이미지로 간직하고 있어요. 그런데 저는 일을 해야 합니다. 원장님 말씀 듣고 나니 마음이 더 아파요. 그럼, 저는 어떻게 하나요?'라고 묻고 싶을 거예요. 제 말은 아이의 사정을 좀 이해해달라는 겁니다. 아이가 그렇게 들러붙는 이유를 알아달라는 얘기예요. 그래서 일을 하고 돌아와서는 무엇보다 최우선으로 아이에게 관심을 가져주었으면 좋겠다는 말입니다.

앞의 엄마가 '단지 1시간 반 참으면'이라고 말했지만, 한번 잘 생각해보세요. 단지 1시간 반이 아닐 겁니다. 엄마가 일을 하게 됨으로써 아이는 엄마와 있을 수 있는 시간이 단 10분도 안 돼요. 퇴근해서 집에 돌아온 엄마는 아이가 어질러놓은 것을 보고 짜증을 내면서 집 안 청소를 하고 저녁 식사 준비를 합니다. 저녁을 먹고는 설거지와 빨래를 하고, 아이 숙제를 챙기고, 씻기고 정신없이 집안일을 하다가 10시쯤 되면 아이를 재워요. 더 어린 아이는 9시에 재울 수도 있습니다. 6시 반에 집에 왔지만 그 시간부터 아이가 잠들 때까지 순수하게 아이와 보내는 시간은 단 10분도 없는 경우가 많아요. 일하는 엄마의 아침 상황도 그리 만만하지는 않습니다.

일하는 엄마는 늘 바빠요. 그래서 늘 서두릅니다. 아침 출근 준비를 하고 있는데, "엄마, 나 학교에서 혼났어"라고 하면 "왜? 어떻게 된 건데?"라고 물어보지 못해요. 아침은 아이를 깨워서 빨리 학교를 보내야 하고 자신도 출근 준비를 해야 하기 때문이죠. "그러게, 엄마가 선생님 말씀 좀 잘 들으라고 했잖아." 이렇게 대답해서 아이 말을 톡 잘라버립니다. 여기서 많은 문제가 생겨요. 아이는 엄마의 이런 태도가 너무 서운합니다. 서운하면 멀어질 것 같지만 아이는 다릅니다.

서운하면 더 들러붙어요. 아이는 뭔가 채워지지 않은 사랑 때문에 엄마 타령이 더 심해집니다. 애정을 확인하려 뭔가 자꾸 요구하고, 요구하는 대로 안 해주면 지나치게 화를 내고 문제 행동까지 보여요. 그리고 엄마가 뭘 하는지 자꾸 추적합니다. 실제로 일하는 엄마한테 불만이 많은 아이들은 "우리 엄마는요, 나랑은 놀아주지도 않으면서 엄마 친구하고는 핸드폰을 30분이나 해요"라고도 말해요. 아이가 이렇게 나오면 일하는 엄마는 더 힘들어집니다.

아이의 서운함을 줄이려면 어떻게 해야 할까요? 퇴근하고 돌아와서 가장 먼저 아이를 반기고 아이와 시간을 보내세요. 집 안을 치우고 저녁 준비를 하는 것을 30분만 미루세요. 손만 씻고 나서는 아이와 놀아주거나 대화를 나누려고 해야 합니다. "엄마는 하루 종일 얼마나 네가 보고 싶었는지 몰라"라고 말해 주고 안아주세요. "엄마에게는 네가 이 세상에서 가장 소중해"라는 말도 해주세요. 지금 이 시간이 너무 행복하다는 말도 해 줍니다. 눈을 마주치고 어깨도 두드려주고 "오늘 뭐 속상한 일은 없었어?"라고도 물어보세요. 시간이 문제가 아닙니다. 단 30분이어도 돼요. 엄마가 아이한테 최선을 다하는 진실한 모습을 보여주면 아이도 지나치게 요구하지 않습니다. 그런데 대부분의 일하는 엄마들은 돌아오자마자 "너 숙제는 다 해놨어? 엄마가 이렇게 힘들게 일하고 들어왔으면 네가 좀 도와야지"라고 말해요. 그렇잖아도 엄마가 고픈 아이는 마음이 더 힘들어집니다.

일하는 엄마가 정말 조심해야 할 것이 있어요. 일을 하는 이유에 대해서 "엄마도 너랑 있고 싶은데 내가 돈을 벌지 않으면…"이라는 식으로 말하는 겁니다. 이러면 아이는 이러지도 저러지도 못해 참 난처합니다. 세상도 미워져요. 정말 어쩔 수 없이 돈을 벌어야 하는 상황이라도 "세상 어떤 것보다 엄마는 네가 소중해. 엄마는 너와 보내는 시간이 정말 소중하지만 경제적 활동을 하는 것 또한 너보다는 아니지만 필요하고 중요해. 엄마 나름대로도 즐겁게 하려고 노력하고 있어. 그래도 엄마는 언제나 너를 제일 사랑하고 너를 염려하고 너에 대한 신경을 쓰고 있어. 엄마가 집에 있는 것보다는 못하겠지만 일을 하더라도 너와 대화하고 놀아주는 것에 최선을 다할게. 휴일에는 너를 최우선으로 시간을 보낼게"라고 말해줬으면 좋겠습니다.

"엄마도 일이 중요해. 엄마 인생도 있잖니?"라는 말은 좀 안 했으면 해요. 틀린 말은 아니지만 부모와 자녀 관계의 기본 전제는 '부모의 사랑은 절대적이고 조건이 없어야 한다'는 겁니다. 아이는 자신이 부모에게 최우선이어야 하고, 부모가 자신을 조건 없이 사랑하기를 원해요. 엄마가 이런 말을 하면, 아이는 속으로 자신과 엄마의 일을 비교합니다. 그리고 엄마에게는 자신이 절대적인 사람이 아닌 것 같아 서운해져요.

그렇다면 "내가 널 챙겨야 하는데 미안하다"라는 말은 어떨까요? 역시 좋지 않습니다. 우리의 어떤 행위 하나하나는 스스로 신중하게 생각해서 결정한 것이어야 해요. 아이 또한 이것을 배워야 합니다. 엄마가 원하지 않지만 타의에 의해 어쩔 수 없이 일을 한다는 식으로 말하는 것은 아이의 정서 교육상 좋지 않아요. 그보다는 "너 학교 가서 반 아이들하고 지내는 것 즐겁지? 그리고 학교 끝나고 학원 갔을 때 만나는 친구하고도 즐겁지? 네가 학원 친구랑 논다고 해서 학교 친구를 잊어버린다거나 그 아이들하고 관계가 끝나는 것이 아닌 것처럼 엄마도 다양한 관계가 있어. 하지만 그중에서 비교할 수 없을 만큼 절대적으로 중요한 건 너야"라고 말해주는 것이 좋습니다.

바쁜 아빠,
도대체 뭐 하느라 그렇게 바빠요?

　저 어렸을 때 아버지가 굉장히 바쁘셨어요. 휴일도 회사에 가
시는 날이 많았습니다. 가끔 일요일 날 출근하시게 되면 저를 데
리고 가시곤 했지요. 그리고 아버지가 무슨 일을 하시는지 시간
을 들여 자세하게 설명해주셨습니다. 그 덕에 저는 아주 어렸을
적부터 아버지가 하시는 일을 아주 정확하게 알고 있었지요. 그
런데 요즘은 꽤 큰 아이들인데도, "아빠는 뭐하셔?"라고 물으면
"글쎄요. 회사에 다니나?"라고밖에 대답하지 못합니다. 아빠가
다니는 회사 이름도, 그곳에서 아빠가 하는 일의 종류도 몰라요.
그러면서 "우리 아빠는 도대체 뭘 하느라 그렇게 바쁜 줄 모르겠

어요"라고 뭔가 좀 불만스러운 듯 말합니다. 아이는 뭐가 불만스러운 걸까요? 아이의 목소리를 들어볼게요.

'아빠는 뭐 하느라 바빠요? 다른 아빠들처럼 돈을 많이 벌어오는 것도 아니고, 직위가 높지도 않고, 승진이나 새로운 일을 위해 자격증 공부를 하는 것도 아니면서…. 혹시 술 마시느라 바쁜 거 아니에요? 나를 사랑해서 하는 일이라고요? 거짓말! 아빠는 나보다 회사 사람이나 일이 더 소중하잖아요.'

아이의 목소리에 섭섭해하는 아빠들의 모습이 보이는 듯합니다. 그런데 이런 아이의 목소리 안에는 사실 '아빠와 같이 있고 싶어요'라는 마음이 숨겨져 있어요. 아이들에게 아빠는 엄마만큼 중요한 사람입니다. 엄마처럼 절대적으로 옆에 있어야 하는 관계는 아니지만, 아빠가 부모로서 아이에게 차지하는 역할도 무척 중요해요.

아이들은 아빠가 너무 바쁜 것에 좀 짜증이 납니다. 특히 엄청 바쁜 것 같은데 수입이 그리 많지 않을 때 더 그래요. 오해는 하지 마세요. 아빠가 열심히 일은 하는데 수입이 적은 것에 그러는 것은 아닙니다. 아이들이 짜증이 나는 아빠는, 매일 아침에 일찍 나갔다가 밤늦게 들어오면서 대부분 회식이니 접대니 하면서 술에 취해서 들어오는 경우예요. 이런 아빠들은 일요일에도 집에 있지 않아요. 접대를 해야 한다고 매번 나갑니다. 아빠의 회식이나 접대가 그럴 때도 있지만, 아닐 때도 많다는 것을 아이들은 미묘하게 느낌으로 알아요.

아이들 입장에서는 아빠가 집에 없어서 손해 보는 것이 너무 많습니다. 일단 놀아주는 사람이 줄고, 아빠랑 운동장에 가서 야구나 축구를 할 수도 없고, 야구장이나 축구장에 데리고 가는 사람도 없어요. 일요일에 가족 모두 놀이동산에 갈 수도 없습니다. 바쁘면서 돈도 많이 벌지 못하는지 엄마는 월급이 항상 적다고 하고, 뭘 사달라고 해도 사주지 않아요. 만약 생활비가 부족해서 엄마까지 일을 하러 나가야 할 때는 정말 아빠는 도대체 뭘 하는건가 하는 생각이 듭니다. 매일 회식에 접대에 바쁜 아빠를 보면서 그 돈은 누가 다 내는지 모르겠다는 걱정을 하기도 해요.

아이가 언제까지나 어리고 아무것도 모를 것 같지만, 아이들도 나름대로 상황을 파악하고 있습니다. 알아요. 정말 아빠들도 다 설명하기는 어렵지만 꼭 하고 싶어서 하는 것이 아닌 일들도 많다는 것을요. 회사가 드러내놓고 하라고 하지는 않지만 결국 할 수밖에 없는 것들도 있을 겁니다. 그걸 다 안 할 수는 없어요. 다만 아이들의 이런 입장을 이해하고 아이들에게 시간과 신경을 좀 써달라는 겁니다.

바쁜 아빠 중에는 실제로 능력이 있는 아빠도 있습니다. 아이는 아빠가 사회적으로 도움이 되고 인정받는 일을 하고 있다는 것은 알아요. 하지만 그래도 서운하기는 합니다. 왜냐하면 아빠는 나보다 일이 더 소중하기 때문입니다. 아빠는 회사만 사랑하고, 아빠 인생의 80%가 일인 것 같아요. 항상 어쩔 수 없다고 하지만 아이는 왠지 아빠가 조정하면 나에게 시간을 좀 내줄 수도 있을 것만 같습니다. 출장을 안 가는 일요일 정도는 내가 아빠를 차지할 수 있었으면 해요. 하지만 아빠는 너무 피곤하기 때문에 어쩌다 쉬는 일요일에는 꼼짝도 안 하고 온전히 쉬려고 합니다.

이런 아빠에게 아이가 서운한 이유는, 아빠하고 만든 추억이 하나도 없기 때문이에요. "아빠가 좋은 회사에서 인정받고 돈도 많이 버니까 좋지 않니?"라고 물으면 "나하고는 상관없어요"라고 말합니다. 어쩌다 이런 아빠가 외국으로 발령을 받아 가족 모두 2~3년간 외국에 나가 살아야 하면 친구들과 헤어져야 하므로 아빠 때문에 자신이 피해를 본다고 생각해요. 아빠가 벌어오는 돈으로 먹고 싶은 것도 사 먹고, 사고 싶은 것도 사고, 학원도 다니고, 자신이 배우고 싶은 악기도 배우지만, 요즘 아이들은 그건 다들 하는 것이라고 생각합니다. 아빠의 유능함으로 자기만 누리는 특별한 혜택이라고 여기지 않아요.

아이들에게는 아빠와의 추억이 정말 절실합니다. 매일매일 추억이 되는 것까지는 바라지도 않아요. 아이들은 자신이 인생을 살아가면서 힘들 때 펼쳐볼 아빠와의 추억을 원합니다. 사람은 힘들 때 부모와 즐거웠던 경험을 생각하며 힘을 얻어요. 놀이동산에서 가족들이 모두 즐겁게 놀았던 기억, 아빠가 어렸을 적 태워주었던 무등, 아빠와 등산을 하면서 나눴던 대화…. 이런 것들을 때때로 생각하면서 힘든 상황을 이겨내는 경우가 많습니다. 아이는 그런 추억을 가족 모두와 공유하고 싶은 거예요. 그런데 아빠가 너무 바쁘다 보니 가족과의 추억에서 매번 빠지게 됩니다. 아이는 개념적으로는 아빠가 우리를 위해 열심히 일하고 있다는 것은 알지만 아빠가 나를 사랑하고 있다는 것이 피부에 와닿지는 않아요. 아이는 아빠가 나를 사랑해서 뭔가를 해주고 있다는 증거를 갖고 싶어 합니다.

부모들은 아이들의 추론 능력이 아직 충분히 발달하지 않았다는 사실을 기억했으면 해요. 아이는 머릿속으로 미루어 생각하는 것보다 실제로 눈에 보이고 손에 잡혀야 압니다. 안아주고 사랑한다고 말해줘야 부모가 자신을 사랑하는 줄 알아요. 때문에 아이를 사랑한다면 같이 공유하는 시간을 늘려야 합니다. 그 시간에는 잔소리를 하거나 화를 내기보다 최대한 즐겁게 지내세요. 같이 시간을 보내면서 이야기를 나누세요. 아빠가 왜 그렇게 회사 일을 열심히 하는지도 설명해주세요. 대화를 자주 하다 보면 굳이 설득시키지 않아도 아이가 이해하게 될 겁니다.

바쁜 아빠는 그럴 시간이 없어서 문제예요. 아이와 소통이 없으면 아이는 아빠가 힘들게 일하는 것이 자기에 대한 사랑 때문이라고 이해하지 못합니다.

아이가 아빠를 통해 배우는 것은 세상을 살아가는 가치와 문제 해결 능력이에요. 바쁜 아빠는 아이와 소통하는 시간이 없기 때문에 그런 것을 가르쳐주지 못합니다. 아빠가 살아가는 방식을 옆에서 보고 배운다고 하더라도, 실속 없이 바쁜 아빠에게는 배울 것이 없어요. 아이는 일요일이라도 아빠와 놀려고 손꼽아 기다리고 있는데, 아빠는 일요일도 조기 축구회, 후배 아이 돌잔치를 쫓아다니기 바쁩니다. 아이는 아빠가 남을 더 소중히 생각하는 것처럼 보일 수 있어요. 아빠가 아이를 학대하는 것도 아니고, 몰아세우지도 않고, 나쁘게 대하는 것도 아니지만 불필요한 인간관계를 챙기느라 바쁜 아빠를 보면 아이들은 화가 납니다. 이런 아빠들은 정작 엄마나 아이가 관련된 집안일에는 나 몰라라 하는 경우가 많거든요. 아이는 아빠를 보며 '도대체 이 아빠라는 사람은 뭐하는 사람인가?' 하는 생각이 듭니다. 아이가 부모로부터 무언가를 배우려면 부모를 존경해야 해요. 아무리 훌륭한 부모도 아이가 부모를 존경하게 할 수 없다면 아무것도 가르칠 수 없습니다. 너무 바쁜 아빠는 이런 것에도 문제가 생깁니다.

가족을 위해 아빠가 바쁜 것은 너무 잘 알아요. 사회생활이 녹

록지가 않은 것도 압니다. 하지만 가족을 위해 열심히 일하면서 가족과 멀어져서야 되겠습니까? 언제나 가족이 우선순위에서 가장 마지막인 것은 곤란해요. 휴일만이라도 우선순위를 좀 바꿔보세요. 바쁘더라도 문자나 쪽지로 마음을 표현해보세요. 아빠가 늘 아이 곁에 있다는 것을 느끼게 해주세요.

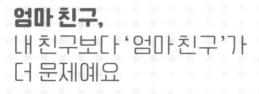

엄마 친구,
내 친구보다 '엄마 친구'가
더 문제예요

아이 눈에는요, '엄마 친구'가 정말 문제예요. 아이들은 엄마의
동네 친구, 엄마의 전화 통화가 너무 싫다고 말합니다. 특히 시
도 때도 없이 전화하고 커피 마시러 오라고 하는 엄마의 동네 친
구에 대해서는 정말 학을 뗍니다. 이유는 간단해요. 엄마 친구가
자신이 엄마를 차지할 시간을 뺏기 때문이에요. 엄마 친구에 대
한 아이의 생각을 들어볼게요.

'엄마는요, 친구들이랑 너무 많이 노는 것 같아요. 내가 유치원 간 사이, 필라테스 가서 같이 운동하면서 놀고, 끝나고 점심 먹으면서 놀고, 점심 먹은 후에는 누구네 집에 가서 커피 마시면서도 놀아요. 나 유치원 끝날 때는 나를 데리고 다시 엄마 친구네 집에 가서 놀아요. 어떤 때는 우리 집에 아줌마들이 모일 때도 있어요. 유치원 갔다 오면 조용히 쉬거나 엄마랑 단둘이서 놀고 싶은데, 엄마는 엄마 친구가 데려온 동생이나 형들 사이에 나를 던져놓고는 우리보고 알아서 놀고 숙제하래요. 그리고 하하호호 깔깔깔 시끄럽게 놀아요. 엄마 친구의 아이들 중에는 나랑 맞는 아이도 있고 맞지 않는 아이도 있어서 맞추면서 놀려면 그것도 스트레스예요. 놀다가 골이 날 때도 많아요. 엄마가 나를 한 번쯤 쳐다봐주었으면 하는 순간들이 있는데, 엄마는 우리 쪽은 신경도 안 써요. 친구랑 노느라 정신이 없어요. 그만 좀 놀았으면 좋겠어요. 그렇게 놀고서도 집에 와서 저녁 먹고 잘 때까지 또 전화를 붙들고 있어요. 그리고 뭔가 '좋아요'를 누르고 찍어서 올리고 남의 사진들을 또 열심히 봐요. 도대체 엄마는 나랑은 언제 놀아줄까요? 엄마 친구는 정말 골칫거리예요.'

아이들이 괴로워하는 엄마 친구는 엄마의 오래된 친구나 동창보다는 지금 살고 있는 동네에 아이 나이가 비슷한 아줌마들끼리 맺어진 친분 관계를 말합니다. 이들은 새롭게 만들어진 관계이지만 무척 밀착되어 있어요. 아이가 문화센터나 어린이집, 유치원을 다닐 때부터 시작되어서 초등학교 갈 때까지 그 관계가 유지됩니다. 관계가 유지되는 동안 이들은 거의 매일 보고 매일 전화 통화를 해요. 가까이 살다 보니 헬스클럽, 요가센터, 마트, 백화점도 같이 다닙니다. 그런데 그렇게 모여 있다 보면 그 안에서도 서로 삐거덕거리게 됩니다. 그러면 한 사람이 나서서 서로의 입장을 설명하고 상담하고 중재하는 일도 벌어져요. 자꾸 만날 수밖에 없고, 상황을 전달해주려다 보니 전화 통화를 길게, 자주 하게 됩니다. 간혹 분란이 생긴 당사자끼리 오해를 풀기 위해서 야밤에 모여 맥주 한잔을 해야 하는 일도 있어요. 아이가 보기에는 엄마가 맨날 친구들이랑 몰려다니면서 노는 것처럼 보입니다. 엄마 친구의 무리는 정기적으로 놀러 다니기도 해요. 이때 별 친분도 없이 따라가야 하는 아빠들은 가기 싫어서 어쩔 줄 모릅니다. 아빠들도 아이만큼이나 엄마 친구를 싫어해요.

너무 혼란스러운 세상이어서 육아에 대한 정보를 서로 공유하고 공감대를 형성하지 않으면 왠지 불안해집니다. 그래서 엄마들은 우리 아이 또래를 가진 동네 엄마들을 자꾸 찾아요. 사실 아이가 어릴 때는 이런 모임이 많은 도움이 됩니다. 바쁜 일이 있으면 서로 아이를 맡아주기도 하고, 그중 차가 있는 엄마는 병원이나 마트를 갈 때 이동 수단이 되어서 도와주기도 해요. 이유식을 만드는 정보를 주거나 음식을 나눠 먹기도 하고, 서로 옷을 물려입기도 하고, 그림책을 돌려보기도 합니다. 이런 친구들이 전혀 없으면 아이 키우기가 너무 외롭고 힘들기는 해요. 엄마 친구는 대부분 처음에는 상부상조의 의미로 시작됩니다.

그런데 이런 커뮤니티가 엄마 자신이라고 마냥 좋은 것은 아니에요. 엄마 자신도 이들이 종종 부담스러워지기도 합니다. 4명의 엄마가 친하게 지내는데, 그중 한 아이의 생일이었다고 할게요. 그 아이가 괜찮은 장소를 빌려서 3명의 엄마와 아이들을 초대했습니다. 그러면 다음번에 생일을 맞게 되는 아이는 그 아이와 비슷하게 할 수밖에 없어요. 또 우리는 이번 여름 조용한 곳으로 가족 여행을 가고 싶은데 모두 같이 가자고 그러면 어쩔 수 없이 가고 싶지 않은 곳으로 여행을 가야 합니다. 커뮤니티가 형성되면 왠지 빠지기 불편하고, 한 번 빠지면 다시 끼어들기가 어렵기 때문이에요. 너무 밀착되면 서로 힘들어질 수도 있습니다.

아이는 엄마 친구 때문에 쉬고 싶어도 쉬지 못한다는 것 외에, 엄마 친구가 싫은 결정적인 이유가 또 있어요. 엄마 친구의 아이들이 자신과 유치원이나 초등학교를 같이 다니다 보니 동네에 자신의 비밀이 없다는 겁니다. 학교에서 선생님에게 혼이 났어요. 아이는 특별히 중요한 것도 아니고 창피하기도 해서 엄마한테 말을 안 했습니다. 그런데 학교에서 돌아온 지 5분도 안 되어서 온 동네 아줌마들이 자신이 학교에서 선생님한테 혼난 것을 다 알아요. 물론 아이가 집에 들어서기도 전에 엄마도 이미 알고 있습니다. 시험 성적마저도 비밀이 없어요. 엄마 친구 때문에 아이는 자기만의 사생활을 전혀 가질 수 없습니다.

또 엄마는 엄마 친구의 아이들과 내 아이를 끊임없이 비교해요. 그럴 수밖에 없는 것이 대개 똑같은 나이의 아이가 여럿 있으면 엄마들은 굳이 비교하려는 마음이 없어도 자동적으로 비교가 됩니다. 물론, 이런 비교는 아이들마다 성장 속도가 다르기 때문에 그다지 의미가 없어요. 그래도 매일 자꾸 그 차이를 보게 되면, 엄마는 우리 아이의 조금 못하는 부분이 더 두드러지게 느껴져 스트레스를 받습니다. 엄마가 자신이 받은 스트레스를 잘 통제해 아이한테 표현하지 않으면 상관없겠지만, 그러기는 쉽지 않아요. 아이는 이래저래 엄마가 엄마 친구를 자주 만나면 피곤해집니다.

아이가 엄마 친구 때문에 괴로워하니 친구를 만들지도, 만나지도 말라는 것은 아니에요. 엄마의 동네 친구는 상부상조의 의미도 있고 서로 만나서 스트레스를 푸는 면도 있기 때문에 나쁜 것만은 아닙니다. 엄마도 친구가 필요하고, 나름대로의 커뮤니티가 필요해요. 문제는 그 도를 넘어설 때입니다. 삶에 너무 많은 비중을 차지해 가족 구성원을 불편하게 하고 본인도 난처해지는 상황이 생긴다면, 도를 넘어섰다고 보고 적당히 조절하려는 노력이 필요해요. 아이들은 솔직합니다. 아이 입에서 "오늘도 또야?"라는 소리가 나오면 그건 지나친 거예요. 그들과 함께 있는 시간을 모두 계산해봐서 그 시간이 남편 또는 아이와 있는 시간보다 많으면 문제가 있다고 보아야 합니다. 이때 아이를 데리고 친구를 만나는 시간은 아이와 있는 시간으로 계산하면 안 돼요. 엄마가 친구를 만나는 시간은 아이와 있는 시간이 아닙니다.

엄마 친구의 문제는 엄마 스스로 끊임없이 자신의 신념과 가치관을 체크해보는 것이 중요해요. 남에게 끌려가지 않고 정도를 넘지 않으려면 '나에게 무엇이 중요하고 내 인생에서 어떤 것들이 가치 있는가?'를 늘 생각하고 있어야 합니다. 이 생각을 꽉 쥐고 있지 않으면 늘 집단에 끌려다녀요. 집단의 압력은 어디서나 큽니다. 자신의 생각을 꽉 쥐고 있지 않으면 자신의 생각을 이야기하기 전에 같이 휩쓸려버려요. A라는 엄마가 모임 중의 B라는 엄마에게 아이를 맡겼습니다. 갑자기 급한 일이 생겨서 나가봐야 했는데, B가 선뜻 아이를 봐준다고 해서 굉장히 고마웠어요. 그런데 얼마 후 B가 A에게 가족이 함께 여행을 가자고 합니다. A는 가기가 좀 어려운 상황이에요. 이런 경우 못 간다고 말하는 것이 왠지 미안한 것 같아 입이 떨어지지 않습니다. 하지만 그렇더라도 자신의 상황이 정말 여의치 않으면 솔직하게 얘기해야 해요. 진정성을 가지고 있는 솔직한 의사소통은 언제나 가장 최선의 방법입니다. 정말 같이 가고 싶지만 이번에는 이런저런 상황이 있어서 같이 못 가니까 다음에 가자고 말해야 해요. 내가 마음이 내키지 않을 때는 잘 표현해서 거절할 줄도 알아야 합니다.

엄마의 전화 통화에 대해서도 한마디 덧붙이자면, 예전에 전화가 나온 지 얼마 안 되었을 때 '용건만 간단히'라는 표어가 있었어요. 그때는 3분이 지나면 요금이 올라가는 소리가 들렸습니다. 저는 지금도 용건만 간단히 3분 이내로 하는 것이 맞다고 봐요. 3분보다 길게 해야 한다면 만나서 얼굴을 보고 해야 합니다. 굳이 길게 할 이야기가 아니라면 수다가 과했다고 보여져요. 모든 전화 통화가 그래야 한다는 것은 아닙니다. 정말 몇 년 만에 온 친구의 전화라면 길게 할 수도 있어요. 아이들도 그런 것 가지고 뭐라 하지는 않습니다. 아이가 싫어하는 엄마의 전화 통화는 매일 만나는 사람과 매번 통화를 오래 하는 거예요. 이 또한 아이가 "엄마는 맨날 전화만 해. 나랑 놀아주지는 않고"라고 말한다면 '내 통화가 지나쳤구나'라고 생각하고 조절해야 합니다.

요새는 SNS가 우리 삶으로 무척 가까이 들어와 있어요. 안 하는 사람을 찾기 어렵습니다. 아이가 귀여워서 올리기도 하고 다른 사람은 어떻게 사는지 궁금해서 보기도 해요. 다른 집 아이의 모습도 참 사랑스럽습니다. 여러 가지 정보를 공유하는 목적으로도 SNS를 많이 하기도 하지요. 저는 SNS는 타인과 소통하는 또 다른 방식이라고 생각합니다. 특히 코로나 위기로 집에서만 지내야 하는 상황에서는 이런 비대면 상호 소통이 커질 수밖에 없어요. 다만 앞서 전화 통화에서 말했듯 SNS 하는 시간이 너무 많거나 SNS를 하는 것이 너무 중요해 주변 가까운 사람이 외로

워지거나 불편해진다면, '내가 너무 지나쳤구나'라고 생각하고 조절해야 한다는 겁니다. 사실 전화는 대개 아는 사람이랑 해요. SNS는 불특정하게 모르는 사람의 삶에도 들어가게 됩니다. 전화보다 더 도를 넘기가 쉬워요. SNS를 하지 말라는 것이 아니에요. 하지만 너무 그쪽으로 소통하는 것에 치우치지 말라는 겁니다. SNS에 많은 시간을 할애한다는 것은 잘 모르는 사람의 삶에 너무 관심이 많은 거예요. 정작 내가 가장 많이 애정을 들여서 소통해야 하는 사람은 누구인지 잊지는 말아야 합니다. 이렇게 생각하면 쉬울 것 같아요. 어른들이 SNS 하는 시간을 아이들이 하는 게임 시간과 동일한 개념으로 보세요. 수시로 하고 있다면 지나친 겁니다. 조절해야 하는 것이 맞습니다.

부모 말투,
꼭 화난 거 같아요.
다정하게 좀 해주세요

　생각보다 많은 아이들이 부모가 다정하게 말하지 않은 것에 스트레스를 받아요. 다정하게 이름을 불러도 될 것을 "야", "너"라고 하고, 일상적인 지시인데도 혼내는 것처럼 화난 것처럼 말합니다. 아이가 "왜 화를 내세요?"라고 물으면, 부모들은 "화내는 것 아니야"라고 오히려 억울하다고 합니다. 아이들은 부모가 화를 내거나 혼내는 것도 싫어하지만 그런 것이 아닌데도 그렇게 들리게 말하는 것도 굉장히 싫어합니다. 부모는 친절하게 할 수도 있는 말을 내 아이에게는 조금 막 하는 경향이 있어요. 아이들은 무조건 '~해'라는 식의 지시나 명령, 강압적인 말투, 소리 지르는 것, 무섭게 말하는 것, 지적도 싫지만 지적을 넘어 비난하는 것, 비교하면서 말하는 것을 정말 싫어합니다. 그럴 때 아이의 마음은 이렇거든요.

'정말 화낸 것 아니에요? 꼭 화내는 것 같은데 혼내는 것 아니라고요? 그런데 난 혼난 기분이에요. 나를 무시한 게 아니라고요? 난 엄마 아빠가 나를 소중하게 생각하지 않는 것 같아요. 정말 아니라면 부드러운 목소리로 다정하게 말해주면 안 되나요? 난 엄마 아빠가 무슨 말만 하면 기분이 나빠져요.'

아이를 키우면서 필요한 지시는 해야 합니다. 그런데 그 지시를 강압적으로 큰 목소리로 화내듯이 할 필요는 없어요. 때로는 부탁하듯이 해야 하는 것도 있습니다. 예를 들면, "저기 있는 컵 좀 가져다 줄래?"와 같은 거예요. 이 말도 부모들은 "야! 저것 좀 가져와"라고 해버립니다. 아이는 기분이 확 상해버려요. 지시 중에 아이가 꼭 따라야 할 것이라도 강압적으로 화내듯이 말하면, 아이들은 그것을 지시라고 생각하지 않습니다. 명령이고 억압으로 받아들여요. 그런데 실제로 부모들이 쓰는 말은 지시라기보다는 명령이나 억압에 가까운 말들이 많아요. "빨리 옷 입어!", "빨리 끄라고 했어?", "하지 마!", "너 엄마가 하지 말랬잖아!", "네가 뭘 알아?", "너 내가 울지 말라고 했지. 눈물 한 방울만 떨어뜨려 봐!" 등은 모두 명령이고 억압입니다. 지시를 하면서 비난을 하기도 해요. "바보처럼 네가 맨날 한다고만 하고 정작 제대로 한 것이 뭐가 있어?", "네가 하긴 언제 했어?" 이렇게 말하면 아이들은 엄청난 스트레스를 받습니다.

남자아이를 키우는 부모들 중에는 본인의 말투가 점점 거칠어지는 것이 당연하다고 여기기도 해요. 쉽게 "아들 키우면 엄마들다 깡패 되거든요"라고 말합니다. 그런데 깡패가 왜 되나요? 깡패 안 되고도 아이 키울 수 있습니다. 남자아이도 아이이기 때문에 다정하게 말해주는 것을 좋아해요. 남자아이라도 성향이 소심하고 소극적이고 잘 울고 섬세한 아이들은 부모가 이렇게 키우면 화들짝 놀라면서 '불안'이 심해집니다.

좀 세 보이는 아이도 부모가 그렇게 나오면 대응하기 위해 더 드세져요. 아이한테 한번 큰 소리로 이야기하면 다음번에는 더 큰 목소리를 내야 말을 듣습니다. 그런데 이것은 아이가 드세기 때문에 부모가 드세지는 것이 아니라 부모가 드세서 아이가 드세지는 겁니다. "우리 애는 꼭 소리를 질러야 말을 들어요" 하는 부모에게 저는 속삭여보라고 해요. 그러면 아이들이 훨씬 조용해집니다. "야, 너 좀 조용히 하라구!" 하면서 소리를 지르면 아이는 더 크게 "악!" 하면서 소리를 지르지만, 아주 작은 목소리로 "엄마가 너에게 할 말이 있는데…" 그러면 눈이 동그래져 "뭐라고요?"라고 작은 목소리로 되물어요. 그러면 엄마는 더 작은 목소리로 "잘 들어보라고~" 하면서 작게 말합니다. 엄마의 목소리를 듣기 위해서 아이가 조용해져요. "네가 조용히 해주니깐 엄마가 훨씬 말하기 쉽네"라고 말해주면 아이는 하나를 배우는 겁니다. 아이의 말투를 바꾸려면 먼저, 부모의 말투를 바꿔야 해요.

부모의 다정하지 않은 말투는 부모 자신은 전혀 그럴 의향이 없다고 해도, 아이에게 부모가 자신을 존중하지 않는다는 생각을 심어줍니다. 아이는 부모가 자신을 무시하고 함부로 대한다고 여겨요. 아이를 정서적으로 편안한 사람으로 키우고 싶다면, 가장 좋은 방법은 아이의 마음을 잘 읽어주고, 아이를 기본적으로 존중해주고, 아이의 말을 귀 기울여 듣는 겁니다. 비난하고 무시하는 말은 아이를 존중하는 것이 아니에요. 크게 소리치는 말은 아이의 말에 귀를 기울이기보다는 내 말만 하겠다는 겁니다. 아이의 말은 내 큰 목소리에 당연히 묻히게 돼요. 이런 부모의 말투는 아이의 마음이 부모에게서 점점 멀어지게 합니다.

"아이한테 말 좀 다정하게 해주세요"라고 조언하면, 부모들은 "원장님, 정말 얘가 미워 죽겠는데 말이 곱게 나가겠어요?"라고 반문해요. 미워 죽겠다는 마음은 금세 바뀌지 않습니다. 의도적으로 말이라도 바꾸세요. 양파에 비유하면, 가장 겉껍질부터 의도적으로 바꾸는 겁니다. 자꾸 다정하게 말하면 아이의 반응도

달라져요. 달라진 아이의 반응을 보다 보면 아이를 보는 엄마의 눈이 좀 달라지고 생각이 좀 달라지고 마음도 좀 달라집니다. 어떤 부모는 "원장님, 저는 전혀 화낸 것 아니에요. 제 말투가 원래 좀 그래요"라고 대답하기도 해요. 그런데요, 원래 그런 것은 없습니다. 우리는 태어날 때부터 '부모'는 아니었습니다. 지금 바뀐 상태가 부모예요. 부모에 맞게 말투도 바꿔야 합니다. 아무리 '원래'라고 해도 바꾸면 바뀝니다.

혼내는 것,
엄마 아빠도 잘못할 때 많으면서 왜 나만 혼내요?

아이들에게 부모가 하는 행동 중에 뭐가 제일 싫으냐고 물어보면, '혼내는 것'이라고 말해요. 아이들은 "제발 혼 좀 안 냈으면 좋겠어요"라고 항변합니다. 혼날 때 아이 마음은 이래요.

'나는 혼날 때 기분이 제일 나쁘고 너무 슬퍼요. 엄마 아빠도 잘못할 때가 많으면서 맨날 나만 혼내요. 누가 우리 엄마 아빠 좀 혼내줬으면 좋겠어요. 난 억울해요. 왜 나만 맨날 혼나야 돼요? 내가 그렇게 별 볼일 없는 아이인가요?'

아이들이 이렇게 싫어하는데 우리는 왜 그렇게 아이를 혼낼까요? 부모가 너무 혼내서 괴롭다는 아이들이 찾아오면, 저는 그 아이의 부모에게 세 가지를 묻습니다. 첫 번째는 "왜 혼내세요? 언제 혼내세요?"입니다. 부모들은 대부분 "아이가 뭘 잘못하거나 그럴 때지요. 가만두면 안 되잖아요?"라고 해요. "그럼 그건 가르치는 거네요" 하고 정정하면 부모들은 "그럼요" 하고 대답해요. "그런데 왜 혼을 낼까요? 좋게 가르쳐주면 되잖아요"라고 제가 다시 말하면 많은 부모들이 당황합니다. 혼을 내는 것과 가르치는 것이 같다고 생각해왔던 거예요. 아이를 혼내면서도 교육을 하고 있다고 생각했던 겁니다.

같은 행동인데 한 사람은 혼난다고 생각하고 한 사람은 가르친다고 생각하니 기분 또한 서로 다를 수밖에요. 아이는 혼난다고 생각하기 때문에 기분이 나빠지고 서러워져서 눈물이 납니다. 부모는 가르친다고 생각하기 때문에 "넌 부모가 이렇게 좋은 얘기를 해주는데 왜 기분이 나빠? 왜 울고 그래?"라고 말하게 돼요. 본인은 좋은 일을 하고 있다고 생각하는데 아이가 계속 기분이 나쁜 것 같으니 부모 자신도 기분이 점점 나빠집니다. 그래서 아이를 혼내고 나면 부모도 기분이 개운하지 않아요. 아이는 혼나고 나면 눈물이 쏙 나오도록 서러운 기억밖에 없습니다.

간혹 혼내면서 체벌까지 하는 집이 아직도 있어요. 이런 부모들은 체벌을 가정교육이라고 굳게 믿습니다. 저는 체벌은 가정교육이라는 미명하에 폭력을 행사하는 거라고 생각해요. 집단따돌림, 괴롭힘, 학교 폭력이 범죄이듯 체벌도 일종의 폭력입니다. 절대 해서는 안 돼요. 나름 회초리를 준비해놓고 감정적으로 하지 않는다고 하더라도 절대 체벌은 안 돼요. 아이에게 "너 몇 대 맞을래?"라고 물어볼 정도로 감정을 가라앉힐 수 있다면, 제발 때리지 말고 말로 하세요. 그 정도 침착성이면 충분히 말로 잘 가르칠 수 있습니다.

두 번째는 "엄마 아빠는 잘못할 때 없으세요?"예요. 이렇게 물으면 또 대부분이 "아~ 있지요"라고 대답합니다. 저는 웃으면서 "있네요, 부모도"라고 말해요. 아이들 눈에도 부모가 잘못한 것이 보입니다. 생각보다 부모가 잘못한 것을 많이 알고 있어요. 아이들이 저에게 와서 "원장님이 우리 엄마 좀 혼내주세요. 우리 엄마는 내가 잘못하기만 하면 혼내는데, 엄마도 잘못할 때 많거든요. 그런데 아무도 안 혼내요. 참, 아빠도 혼내주세요. 아빠도 많이 잘못하거든요. 원장님 다 혼내주세요"라는 말 정말 많이 합니다. 그러니 아이들 입장에서는 억울할 만도 해요. 그래서 조금만 더 크면 "엄마도 그러잖아"라고 따지기도 하는 겁니다.

아이를 훈육할 때는 '내가 완벽해서 너를 혼을 내는 것이 아니다. 나도 잘못할 때가 많지만 나보다 네가 잘 살아야 하지 않겠니? 나도 고치려고 굉장히 노력하는데 안 될 때도 있어. 너는 나보다 더 나은 인생을 살아야 하고, 내가 하는 실수를 너도 반복하면 안 되니까 가르쳐주는 거야'라는 메시지가 담겨 있어야 합니다. 그래야 아이의 억울함이 덜해요. 그리고 실제로 본인도 잘못을 하지 않으려고 노력하는 모습을 보여줘야 해요. 아이에게 게임 좀 하지 말라고 야단쳐놓고, 부모는 밤새 컴퓨터로 영화 보고 쇼핑한다면, 부모로서 지도력이 빵점입니다. 아이는 당연히 "에이, 자기도 그러면서" 하며 부모의 가르침을 인정하지 않아요.

마지막 세 번째는 "평소 아이를 혼내지 않을 때는 아이와 사이가 좋으세요? 많은 시간을 보내세요?"입니다. 이 물음에는 대부분의 부모가 "아니요"라고 고백해요. 부모와 자녀 관계가 평소 좋은 편이라면 그래서는 안 되지만 부모가 혼을 내는 방법이 좋지 않아도 아이가 서운한 마음을 접고 넘어가주는 면도 있습니다. 그런데 평소 관계가 좋지도 않은데, 혼만 자주 내거나 가끔 나타나서 정신없이 혼을 내면 아이는 많은 상처를 받아요. 물론 이런 부모들이 어떤 마음인지는 압니다. 나름 아이를 생각해서 '내가 평소에 신경을 못 써주니까. 이렇게 잘못할 때라도 부모 노릇 좀 해야 되겠다'라는 심정일 거예요. 그런데 이건 철저하게 부모 입장에서만 생각한 겁니다. 아이는 '평소에는 신경도 안 쓰다가 꼭 혼낼 때만 튀어나와서 뭐라 하네'라고 억울해하면서 부모를 싫어해요. 부모가 나를 생각해서 하는 행동이라고 느끼지 않습니다. 아이들은 그럴 때 부모가 없어졌으면 좋겠다고까지 말하거든요.

어떻게 가르쳐야 할까요? 아이를 혼내려고 했던 이유부터 생각해보세요. 잘못된 행동을 교정하고 뭔가 가르쳐주려고 한다면 방식도 가르치는 형태여야 합니다. 가르친다는 것은 정확한 핵심을 얘기해주고, 뭐가 잘못되었는지 어떻게 해야 하는지 친절하게 얘기해주는 것입니다. 당연히 감정적으로 격분하고 화를 내서는 안 돼요. 부모들은 따끔하게 혼을 내면 따끔하게 혼이 났기 때문에 정신 바짝 차려서 그 행동을 안 할 것이라고 생각합니다. 절대 그렇지 않아요. 혼나면 기분만 나쁘지 교정은 안 됩니다. 아이의 행동을 교정하고 싶다면 가르쳐줘야 합니다. 그것도 아주 여러 번에 걸쳐서 친절하게 가르쳐줘야 해요. 그래야 바뀝니다.

어떤 부모들은 "때리면 나쁜 행동을 안 하던데요"라고 말하기도 해요. 안 할 수 있습니다. 하지만 지금 아이가 그 행동을 안 하는 것은 부모의 가르침이 내재화되어서 '아, 이것이 옳지 않구나'라는 것을 배워서가 아니에요. 잠깐 맞지 않기 위해서 안 하는 것뿐입니다. 아이의 마음 안에는 부모에 대한 상당한 반감과 함께 '안 볼 때 하면 되지'라는 생각이 있어요. 절대 때리지 말고 가르치라고 하면, 그것까지는 동의하는 부모들이 많습니다. 그런데 그 부모들은 종종 친절하게 잘 가르쳐주면 아이의 행동이 한 번에 고쳐질 거라 착각해요. 아무리 잘 가르쳐줘도 아이의 행동이 교정되는 데는 시간이 걸립니다.

언젠가 한 아빠가 아무리 친절하게 가르쳐줘도 아이가 통 바뀌지 않는다며 항의하더군요. 제가 차트를 훑어보며 그 아빠에게 질문 하나를 던졌습니다. "제가 석 달 전에 아빠한테 이렇게 저렇게 얘기해드린 것이 있는데 고치셨어요?" 아빠는 "아니요" 하면서 머리를 긁적이며 멋쩍어했어요. "거봐요. 아빠도 바로 못 고치잖아요. 애들도 그래요. 애들도 오래 걸려요"라고 하며 다시 설명해주었습니다.

'책 좀 읽어라'는 말,
이 지루하고 어려운 걸
꼭 읽어야 해요?

부모의 어린 시절에는 주변에 시각적으로 말초적인 자극을 하는 매체가 별로 발달하지 않았었지요. 유일한 것이 'TV'였습니다. 그것도 흑백 TV로 오후 6시에 시작해 오후 12시면 끝이 났어요. 그 시간 내내 TV를 볼 수 있는 것도 아니었습니다. 중간 중간 뉴스가 많았고, 아이들이 볼 수 있는 것은 고작 30분이나 1시간 정도밖에 되지 않았어요. 그 시절 아이들은 주로 책을 가지고 놀았습니다. 저 또한 그랬어요. 초등학교 2학년 때인가 어머니께서 나라별로 되어 있는 명작 전집을 사주셨는데, 그때 얼마나 좋았는지 몰라요. 그 책을 하나씩 뽑아서 읽을 때마다 말할 수 없이 행복했습니다. 또한 그 당시 책은 또래들끼리 우정을 표현하

는 수단이 되기도 했어요. 호의를 표시하기 위해 책을 선물하고, 책 속에 예쁜 나뭇잎이나 클로버, 쪽지 등을 넣어 교환하기도 했습니다. 아이들은 책을 통해 친구와 정서적 소통을 했어요. 부모들에게 책은 아마 그런 의미일 겁니다.

요즘 아이들은 책을 그렇게 생각하지 않아요. 부모는 지식을 배우고 상식을 쌓아라, 헛된 짓 하지 말고 의미 있는 시간을 보내라는 의미로 '책 좀 읽어라'라고 말하지만, 아이들은 '책 = 공부'입니다. 부모가 '책 좀 읽어라'라고 말하면 '공부 좀 해'라는 말로 들려 짜증부터 나요. 아이들은 책보다 영상물을 더 좋아합니다. 영상물은 화려하고 빠르게 움직이지만 책은 지루하고 느려요. 책은 한 가지 바탕에 점 점 형태로 되어 있어 지루합니다. 게다가 책을 많이 안 읽다 보니 읽는 속도도 느려요. 아이 입장에서 책은 관객이 많아야 한두 명인 아주 지루한 영화 같습니다. 좀처럼 진행되지도 않고 대화도 나오지 않는 졸린 영화를 보는 것 같아요. 따라서 이 아이들은 시험을 준비하거나 꼭 필요한 공부를 해야 할 때가 아니고서는 책을 보지 않습니다. 책은 지겹고, 재미없고, 봐도 무슨 소리인 줄도 모르겠어요. 부모가 '책 좀 읽어라'라는 말을 할 때, 아이가 느끼는 마음은 이렇습니다.

'공부하라는 말을 돌려서 하는 거 아니에요? 컴퓨터 하는 것이 못마땅해서 하는 소린 줄 다 알아요. 좀 전까지 공부했다고요. 쉬는 꼴을 못 봐요. 나는 책 정말 싫어요. 읽어도 무슨 소리인 줄도 모르겠고 너무 지루해요. 하품만 나온다고요. 누가 책 같은 걸 만들어서 나를 이렇게 생고생시키는 줄 모르겠어요. 아주 걸리면 가만 안 둘 거예요.'

이런 아이들에게 어떻게 하면 책을 읽힐 수 있을까요? 우선 아이의 뇌가 부모의 뇌와는 다르게 책을 읽기에 적합하지 않게 발달했다는 것을 이해해야 합니다. 부모의 뇌는 어렸을 때부터 책을 접했기 때문에 문자 정보와 같은 중립적인 시각적 자극을 가지고도 활발하게 움직이도록 발달했어요. 문자가 합쳐져서 문장이 되면 상상력이 자극되어서 내용을 이해하게 됩니다. 하지만 아이들은 어릴 때부터 빠르고 화려한 시각 자극만 접하다 보니 두뇌가 그렇게 움직이지 않아요. 아이들의 뇌는 모든 정보를 시각적으로 이미지화해서 한꺼번에 받아들이려고 합니다. 그러므로 문자와 같은 중립적인 자극에는 별 반응을 보이지 않아요.

예를 들어 '추운 겨울날 키가 큰 남자가 외투 깃을 올려세우고 좁은 골목을 터벅터벅 걸어가고 있었다. 어디선가 바람이 한 자락 휘~ 불어오고 남자는 주머니에 꽂았던 손을 빼서 외투 깃을 더 올렸다. 남자의 발자국 소리는 아무도 없는 좁은 골목에 쩡쩡 울렸다'라는 글을 읽었다고 칠게요. 부모는 글자들이 모두 연결되어 머릿속에 어떤 그림을 그리게 됩니다. 제각기 참 쓸쓸하겠다, 무섭겠다, 무슨 일이 있는 걸까? 등의 다양한 생각을 하게 되지요. 그러면서 다음 이야기가 궁금해 마저 읽어나가게 됩니다. 그런데 아이들은 글로 읽으면 아무 느낌이 없어요. 글이 내포하고 있는 내용도 모르겠고 별다른 생각이 나지도 않습니다. 아이들은 그 장면이 3차원 영상으로 눈앞에 보여야 이해해요. 긴 문장을 정말 힘들어합니다. 철학적이거나 복잡한 생각을 요하는 문구는 아주 싫어합니다.

아이들은 글을 읽고 이해하는 능력이 떨어지기 때문에, 책을 읽히려면 조금 상세하게 가이드라인을 주어야 해요. 예를 들어 『어린 왕자』라는 책을 읽히려고 한다면, "이 책을 한번 읽어보는데, 이런저런 내용이 중요해. 이런 관점으로 읽어봐. 한꺼번에 읽기 힘들면 오늘은 한 장만 읽어봐도 좋아"라고 해야 합니다. 아주 재밌고 쉬운 것부터 아이가 이미 본 영상물이 책으로 나온 것이 있다면 그것부터 시작해도 좋아요. 아이가 '해리포터' 관련된 영화들을 봤다면, 해리포터 책을 건네주는 거지요. 내용을 알고 있는 책이라 조금은 쉽게 이해할 수 있습니다. 책을 너무 싫어하는 아이라면, 처음에는 만화책으로 접근하는 것도 괜찮아요. 『그리스 로마 신화』를 만화로 읽어서 내용을 좀 이해하게 한 다음 책으로 읽게 합니다. 책으로 나와 있는 것을 고를 때는 아이의 나이에 읽을 수 있는 수준보다 쉬운 것으로 고르세요. 만화로 이미 내용을 이해한 것이기 때문에 아이가 그 책은 좀 쉽게 읽습니다. 이렇게 책을 읽고 그것이 무슨 내용인지 알아야 책을 볼 재미가 생겨요. 요즘 아이들은 한글을 읽을 줄 알아서 문장은 읽을 수는 있지만, 그 문장의 뜻을 모르는 경우가 많습니다. 내용이 이해가 안 돼요. 문해력이 떨어지는 거예요. 그러니 책을 읽기 싫어하는 겁니다. 문해력이란 문자를 읽고 쓸 수 있는 일 또는 그러한 일을 할 수 있는 능력을 말해요.

그런데 우리는 책을 왜 읽어야 할까요? 모든 책을 그림이나 영상물로 표현하는 것은 한계가 있습니다. 스토리는 담을 수 있어도 아주 세부적인 것까지 표현하지는 못해요. 무엇보다 전문 도서는 만화나 영상물로 만들 수가 없습니다. 만화나 영상물로 필요한 정보를 받아들이는 데는 한계가 있어요. 또 만화든 그림책이든 자꾸 시각적인 자극만 접하다 보면 상상력이 떨어져. 추론 능력이 발달하지 않습니다. 글을 읽고 추론하지 못하면 공부를 떠나 성인이 되어서 사회생활을 하는 데 무척 고달파져요. 고등학교를 졸업하고 대학을 가지 않고 직업을 구했다고 해도 승진 시험도 봐야 하고, 공고문도 읽어야 되고, 안내서도 봐야 합니다. 모두 글을 읽어 이해해야 하는 것들뿐이라 추론할 수 없으면 살아가기가 어려워요.

저는 아이들에게 책을 읽어야 하는 이유를 아이의 관심사와 수준에 맞춰서 얘기합니다. 우선 너희들이 이렇게 책을 안 읽고 뭐든지 시각적인 이미지로만 이해하려고 하면, 뇌 발달에 굉장히 부정적이라는 말을 해줘요. 얼마 전에 책을 싫어하는 중학생 아이가 왔습니다. 저는 아이에게 솔직히 말했어요. "원장님이 너를 무시해서가 아니라 네가 공부로 대성하기는 어려워 보여" 했더니 아이가 "저도 뭐 그런 생각은 안 해요"라고 쿨하게 대답했습니다. "공부로 대성하는 아이들은 싹수가 보이거든. 내가 보기엔 그건 좀 어려워 보이는데, 그렇다고 네가 머리가 나쁜 것은 아니야. 살아가는 데 별문제는 없을 거야. 보통 아이들은 공부를 치열하게 해서 뇌를 발달시키고 지식과 상식을 얻거든. 그런데 너는 공부를 안 하잖아. 그러면 책을 통해서 지식은 빼고 상식이라도 얻어야 돼. 상식이 담긴 책이라도 좀 읽어. 그런 거 있잖아. 『우리가 알아야 하는 100가지 지식』이런 거라도 읽어. 네가 이 다음에 연애를 하더라도 『그리스 로마 신화』정도는 알아야 되지 않겠니? 또 결혼해서 아이를 낳았을 때, 애가 물어보면 대답을 좀 해줘야 하지 않겠니?"라고 얘기해주었습니다. 아이에게 책을 읽어야 하는 이유가 공부가 아니라 상식을 키우기 위해서라고 말하면 책에 대한 선입견이 조금은 옅어져요.

아이에게 책을 읽히고 싶다면, "책 좀 읽어라"라는 말은 삼가는 것이 좋습니다. 사실 부모들은 아이가 부모 마음에 들지 않는 행동을 할 때 "책 좀 읽어라"라는 말을 많이 해요. 방바닥에 뒹굴고 있거나, TV를 보고 있거나, 한창 게임을 하고 있을 때, "이제 그만 좀 하고 책 좀 읽어라"라고 말합니다. 이렇게 말하면 아이는 책이 체벌적인 의미가 되어서 더 싫어져요. 책 읽으란 말이 꼭 혼내는 말 같습니다. 아이들 입장에서 책은 상징적으로 나와 반대편에 서 있는 '엄친아' 같아요. 그래서 미워 죽겠고 꼴도 보기 싫습니다. 엄친아를 보면서 '쟤는 왜 공부를 잘해서 나를 욕 먹여'라고 생각하게 되는 것처럼, 책을 보면 '누가 책 같은 걸 만들어서 내가 이런 생고생이야'라는 생각을 하는 거지요.

'책 좀 읽어라'라는 말 대신 가족회의를 통해 의무적으로 책 읽는 시간을 두는 것이 좋습니다. 30분 정도만 해도 돼요. 그 시간은 컴퓨터나 TV, 휴대폰도 다 끄고 온 가족이 책을 읽습니다. 그 시간 동안 아이가 한 장을 읽든 한 장도 못 읽든 상관하지는 마세요. 앉아서 책을 펴고 있는 연습만 해도 됩니다. 책을 보는 것이 일단 몸에 배어야 하기 때문이에요. 생각보다 아이들은 "엄마 아빠는 책도 안 읽으면서 맨날 나한테만 읽으래요"라는 말도 자주 합니다. 부모는 스마트폰을 들여다보며 깔깔거리면서 "넌 들어가서 책 좀 읽어"라고 하고, 재미있는 영상물을 보면서 "넌 들어가서 책 좀 읽어라" 한다는 거지요. 아이도 부모가 하는 '그것'을 더 하고 싶습니다. 억울하면 딴 생각만 날 뿐 책이 눈에 들어오질 않아요. 하지만 부모가 같이 책을 읽으면 아이들의 불평도 줄어듭니다.

부부 싸움,
이혼할 건가요? 날 버릴 건가요?

엄마 아빠가 부부 싸움을 자주 할 때 아이는 무슨 생각을 할까요? 아이의 생각은 이래요.

'엄마 아빠 왜 자꾸 싸워요? 이젠 더 이상 서로 사랑하지 않나요? 사랑하지 않으면 같이 안 살 수도 있겠네요. 이혼해요? 난 엄마 아빠가 다정하게 사는 모습을 보는 게 제일 행복한데, 그럼 난 어떻게 되는 거예요. 난 버려지게 되는 건가요?'

남편의 외도로 매일 싸우는 부부가 있었습니다. 저는 그 부부의 사정을 뻔히 알고 있지만, 그 집 아이에게 아무것도 모르는 듯 "엄마 아빠 자주 싸우시니?"라고 물었어요. 아이는 쭈뼛거리며 "네"라고 대답했습니다. "그렇구나. 그런데 엄마 아빠가 왜 싸우시는 것 같니? 이유는 알고 있니?"라고 다시 물었어요. 아이의 엄마는 아이는 아빠의 외도를 모르고 있다고 했었습니다. 그런데 아이는 의외로 "네"라는 대답을 했어요. "그래? 왜 싸우시는데?"라고 물으니, "99% 저하고 동생 때문이에요"라고 담담하게 말하더군요. 아이는 자기랑 동생이 숙제 같은 할 일을 제대로 안 해서 엄마 아빠가 싸운다고 했습니다.

대개 사이가 나쁜 부부들은 문제의 본질은 자기들한테 있어요. 서로 못마땅해서 벼르고 있다가 아이가 무슨 잘못이나 실수를 하면 그것을 빌미로 싸웁니다. 엄마가 아이 숙제를 봐주고 있다가 "빨리 안 해. 도대체 넌 왜 이런 것 하나 제대로 못하는 거야?"라고 소리를 지르고, 아빠는 "조용히 좀 못 가르쳐. 내가 당신 소리 듣기 싫어서 집을 나가야지" 하면서 싸우는 거지요. 이렇게 되면 아이들은 자신이 싸움의 도화선이 되었기 때문에, 자기들 때문이라고 생각합니다. 죄책감을 느끼고 부모에게 도리어 미안해해요. 아이와는 전혀 상관없는 부부 개인적인 문제로 아이에게 받지 않아도 될 죄책감을 주는 겁니다.

그렇지 않더라도 부모가 자주 싸우면 아이들은 극도로 불안해요. 부모와 자녀는 피로 맺어진 관계라 부모 사이가 좋지 않아도 아이는 부모가 버리지 않을 것을 본능적으로 압니다. 하지만 부부는 사랑으로 맺어진 관계예요. 사랑이 없어지면 관계가 유지되지 않을 수 있다고 아이들도 느낍니다. 요즘은 아이들도 주변에서 이혼에 대한 이야기를 많이 듣기 때문에 부모가 저렇게 싸우다가 헤어질 수도 있겠다고 생각해요.

아이들이 가장 안전하고 편안함을 느끼는 가정의 모습은 부모 각자가 그 자리에 있을 때입니다. 아버지가 아버지의 역할을 하고, 어머니가 어머니의 역할을 하면서 두 사람이 사이가 좋고, 부부관계가 다정하고, 그 안에서 온정이 오고가고, 원활한 의사소통이 일어나고, 자기가 보호받고 사랑받고 있을 때입니다. 엄마 아빠가 자주 싸우면 이것이 전부 무너져요. 아이의 보금자리에 평화와 균형이 깨지면서 아이를 안전하게 감싸고 있는 울타리가 흔들거리는 것을 느낍니다. 아이의 안전이 위협당하는 공포스러운 상황이 돼요. 아마 그런 상황에 느끼는 공포와 불안, 긴장의 수치를 보여주는 게이지가 있다면 극도로 올라갈 겁니다. 결국 부모의 잦은 싸움은 아이의 건강도 해치게 됩니다.

사실 부부 싸움은 '싸움'이라는 그 자체로 같이 사는 아이에게 불편을 주는 것이 많아요. 예를 들어, 부부가 일주일에 한 번씩 큰 소리로 싸운다고 할게요. 싸우지 않은 6일간은 아마 누가 봐도 팽팽한 냉전 상태일 겁니다. 설거지를 하고 있는 엄마의 뒤통

수에서 기분 나쁜 기운이 느껴질 것이고, TV를 보는 아빠의 옆모습에도 한기가 느껴질 거예요. 그 싸늘함과 냉담함 속에서 아이가 뭔들 편안하게 할 수 있을까요? 아이는 그 분위기가 불편해서 할 수만 있다면 집에 있는 시간을 줄이고 싶을 겁니다. 그리고 싸울 때는 별별 얘기가 다 나와요. 싸울 때 "당신은 정말 좋은 사람이고요!" 하면서 싸우는 부부는 없습니다. 서로의 단점을 들춰내 더 과장해서 나쁘게 표현해요. 그중에는 자식인 아이가 듣기에 다소 민망한 부분도 많습니다. 아이는 내 부모가 좋은 사람이고, 훌륭한 사람이고, 어디 가서 인정받는 사람이었으면 해요. 하지만 부부 싸움에서 드러난 부모의 실상은 아이를 속상하게 만듭니다. 혹여 부부가 싸우면서 욕을 하거나 폭력을 행사하면 자식은 그 부모를 존경할 수 없는 것은 물론이고 쳐다보기도 민망해집니다. 나도 때릴까 봐 겁이 나기도 해요.

초등학생만 돼도 엄마 아빠가 자주 싸우면 이혼하게 될까 봐 걱정입니다. 싸우다가 부모 중 하나가 "그래 헤어져"라고 말하면 그 소리가 어떤 소리보다도 크게 들리면서 '누구를 따라가지?' 고민하면서 불안해지지요. 중고등학생 아이들은 '우리가 소중하다면 자기네들끼리 조금 마음에 들지 않아도 참고 살아야 하는 것 아닌가?'라는 생각을 합니다. 만약 그걸 불사하고 부모가 이혼을 한다면 '부모에게 우리는 소중하지 않은가 보다. 자기들의 인생이 더 중요한가보다'라고 생각해요. 부모는 그런 뜻은 없지만 아이는 부모의 이혼으로 본인이 하찮은 존재로 여겨지기도 합니다.

아무리 사랑해서 결혼한 부부라도 살다 보면 의견 대립이 발생하고, 어떤 것은 반드시 조율을 해야 되기도 해요. 그것이 전적으로 나쁜 것은 아닙니다. 아이들도 과하지 않은 부모의 의견 대립은 보면서 크는 것이 오히려 좋아요. 정반합의 원리를 배울 수도 있습니다. 두 사람의 의견이 좀 다르지만 이야기 끝에 어떤 합의를 이루고, 거기서 뭔가 맞춰가는구나를 배우는 것 또한 상당히 중요한 사회성 교육이에요. 문제는 우리 부모들은 그럴 때 반드시 감정이 들어갑니다. 서로 다른 의견에 대해서 얘기를 하다가 자기감정에 도취되어 격분해요. 이건 정말 자제해야 합니다. 격분하지 않고 자신의 의견을 말할 자신이 없으면, 상대편 배우자에게 편지든 메일이든 글로 쓰는 게 좋아요. 글로 쓰면 한결 감정적인 흥분이 덜해집니다. 문자메시지도 좋아요. 이런 것들은 본인이 써놓고 보내기 전에 한 번 보게 되니까 '감정적인 것'이 좀 빠지게 되어 상대방의 격분도 줄일 수 있습니다.

의견 대립이 곧 싸움은 아니에요. 의견 대립은 얼마든지 있을 수 있습니다. 그것이 싸움이 되는 이유는 감정적 격분 때문이에요. 감정이 정화되지 않았기 때문입니다. 감정을 정화하는 가장 쉬운 방법은 글로 쓰는 겁니다. 화가 치밀어 오르거나 내뱉고 싶은 말이 생각나면 그때그때 적어서 남편이나 아내가 볼 수 있는 곳에 붙여놓으세요. 하고 싶은 말을 안 하고 살 수는 없으니 싸움은 하지 말고 그렇게라도 하라는 것입니다. 아이에게 부모가 싸우는 모습을 보여주는 것은 너무 좋지 않아요.

자주 싸우는 사람들은 화가 나거나 감정이 좋지 않을 때 되도록 얼굴을 맞대고 있지 않도록 해야 합니다. 글로 하는 것도 어렵다면 상담을 받아야 해요. 중재자가 있으면 싸움이 한결 가벼워집니다. 저는 자주 싸우는 부부가 오면 두 가지 규칙을 말해줍니다. 첫째, 여기는 안전한 장소이니 하고 싶은 말은 뭐든 마음껏 해도 좋습니다. 둘째, 이곳에서 나가면 여기서 했던 얘기를 재료로 서운해하거나 기분 나빠하면서 싸우지 마십시오. 규칙을 못 지키면 상담을 할 수 없다고 말해둬요. 그러면 대개 약속을 지키겠다고 합니다. 그리고 이런저런 상대방에 대한 이야기를 털어놓는데 재미있는 것은 아내가 얘기하면 남편이, 남편이 얘기하면 아내가 상대방이 속 깊은 불만을 듣고 나서 "오늘 처음 듣는 말이에요."라고 한다는 거예요. 제가 "처음 하시는 말이에요?"라고 물으면 다들 아니라고 합니다. 싸울 때마다 하는 말이랍니다. 지금까지 서로 싸우느라 상대방이 무슨 얘기를 하고 있는지 듣지 못했던 겁니다. 중재자가 있는 자리에서 감정이 빠진 상태로 상대방에 대한 이야기를 하면 생각보다 불편하지 않게 받아들여요. 부부 싸움도 기술이 필요합니다. 하고 싶은 말을 다 하되, 싸움을 불러일으키는 부정적인 감정(화, 욕, 소리 지르기, 빈정거림, 단정해버리기 등)은 빼는 연습을 하세요. 그래야 제대로 된 논쟁이 됩니다.

아이에게 부모가 싸우는 모습은 되도록 보여주지 않는 것이 좋지만, 아이가 부부 싸움을 보거나 들었다면 아이가 묻지 않아도 얘기해줘야 해요. "놀랬니?" 아이가 울먹이면서 "엄마 아빠 왜 싸워요?" 하면 "언성이 좀 높아졌는데 엄마하고 아빠의 의견이 좀 달라서 그래. 엄마가 너를 낳았고 너를 사랑하지만 너의 마음과 엄마의 마음이 똑같지 않을 때도 있잖아. 너는 놀이동산에 가자고 하지만 엄마는 아쿠아리움에 가자고 할 때도 있잖아. 그러면 어떻게 하지? 그럴 때는 서로 의논해서 좋은 쪽으로 결정하잖아. 한 사람이 양보하기도 하고. 엄마랑 아빠도 어제 그런 거였어. 의견이 서로 달라서 약간 언성이 높아졌는데, 그래도 걱정하지 마. 의견이 달라도 엄마 아빠가 서로 사랑하지 않는 것은 아니야. 미워하는 것도 아니야"라고 설명해주세요. 아이의 불안이 조금이라도 해소됩니다.

안 놀아주는 것,
왜 안 놀아주는 거예요?
좀 놀아줘요

아이를 키우면서 놀아달라는 말 참 많이 들었을 거예요. 실제로 많이 놀아주기도 하는 것 같은데, 유치원 다니는 꼬맹이부터 꽤 큰 중학생까지 아이들은 부모가 놀아주지 않는다고 한목소리로 말합니다.

'내가 두 살 때부터 엄마한테 해오던 말이잖아요. "좀 놀아줘요." 10년 넘게 해왔지만 여전히 엄마 아빠는 나랑 잘 놀아주지 않아요. 나랑 놀아주는 일이 그렇게 어려운가요? 나랑 노는 게 정말 싫어요? 얼마나 놀아달라고 졸랐는데 안 놀아주는 이유가 뭐예요?'

부모들 입장에서는 억울할 것 같아요. 항상 놀아주고 있는데, 왜 아이들은 안 놀아줬다고 생각하는 걸까요? 몇 가지 부모의 착각이 있습니다. 첫 번째는 아이와 한 공간에 있으면 부모는 놀아주고 있다고 생각해요. 설거지를 하면서, 빨래를 개키면서, TV 드라마를 보면서 가끔 "아 그래", "그랬어?", "어머나 잘했구나", "줘봐. 엄마가 끼워줄게. 자 이제 가서 놀아", "어 다시 한번 찾아보면 되겠네"라고 아이의 행동에 추임새 넣어준 것을 놀아주었다고 생각합니다. 하지만 이건 놀아준 것이 아니에요. 직접 가서 아이와 상호작용을 해야 놀아준 겁니다.

두 번째는 장난감을 사주면 놀아줬다고 생각해요. 크고 비싼 것을 사주면 더 많이 놀아준 것 같아 뿌듯해하기도 합니다. 장난감은 장난감이 중요한 것이 아니라 장난감을 가지고 놀아주는 것이 중요해요. 부모가 장난감만 사주는 애들은 장난감만 소중합니다. 장난감을 가지고 놀아준 아이들은 장난감이 아니라 놀이의 경험과 그때 즐거웠던 기억이 소중해요. 어릴 때의 놀이는 부모와의 아주 깊고 친밀한 정서적인 상호작용입니다. 그래서 아이들은 본능적으로 부모와 놀기를 원해요. 아이들이 놀자는 것은 장난감을 조작하면서 놀자는 것이 아니에요. 함께 얘기하고 눈 마주치고 같이 시간을 보내자는 겁니다. 장난감만 사준 아이들은 장난감을 아무리 가지고 놀아도 부모와 함께 놀지 못했기 때문에 못 놀았다는 결핍을 느껴요.

세 번째는 놀이를 가지고 너무 교육적으로 접근한 경우입니다. 부모들은 놀이를 하면서도 가르치고 싶어 해요. 자동차 놀이를 하다가 "이건 레미콘이지, 이건 포크레인이지. 이거 몇 개지? 이거에다가 이거 같이 두면 몇 개지?" 합니다. 부모가 이러면 아이는 거의 '정말 미치겠어' 수준이 돼요. 부모가 자꾸 교육적인 제공을 하려고 하니까 부모가 놀이를 주도하게 되고, 수시로 부모의 의도가 드러납니다. 놀이는 아이의 정서를 수용해주고 자율성을 높여주는 기능을 해요. 하지만 부모가 자꾸 학습적인 것을 너무 많이 가르치려 들면 아이는 놀아도 논 것이 아닙니다. 놀고 나면 오히려 스트레스만 쌓여요.

아이가 장난감 중 시계를 골라왔을 때, 부모는 속으로 '옳지. 오늘은 시계에 대해서 가르쳐주면 좋겠다'라는 생각을 합니다. 그래서 "시계는 영어로 워치야. 똑딱똑딱 긴 바늘은 분침이고 짧은 바늘은 시침이야" 해요. 아이는 당연히 재미없어요. 시계를 놓고 다른 장난감이 있는 곳으로 가버립니다. 그런데 부모는 아이를 쫓아가면서 "계속 가지고 놀아야지. 자꾸 장난감을 바꾸면 어떡해?" 하면서 압박을 줘요. 이렇게 되면 아이는 부모와의 놀이가 시큰둥해져서 다음부터는 부모를 자신의 놀이에 개입시키지 않으려고 듭니다. 혼자 노는 한이 있어도 부모랑은 안 놀아요.

전문가들이 어린아이를 둔 부모와 자녀 관계를 살펴볼 때 가장 눈여겨보는 것이 '놀이'입니다. 부모와 아이가 어떻게 노는지 지켜보면 부모의 양육 태도를 알 수 있거든요. 그런데 놀이 평가를 할 때마다 느끼는 것이지만, 우리나라 부모들은 참 놀아줄 줄을 모릅니다. 아이의 놀이에 찬물을 끼얹는 행동을 너무 많이 해요. 대표적인 것이 '거절'입니다. 소꿉놀이를 하다가 아이가 부모에게 이것저것 음식이라고 자꾸 가져오면, "엄마 이제 그만 먹을래" 또는 "맛없겠다"라고 말해요. 아빠랑 아이가 각각 장난감 차를 골랐는데 아이가 보기에 아빠가 고른 장난감 차가 더 좋아 보입니다. 그러면 아빠 것을 달라고 할 수도 있어요. 그 자체가 놀이니까 "이게 더 마음에 들어? 어디가 더 마음에 들었던 걸까? 그럼 어떻게 할까? 서로 바꿔볼까?"라고 말하면 될 것을, 많은 아빠들이 "싫어. 이거 아빠 거야. 너는 네 거 있는데, 왜 아빠 거를 뺏으려 하니? 너 맨날 그러더라"라고 말합니다.

어떤 엄마들은 자기가 막 신나서 아이가 노는 것을 거들떠보지도 않다가 "야 엄마 하는 것 좀 봐. 엄마 정말 잘하지?"라고 말하기도 해요. 어떤 아빠는 상상 놀이의 개념이 전혀 없어 아이의 놀이를 망치기도 합니다. 아이가 슈퍼맨처럼 보자기를 목에 묶고 양팔을 벌린 채, "윙~ 날아요" 하면 아빠가 옆에서 "사람이 어떻게 나니?" 그렇게 말해버려요. 또 아이가 블록을 케이크라고 잘라서 먹으라고 주면 "이건 원래 못 먹는 거야" 합니다. 또 놀이에서 공격성이 보이면 "너 왜 이렇게 난폭하게 노니? 다른 것 가지고 놀아"라고 말합니다. 아이가 놀이를 놀이라고 느끼려면 놀았을 때 즐겁고 마음이 편안해야 해요. 그런데 부모들이 이렇게 나오면 아이는 놀수록 마음이 더 헛헛해집니다.

아이와 노는 것은 사실 쉬운 일이 아니에요. 아이와 깊은 상호작용을 하면서 에너지를 몰입해야 하기에 어렵습니다. 어찌 보면 잠깐만 놀아도 피곤할 수도 있어요. 부모들은 참된 놀이가 무엇인지를 모르기도 하지만, 할 수 있어도 하지 않으려는 경향도 있어요. 하지만 저는 부모들이 하루 30분이라도 모든 에너지를 몰입하여 아이와 제대로 놀아주기를 간절히 바라요. 그렇게만 해줘도 아이의 모든 것이 너무 많이 좋아지거든요. 부모 자녀 관계에도 정서 발달에도 모두 좋은 영향을 줍니다.

그렇다면 아이와 어떻게 놀아줘야 할까요? 아이의 뒤를 따라가면 됩니다. 놀이를 선택할 때는 충분히 탐색하게 해주고 놀잇감도 아이가 자유롭게 고르게 하세요. 아이가 놀잇감을 골라 와서 "나 이것 가지고 놀 거야"라고 말했을 때, "그거는 재미없겠다"라고 김빠지는 소리는 하면 안 돼요. 그리고 놀이가 진행되면 반드시 아이가 주도하게 하세요. 아이가 "엄마, 나 낚시 게임할래" 그러면, "와 재밌겠다. 엄마는 어떤 것을 할까?"라고 하면서 좀 적극적으로 개입합니다. 적극적으로 개입하라는 것은 부모가 아이의 놀이를 쥐고 흔들라는 것이 아니라 아이와 적극적인 상호작용을 하라는 거예요. 그 안에서 격려와 지도를 하면서 놀아줘야 합니다. 아이가 놀이 방법을 모르면 놀이를 주도하는 아이 입장을 배려해 "아 이렇게 하는 건가 보다"식으로 넌지시 말해주세요.

아이가 잘할 때는 칭찬도 해주고, 아이가 "아~ 재밌다~"라고 감정을 표현하면 부모가 "이야~ 신난다~"라며 그 감정에 대응해주세요. 놀이는 정서를 포용해주고 감정을 잘 맞춰주는 것이 중요합니다. 물론 놀이에 따라서는 제한해야 하는 것도 있어요. 칼이나 총 등과 같은 공격적인 장난감은 규칙을 정해서 안전하게 놀 수 있도록 하고, 모래나 돌멩이를 가지고 놀 때도 안전하게 노는 법을 알려줍니다.

부모만큼 키가 자란 아이들도 곧잘 놀아달라고 해요. 그런데 초등학교 고학년만 돼도 아이가 놀아달라고 하면 부모는 "다 큰 게 뭘 놀아달라고 해. 친구들이랑 놀아" 내지는 "너 혼자 잘 놀잖아. 공부하라고 안 할 테니까 너 혼자 놀아"라고 해버립니다. 큰 아이들의 놀아달라는 말은 부모와 소통하고 교감하고 싶다는 의미예요. 아이들은 내가 가장 좋아하고 사랑하는 부모와 뭔가 공유하고 교감하면서 자기를 좀 더 진정시키고, 스트레스도 좀 해소시키고, 즐거움도 얻고 싶어서 그러는 거예요. 사실, 놀아달라고 하는 아이는 순진한 겁니다. 조금만 더 자라면 부모가 옆에만 가도 뭔가 캐내려고 하나 해서 도망가버려요. 그때는 지금처럼 아이가 놀아달라고 조르던 것을 그리워하게 될지도 모릅니다.

스마트폰,
어른들이 명품을
갖고 싶듯
최신으로 갖고 싶어요

생일이나 크리스마스 때 아이들에게 "선물로 무엇을 받고 싶니?"라고 물으면, 초등학생 고학년 이상은 10명 중 8명이 스마트폰을 말해요. 그런데 언제부턴가 우리 삶에 등장한 이 전자기기는 아이와 부모 사이에 엄청난 전쟁을 가져왔습니다. 아이들은 안 사주는 것, 못 하게 하는 것, 시간을 너무 야박하게 주는 것 등이 불만이고, 부모는 아이들이 시간 조절을 못하는 것이 참을 수 없는 스트레스거든요. 부모 입장에서는 할 수 있는 한 구입을 미루고 싶은 것이 스마트폰입니다. 아이들은 왜 이렇게 스마트폰이 가지고 싶을까요?

'친구들은 다 있다고요. 나만 없으면 얼마나 창피한 줄 알아요. 좋은 스마트폰 들고 다니면 아이들이 은근 대접해준단 말이에요. 하나 사줘요.'

옛날 부모들이 어릴 때 나이키나 조다쉬 청바지 정도는 입어야 어깨가 으쓱해졌던 것처럼 요즘 아이들은 스마트폰이 그래요. 자신의 신분과 자존심을 내세우는 수단의 하나입니다. 아주 후진 휴대폰을 쓰고 있으면 자신이 초라하게 생각되고 또래들도 좀 허접하게 봐요. 어른들은 그렇게 생각하지 않지만 그 또래들은 그런 경향이 좀 있습니다. 아이들의 스마트폰에 대한 마음은 명품이나 비싼 브랜드에 대한 어른들의 마음, 그것과 비슷하다고 볼 수 있어요.

사줘야 할까요? 말아야 할까요? 언제 사주는 것이 최선일까요? 집집마다 사정이 다르겠지만 저는 사줄 수밖에 없다면 초등 5학년 정도가 적당하다고 봅니다. 몇 해 전까지만 해도 초등학생은 절대 안 되고 중학생도 이른 감이 있다고 말했었어요. 하지만 주변에 스마트폰을 가지고 있는 아이들이 많아 상대적 결핍도 고려해야 하고, 스마트폰으로 확인해야 하는 정보도 있어 구입 시기를 좀 낮췄습니다. 초등학교 저학년은 기본적으로 휴대전화가 필요하지 않지만, 맞벌이 등으로 아이와 끊임없이 연락해야 하는 경우는 부득이 사주기도 해야 할 거예요. 이때는 기능이 최소

화된 것으로 구입하고 전화를 걸고 받을 수 있게만 하는 것이 좋습니다. 중고등학생에게 사주는 스마트폰의 가격은 아이가 원하는 사양이 있는 것 중에서 비교적 저렴한 것으로 사주세요. 아이들은 아직 수입이 없기 때문에 그 정도가 적당합니다.

아이가 고가의 휴대폰을 사달라고 하면 이렇게 말해주세요. "돈이 아까워서 그러는 것이 아니라 휴대폰의 그런 기능들이 아직 너에게 필요치 않아." 분명 아이는 "아빠도 가지고 있잖아요"라고 따질 거예요. 화내지 말고 아빠의 업무에 왜 그런 휴대폰이 필요한지 차근차근 설명해줍니다. 그리고 아이가 고가의 휴대폰을 가지고 있을 때 생길 수 있는 문제들도 알려주세요. 초등학교 시기는 지루한 학업이나 책을 보는 데 몰두해야 하는 때입니다. 너무 기능이 많고 재미있는 것이 가득한 휴대폰은, 아이가 그런 과제를 참고 제대로 해낼 수 없게 해요. 아니, 하기 싫게 만들어요. 그런 얘기들도 아이에게 해줄 필요가 있습니다. "지금 너는 지루한 문제도 풀고 공부 같은 것에 집중도 해야 하는 때야. 스마트폰은 네가 그런 것을 해내는 것을 방해할 수 있어"라고 말입니다.

아이에게 스마트폰을 사줄 때는 미리 몇 가지 규칙을 제시해서 서로 합의하는 것이 필요해요. 첫째, 인터넷으로 유해한 정보가 많이 들어올 수 있으므로 차단하겠다고 밝힙니다. 둘째, 톡이나 문자는 몇 시부터 몇 시까지만 사용할 것을 약속받습니다. 아이들은 끊임없이 메시지를 주고받기 때문에 이것에 신경 쓰느라 실제로 공부를 못 해요. 또래들도 톡이나 문자를 보냈는데 답이 없으면 '씹는다'고 뭐라 하기 때문에 오는 메시지에 답을 안 할 수도 없습니다. 따라서 처음 스마트폰을 살 때, 문자를 받고 보내는 시간을 약속받으세요. 친구들에게도 그걸 말하라고 하세요. 그래야 친구들도 오해를 안 합니다. 톡이나 문자를 주고받는 시간은 오후 8시나 9시까지 정도가 적당할 것 같아요. 만약 아이가 두 가지 규칙을 어기면 다음 날 하루 정도는 스마트폰을 회수했다가 돌려줍니다. 아이들의 일과를 감안하면 사용 시간은 하루에 한 시간을 넘으면 안 될 것 같아요. 하지만 현실적으로는 참 어려운 문제입니다. 지키기가 쉽지는 않을 거예요. 하루 한 시간이라는 규칙을 지키려면 이것에 대해 아이와 대화를 많이 하고, 이해할 것은 이해해주고 그러면서 가족이 같은 규칙을 지키는 것이 좋습니다. 온 가족이 스마트폰을 거실에 놓고 생활하세요. 특히 공부하거나 화장실에 가거나 잠을 잘 때는 반드시 거실에 놓도록 합니다.

부모들이 하나 더 염두에 두어야 하는 것이 있습니다. 청소년 기는 또래들과 깊어지고 집단을 만드는 특성이 있어요. 이런 특성이 특히나 청소년 아이들에게 휴대폰을 붙잡고 있게 만들기도 합니다. 카톡이나 SNS 등으로 친구들을 만나는 것을 어느 정도 허용해주기는 해야 해요. 물론 이렇게 말하면 얼마나 휴대폰만 잡고 사는지 몰라서 그런다고 할 것 같습니다. 부모들의 걱정 이해해요. 그런데 아이에게 휴대폰은 올바르게 사용하는 것을 가르치는 것이 중요하지, 허용이나 금지, 뺏느냐 뺏기느냐의 문제가 되어서는 안 됩니다. 휴대폰을 두고 아이와 적이 되어서는 안 돼요. 청소년기에는 휴대폰으로 거의 모든 여가 생활을 합니다. 친구를 만나는 통로이고, 취미생활과 스트레스를 풀고, 거의 모든 정보를 얻을 수 있는 물건이에요. 이것을 아이 손에서 완전히 뺏을 수는 없습니다. 우리가 할 수 있는 것은 올바르게 사용하는 법을 가르치는 거예요. 그런데 우리는 문제가 생기면 뺏습니다. 뺏고 안 사주고 버티고 항상 이런 식이에요. 이것은 가르치는 것이 아닙니다. 휴대폰을 가운데 두고 아이와 싸우는 거예요. 휴대폰을 올바르게 사용하는 것은 절대 한두 번으로 되지 않습니다. 아이에게 끊임없이 가르쳐주고 오랫동안 시행착오를 겪으면서 배워나가게 해야 합니다.

휴대폰 사용 시간을 조절해가는 과정에서는 주었다가 회수하는 과정을 여러 번 반복해야 해요. 항상 오늘 잘 지키면 내일은 할 수 있어야 합니다. 오늘 아이가 과하게 했다고 더 이상 못하게 하려고 실랑이를 하지 마세요. 뺏고 뺏기지 않으려고 하는 과정에서 고성이 오가고 몸싸움까지 하게 됩니다. 그 과정에서 많은 문제가 생겨요. 그냥 다음날 아이가 일어나기 전에 휴대폰을 수거하면 됩니다. 회수할 때도 벌을 주는 것처럼 "다 자업자득이야. 네가 이런 식인데 내가 어떻게 주니?"라고 하지 마세요. "어제 약속을 어겼기 때문에 오늘 하루는 네가 참아야 돼. 대신 내일은 또 줄 거야. 내일은 잘 지켜봐라" 이렇게 말해야 합니다.

아이가 시간 조절을 잘 못하는 것에 대해서 말할 때도 "너 공부는 언제 하려고 그러니?"라고 하는 것보다 "물리적 시간이라는 것은 제한되어 있어. 네가 나이가 많아지면서 그 안에서 할 일도 더 많아졌을 거야. 정해진 시간에 더 많은 일을 하려면 조절이 좀 필요하지 않겠니?" 정도 이야기해주는 것이 좋아요. 사람은 공부를 잘해야지만 잘 살게 되는 것이 아니에요. 그보다 자기 주도성과 자기 조절력을 갖추는 것이 더 중요합니다. 아이를 키울 때는 부모 말을 잘 듣는 고분고분한 아이를 만들기보다 나이에 맞는 자기 주도성과 자기 조절력을 키워주는 것에 초점을 맞춰야 합니다.

아이의 휴대폰을 잠깐 회수하는 것은 벌이 아니에요. 아이는 집행유예 기간을 살고 있는 것이 아닙니다. 휴대폰을 올바르게 사용하는 법을 연습하는 중이에요. 우리는 뭐든 아이가 연습하는 기간이라는 것을, 당당히 시행착오 기간을 누려도 된다는 것을, 인정해주지 않는 면이 있습니다. 항상 이점을 경계해야 합니다.

미디어 콘텐츠 & 게임 시간, 아빠의 술처럼 줄이기가 어려워요

스마트폰과 함께 아이들이 조절에 어려움을 겪는 것이 있어요. 바로 '게임'입니다. 저는 게임은 이제 아이들의 '놀이'로 인정해줘야 한다고 생각해요. 저희 어릴 때는 고무줄놀이, 공기놀이를 하고 놀았지만 요즘 아이들은 게임을 하고 놉니다. 놀이도 변화한 것이지요. 공기놀이를 재미있게 하고 있는데 부모가 공기를 뺏으면 당연히 화가 납니다. 아이도 유튜브나 게임, 웹툰을 재미있게 보고 있는데 뺏으면 화가 나요. 미디어 콘텐츠가 곧 타락으로 이끄는 나쁜 친구는 아니에요. 잘 활용하면 일상의 스트레스를 풀기도 하고 그 공간에서 친구들과 만나서 놀 수도 있습니다. 무조건 못 하게 하는 것은 아이와 단절을 만들 뿐, 아이에게 진정한 도움을 줄 수 없어요. 그런데 백번 양보해서 게임을 놀이로 인정해준다고 해도 저희 어릴 때 놀이는 아침부터 한밤중까지 하진 않았지요. 지금 아이들은 게임이나 유튜브 등을 그렇게 합니다. 그래서 부모들이 초점을 맞춰야 하는 것이 '조절'이에요. 지금의 놀이는 자극적인 요소를 많이 갖추고 있어요. 더 반복해서 인내심을 가지고 아이에게 조절을 가르쳐야 합니다.

의문이 들 수 있어요. 경험상, 과연 조절이 되겠느냐는 것이지요. 영유아기는 휴대폰 형태로 미디어를 접하게 하지 않고 부모가 잘 놀아주면 조절할 수 있습니다. 원칙을 정해놓고 "안 되는 거야"를 일관적으로 지켜나가면 돼요. 여기서 중요한 것은 부모의 모범입니다. 아이에게는 못 하게 하면서 부모는 항상 휴대폰을 붙잡고 있다든지, 늦은 시간까지 드라마를 본다든지 해서는 안 돼요.

초등학교 시기는 어떻게 사용해야 하는지 처음부터 잘 가르쳐주면 됩니다. 미디어 콘텐츠를 보기 전에 얼마나 사용할 것인지, 어떤 것을 볼 것인지를 정하도록 합니다. 그리고 하루에 몇 시간을 할 것인지도 아이와 약속합니다. 미디어를 보는 장소는 부모와 생활하는 오픈된 공간으로 합니다. 아이들은 어려서 조절 능력이 미숙할 수 있어요. 너무 재미있는 내용은 푹 빠질 수 있습니다. 반드시 부모가 잘 지도할 수 있는 오픈된 공간을 택해야 해요. 아이들이 접한 미디어 콘텐츠에 대해서 부모와 같이 이야기를 나누는 시간도 꼭 가져야 합니다. 대화를 통해서 아이들이 좋은 콘텐츠를 선별하고 비판적인 사고를 가질 수 있도록 도와줄 수 있어요. 또한 부모의 것을 같이 사용하는 경우에 아이들에게 미디어 기기는 아이들의 장난감이 아니라 부모의 소유물이라고 일러줘야 합니다. 사용하기 전에 부모에게 허락을 받고 잘 사용하고 돌려주도록 해야 해요.

청소년기 아이들은 조금 다른 방법을 쓰셔야 합니다. 청소년기 이전까지 아이들에게는 옳은 지침을 명확하게 알려주는 것이 통합니다. 아이와 부모가 많은 시간을 공유하고 가깝고 친하기 때문이에요. 그런데 청소년기가 되면 부모와 아이 사이가 좀 달라집니다. 부모와 아이가 좀 멀어져야 하거든요. 멀어져야 한다는 것은 사이가 나빠지라는 것이 아니라 너무 가깝게 붙어서 일일이 간섭하면 안 된다는 겁니다. 이 시기는 평상시에는 몇 발 물러서서 아이를 잘 관찰하고 있다가 중요할 때 짧고 간결하게 조언해주는 것이 좋아요. 그래서 대화 지침도 달라집니다. 어릴 때 대화 지침은 "이렇게 하는 거야"입니다. 아이가 만지지 말아야 할 것을 만지면, "이건 만지면 안 되는 거야"라고 분명하게 말해야 해요. 하지만 청소년기는 아이도 이미 이론적으로 다 알고 있습니다. 그렇게 말하기보다 권유와 제안으로 "이렇게 해줄래?" "네가 이렇게 한번 생각해봤으면 좋겠는데?" "그래도 밥은 나와서 같이 먹었으면 좋겠네" "다음에 한 번 생각해 볼래?" 식으로 말하는 것이 좋습니다. 청소년기는 말만 제안과 권유 형태로 바꿔도 부모 자녀 갈등을 많이 줄일 수 있습니다.

그럼 구체적으로 게임에 대한 이야기를 해볼까요? 게임 시간을 도대체 어떻게 하면 조절할 수 있을까요? 우선 '게임' 문제를 접근할 때는 절대 못 하게 하지 못 한다는 전제에서 출발해야 합니다. 게임에 대한 아이 생각을 이렇거든요.

'내가 좀 많이 하는 건 알아요. 그런데 이게요. 아빠가 담배나 술을 줄인다고 했다가 실패하는 것처럼 좀처럼 줄이기가 어려워요. 엄마가 홈쇼핑 줄이려고 하는데 안 되는 거랑 똑같아요. 줄이려고 해도 잘 안 돼요.'

집에서 무조건 못하게 하거나 완전히 차단해버리면 아이들은 몰래몰래 PC방으로 갈 수도 있어요. PC방 못 가게 하려고 용돈을 끊으면 돈을 구하기 위해 여러 가지 문제를 일으킬 수도 있습니다. 운 좋게 매번 친구가 그 값을 내준다고 해도 아이 입장에서는 자존심이 상해 여러모로 좋지 않아요. 또는 낮에 부모가 없는 친구 집을 찾아내 거기 가서 실컷 할 수도 있습니다. 그렇기 때문에 끊는 것이 아니라 '조절 능력'을 키워줘야 해요. 스스로 조절 능력을 기르게 하려면 현실적인 원칙을 정해야 합니다. 현실적인 원칙을 만들고, 아이에게 자신의 게임 시간 통제 권을 주세요.

게임 중독인 아이를 만나면 저는 게임을 줄여야 된다는 것에 대해서 아이가 어떻게 생각하는지부터 물어봅니다. 아이가 전혀 그렇게 생각하지 않으면 대화조차 되지 않거든요. 우선 본인이 게임에 대해서 어떻게 생각하는지를 편안하게 좀 물어봅니다. 처음부터 "게임은 줄여야 한다고 생각하니?"라고 물어보지 않아요. "재미있어? 요즘 무슨 게임하니?", "아 그건 어떤 게임이야?"하면서 아이가 좋아하는 게임에 대해서 관심을 가져줍니다. 같이 그 게임에 대해서 이야기를 나눠요. 그러고 나서 본인도 게임을 많이 한다고 생각하는지를 물어봅니다. 아이가 그렇다고 하면 그제야 "그럼 너는 좀 줄여야 된다고 생각은 해?"라고 물어요. 아이가 "네"라고 대답하면 "평균을 내어보니깐 네가 게임을 하는 시간이 4시간이라고 하더라. 어느 정도로 정하면 네가 지킬 수 있을 것 같으니? 네가 정해봐. 네가 지킬 수 있는 선으로." 아이가 "2시간이요" 하면, 저는 "더 써. 더 써. 내가 보기에는 확 줄이면 지키기가 좀 어려울 것 같은데…. 네가 지킬 수 있는 선에서 한번 얘기해볼래?"라고 솔직하게 조언해요. 아이가 다시 "2시간 반이요?" 하면, 다시 "아니야 더 써"라고 말해줍니다. "그럼 3시간 반이요?"라고 해요. 그러면 "3시간 40분 정도가 좋지 않겠어?"라고 다시 조언해요. 그러면 대부분 "아니에요. 3시간 반은 지킬 수 있을 것 같아요"라고 말합니다. 이렇게 아이의 입에서 아이가 지킬 수 있는 시간이 나와야 해요.

그리고 부모와 아이를 함께 앉혀놓고 절대 조급해하지 말라고 합니다. 2주 정도 있다가 다시 오라고 하면서 아이에게 "2주 동안 3시간 반만 한번 해봐. 원장님이 엄마랑 너한테 똑같이 숙제를 내줄 거거든" 하면서 엄마와 아이에게 날짜가 쭉 적혀 있는 차트를 각각 줍니다. 그 차트에 3시간 반 만에 게임을 끝냈으면 'O', 그렇지 못하면 'X', 속 썩이면서 끝냈으면 '△'로 표시하도록 해요. 아이는 아이대로 부모는 부모대로 체크하고, 서로 체크한 것을 가지고 "엄마는 'X'인데, 너는 왜 'O'라고 했어?"라고 싸우지 말라는 말도 해둡니다. 그냥 각자 체크만 해서 가져오도록 합니다. 이렇게 말하면 부모들이 꼭 이런 말을 해요. "원장님. 얘는요, 꼭 우기거든요." 그런 집은 부모가 보기에 아이가 게임을 시작하는 시간과 끝내는 시간을 적으라고 합니다. 아이에게도 마찬가지로 그 시간을 적으라고 해요.

2주 후에 만나면 아이는 숙제를 안 해 오는 경우가 많습니다. 그러면 "이건 네가 노력을 좀 해야 하는 거야. 다음에는 꼭 해와" 하면서 다시 해 오라고 해요. 그러고 나면 그 다음번에는 좀 표시해 옵니다. 이렇게 2주씩 하다 보면 'O'가 조금씩 늘어가요. 1개 있던 동그라미가 3~4개만 되어도 저는 "14일 중에 4번이나 있구나" 하면서 칭찬해줘요. 그러면 아이가 "그래도 많이 노력했어요"라고 쑥스럽게 대답합니다. "오케이, 그게 중요한 거야"라고 기분 좋게 말해주지요. 그리고 다음번에 올 때까지는 계속 3시간 반 할 것인지, 시간을 조금 더 줄일 것인지를 물어봅니다. 아이가 그냥 3시간 반을 한다고 하면 그러라고 해요.

게임 시간을 조절하는 것은 이렇게 천천히 진행해야 합니다. 몇 달이 걸릴 수도 있지만, 스스로 조절 능력을 기르려면 성공적인 경험을 통해 자기 효능감을 높여야 하거든요. 그게 게임 중독 아이를 다루는 원칙입니다. 절대로 외부에서 "너 1시간 만 해"라고 통제해서는 안 돼요. 통제권을 밖에서 가지고 있거나 지키지 않았을 때 처벌을 밖에서 하게 되면 절대로 좋아지지 않습니다. 아이 자신이 '에이 못 지켰네'라는 마음이 들어야 해요. 반드시 자기가 시작하고 자기가 끝내게 해야 해요.

처음 게임 시간을 얼마나 줄일지 아이에게 결정하게 할 때도 "너 게임 시간 줄여야 되잖아. 얼마나 줄일 수 있어?" 이렇게 물어보지 마세요. 이렇게 물으면, 아이가 반사적으로 "왜요?"라고 대답합니다. 저는 그럴 때 "너 스스로 생각했을 때 좀 줄여야 된다고 생각은 해? 네 생각은 어때?"라고 물어요. 제가 먼저 줄여야 한다고 판단하고 묻지 않습니다. "너보다 더 많이 하는 아이도 있을 거고 너보다 적게 하는 아이도 있을 거야. 너는 네가 하는 게임 시간이 적당하다고 생각해? 줄여야 된다고 생각해? 아니면 더 많이 해야 된다고 생각해? 너는 어떻게 생각하니?"라고 물어요. 그러면 아이들이 자기 생각을 주저리주저리 이야기하기 시작합니다. 그렇게 아이 생각을 먼저 들어야 아이에게 도움이 되는 대화를 제대로 시작할 수 있어요.

혹, 지난 12개월 동안 아이가 게임으로 인해 일상생활, 학교생활 등을 수행을 하는 데 기능이 떨어지거나 문제가 지속적이고 반복적으로 발생했다면, 다음 12개의 문장에 스스로 체크해 보게 하세요.

☐ 1. **게임에 대해서 계속 생각한다.** (이전에 한 게임이나 앞으로 할 게임에 대해서 계속 생각한다 ; 게임이 일상생활의 주요 활동이 된다.)

☐ 2. **점점 더 오래 게임을 하거나, 더 자극적인 게임을 하거나, 더 높은 레벨이 되거나 더 많은 아이템을 가져야 만족하게 된다.**

☐ 3. **게임 사용을 중단하거나 줄이려고 할 때, 안절부절못하거나 기분이 가라앉거나 예민해진다.**

☐ 4. **다른 문제들로부터 벗어나기 위해 게임을 한다.** (가정문제, 학업스트레스, 부정적인 기분. 예를 들어, 우울, 불안, 죄책감 등을 벗어나거나 가볍게 하기 위해서 게임을 함.)

☐ 5. **게임 시간을 줄이려 본인, 가족 또는 보호자가 노력했지만 계속 실패한다.**

☐ 6. **심리적 문제 혹은 대인 관계의 문제를 일으킨다는 것을 알면서도 과도한 게임 사용을 지속한다.**

☐ 7. **게임사용과 관련하여 가족과 타인에게 거짓말을 한다.**

☐ 8. **나도 모르게 처음에 의도했던 시간보다 게임을 더 오래 하게 된다.**

☐ 9. **게임을 지속적으로 사용해 신체적 문제가 생김에도 불구하고 게임을 계속한다.** (예를 들면, 수면 부족, 눈의 피로, 시력 저하, 두통, 손이나 허리 통증.)

☐ 10. **게임 비용이 지나치게 많거나 (용돈의 대부분을 사용) 게임 비용을 만들기 위해 돈을 빌리거나 훔친다.**

☐ 11. **게임을 제외하고는 다른 취미 활동이나 여가 활동에 관심이 없다.**

☐ 12. **지나친 게임으로 인해 중요한 대인 관계, 직업, 학교, 집에서의 역할을 수행할 수 없거나 많은 지장을 받는다.** (예를 들면, 게임으로 인해 되풀이되는 지각 또는 결석, 학업, 가족들에 대한 무관심.)

· **출처** | 전홍진, 「인터넷·게임·스마트폰 중독의 포괄적 진단평가 도구」, 성균관대학교 삼성서울병원·보건복지부 정신건강R&D사업단, 2018

이 중 3~4개에 체크했다면 경도의 게임 중독, 5~6개에 체크했다면 중증도의 게임 중독, 7개 이상이라면 중증의 게임 중독입니다. 결과를 아이에게 직접 보여주세요.

보통 영유아 시기에는 컴퓨터 게임은 완전히 차단시켜야 해요. 처음부터 "안 돼"라고 경고하고 못하게 하세요. 처음에는 떼를 부리겠지만 그 시간 동안 부모가 재밌게 놀아주면 며칠만 지나도 싹 잊어버립니다. 아이들의 적당한 게임 시간은 초등학생, 중학생은 TV, 인터넷 서치, 스마트폰 채팅, 게임하는 시간 등을 다 합쳐서 하루 2시간을 넘으면 곤란합니다. 고등학생은 공부량이 많기 때문에 하루 1시간이 넘으면 곤란해요. 그런데 이 시간은 순전히 놀이에 사용되는 시간이에요. 공부를 하거나 숙제를 할 때 혹은 책을 볼 때 인터넷 서치나 채팅, 동영상 등을 사용하게 되는 것은 그 시간에서 제외해야 합니다.

아이들의 게임에 대해 부모들에게 다시 당부 드려요. 게임은 이제 아이들의 놀이예요. 현실적으로 인정해주세요. 아빠의 술 문화와 비슷합니다. 술을 마신다는 그 자체가 알코올중독을 의미하지 않듯이 게임을 한다는 그 자체가 게임 중독은 아니에요. 아이가 스마트폰으로 게임을 하고 있다고 바로 '게임 중독'을 떠올리면, 아이를 제대로 가르칠 수 없고 아이와 제대로 소통할 수가 없습니다. 물론 술로 인해서 문제가 발생하면 치료를 받아야 해요. 하지만 그렇다고 누구도 술병을 보자마자 '중독'을 떠올리며 큰일이라고 불안해하지 않습니다. 게임을 하고 있는 아이를 봤을 때도 그렇게 생각해주셨으면 해요. 그리고 아이가 게임을 오래 한다는 이유로 아이의 인격을 모독하는 말 등은 절대로 하지 않았으면 합니다.

부모와 아이가 막 장난감을 사러 나가려는 상황이에요. 부모가 현관에서 거실을 둘러보니 좀 전에 가지고 놀았던 장난감이 어질러져 있습니다. 아이는 얼마 전 부모와 '자기가 가지고 논 장난감은 반드시 자기가 치운다'라는 약속을 했었어요. 부모는 아이에게 약속대로 장난감을 빨리 치우라고 합니다. 지금 아이의 마음은 장난감을 살 생각에 한껏 들떠 있어요. 그런데 부모는 빨리 치우지 않으면 아예 장난감도 사주지 않을 거라고 엄포를 놓습니다. 아이들은 훌쩍이면서 장난감을 치워요. 이럴 때 아이의 마음은 어떨까요?

'약속은 참 무서운 것 같아요. "엄마가 약속했잖아"라고 하면 할 말이 없어요. 갑자기 난 죄인이 돼요. 무기력해져요. 그런데 내가 그 약속에 동의한 건 아니잖아요. 엄마가 일방적으로 정했잖아요. 엄마가 말하는 약속은 대부분 엄마 마음대로 정한 거예요. 그래놓고 안 지키면 나만 나쁜 사람이래요. 엄마도 약속 안 지키면 좋겠냐고 물으면 나는 도대체 뭐라고 대답해야 돼요?'

부모들은 아이들을 재촉하기 위해서 이렇게 말해요. "너 약속했잖아. 네가 약속 안 지키면 나도 약속 안 지킬 거야." 앞의 사례 상황이면 장난감을 안 사주겠다는 말입니다. 아이는 얼마나 속상할까요? 부모가 융통성이 없는 겁니다. 이때는 아이의 마음을 먼저 보고 약간의 유연성을 발휘해야 해요. "네가 가지고 논 장난감은 네가 치워야 하는 것이 맞아. 갔다 와서 꼭 치우자"라고 말해줘야 합니다. 약속은 아이에게 정리를 가르치기 위해서 한 거예요. 약속을 위해 약속을 한 것은 아닙니다. 그 순서는 좀 달라져도 돼요. 그런데 이렇게 말씀드리면 많은 부모들이 궁금해합니다. "아니, 그렇게 나갔다 와서 안 치우면요? 그러면 약속을 안 지킨 꼴이 되잖아요?" 이 상황에서 더 중요한 것은 약속을 지키는 것보다는 아이가 자신이 가지고 논 장난감을 치우는 일이 자신의 할 일이라는 것을 가르치는 거예요. 이것을 배우는 것은 단번에 되지 않습니다. 시행착오를 거치면서 계속 가르치고 지켜나가도록 해야 합니다. '나중에 와서 안 치우면 어떻게 할까?'

를 미리 걱정해 약속을 위한 약속을 만들어놓는 것이 별로 의미가 없다는 이야기예요.

　육아에서는 많은 상황이 발생합니다. 상황마다 핵심과 비핵심, 중요한 것과 덜 중요한 것이 매번 달라요. 하지만 융통성이 없는 부모들은 유연성을 발휘하면 육아 태도에서 일관성이 무너질까 봐 지나치게 두려워합니다. 그래서 매번 "약속했잖아. 약속은 지켜야지"를 강조합니다. 아이들은 그 말에 굉장히 스트레스를 받아요. '약속을 지켜야 한다'는 것은 매우 상위 레벨의 명제라 하기 싫어도 꼼짝없이 따라야 하기 때문입니다. 아이는 욕구불만이 생기고 무력해집니다. 좌절감을 맛보기도 해요.

　고등학생 아이가 부모에게 "이건 정말 기분 나빠요. 아버지가 아무리 그래도…"라고 말을 했다고 칩시다. 부모가 이 말을 듣고 갑자기 "너 어떻게 낳아주고 키워준 부모한테 그럴 수 있어?"라고 나오면 아이는 할 말이 없어져요. '자식은 부모한테 효도를 해야 한다', '부모는 자식을 사랑한다'는 대단히 상위에 있는 명제입니다. 이 명제를 들이대면 아이는 무력해지거든요. 무슨 말을 할 수가 없어요. 약속도 마찬가지입니다. 부모가 "약속 지켜야지" 하면 너무나 대전제이고 상위 가치이기 때문에 아이는 대항할 방법이 없어요. 그저 부모 말을 따를 수밖에 없습니다. 그런데 사람이 살다 보면 약속을 못 지키는 일도 발생합니다. 부모도 그럴 수 있겠지요. 그럴 때 이 아이들은 분노해요. 그 '한 번'에 난리가 납니다.

  3~4년 정도 진료를 받으면서 상태가 아주 좋아진 초등학교 2학년 아이가 있었어요. 이 아이가 연말에 찾아왔습니다. 제가 아이에게 "너 올해 참 잘 지냈어. 새해도 오는데 새해에는 엄마 아빠한테 뭐 하고 싶은 말 없니?"라고 물었어요. 아이는 "있어요"라고 기다렸다는 듯이 대답했습니다. 아이 말이 '대왕 빼빼로'라는 것이 있는데, 엄마 아빠가 그걸 사준다고 해놓고 3년째 안 사주고 있다고 했어요. 저는 아이의 말이 맞는지 3년 전 차트부터 살펴보았습니다. 정말 재작년, 작년 차트에도 '대왕 빼빼로'에 대한 이야기가 있었어요. 부모와 상담하면서 그 말을 했더니 부모는 다른 중요한 일이 있어서 그날을 깜빡하고 놓쳤다고 했습니다. 대왕 빼빼로는 빼빼로데이 즈음에만 판매하는 과자거든요. 3년 내내 그 시즌을 놓친 거였습니다. 저는 아이에게 "그런데 그냥 빼빼로 종류도 되게 많더라. 이번에는 엄마 아빠한테 그걸 여러 개 종류별로 사서 박스에 담아 달라고 해"라고 말해주었어요. 아이는 활짝 웃었습니다. 그리고 아이 앞에서 부모에게 "올해는 그렇게라도 해주시고 내년에는 꼭 챙겨서 사주세요"라고 당부했어요.

  부모들은 의외로 아이와 한 약속을 잘 잊습니다. 아이 입장에서는 중요한 것인데 부모 입장에서는 별로 중요한 것이 아닌 거지요. 아이의 말을 귀담아듣지 않는 겁니다. 평소 '약속'을 강조한 부모일수록, 이런 작은 약속을 어겼을 때 아이 가슴에는 못이 박혀요.

그렇다면 약속을 지켜야 한다고 가르치는 것은 중요하지 않을까요? 당연히 중요합니다. 약속은 지켜야 한다고 가르쳐야지요. 여기서 핵심은 약속이 중요하지 않다는 것이 아니라 우리가 수많은 육아 상황에서 아이에게 무언가를 가르쳐야 할 때 '약속하자'라는 말을 너무 많이 붙이고 있다는 겁니다. 앞의 상황에서처럼 "네가 가지고 논 장난감은 네가 정리해야 하는 거야"를 가르치고 싶다면 그냥 그렇게 말해주면 돼요. 그런데 "네가 가지고 논 장난감은 네가 정리하는 거야. 약속해"라고 합니다. 아이가 소리를 지르면 "소리 지르지 말고 잘 말해도 엄마가 들을 수 있어. 다음에는 소리 지르지 말고 좀 작게 말해보자"라고 말해주면 될 것을, "다음에는 소리 지르지 않기로 약속!"이라고 해버려요. 그리고 아이가 정리를 안 하거나 소리를 지르면 '약속'을 이야기합니다. 이렇게 되면 정작 가르치고 싶었던 것은 가르칠 수가 없어요. 왜냐면 부모 또한 '약속'이라는 단어에 갇혀서 유연성을 발휘할 수가 없기 때문입니다.

부모는 아이에게 많은 것을 가르쳐야 해요. 대부분 한 번에 배워지지 않습니다. 아이가 상황을 이해했다고 해도 그것을 한 번에 적용하지는 못하기 때문입니다. 그래서 부모는 아주 여러 번 가르쳐야 하는 거예요. 그런데 '약속'이 붙으면 부모는 아이가 여러 번 실수하는 것을 수용해주는 것에 마음이 불편해집니다. 수용해주면 아이가 약속을 안 지켜도 된다고 배울까 봐 걱정이 되기 때문이지요. 아이 또한 시행착오를 거듭하면서 배워가는 것이 당연한 것임에도 불구하고 마음 편하게 할 수가 없습니다. 한 번만 실수해도 '약속을 안 지키는 사람'이 되기 때문이에요. 아이에게 무엇을 가르칠 때는 그 과정을 여러 번 경험시켜야 하고, 그 과정에서 일어나는 실수나 시행착오는 당연히 인정되어야 해요. 그래야 아이가 편안하게 내 것으로 만들어갈 수 있어요. 다양한 육아 상황에서 모든 것을 약속하는 식으로 해버리면 아이를 지도하는 것에 문제가 생길 수밖에 없습니다.

솔직히 부모들은 아이를 자신의 생각대로 다루고 싶을 때, 통제를 목적으로 약속을 많이 합니다. 사실 약속은 부모가 아이에게 강조하는 규칙이에요. 약속을 많이 하면 아이가 지켜야 할 규칙도 많아집니다. 아이는 힘들어져요. 청소년기 아이를 키울 때 부모들에게 가정 내 규칙을 너무 많이 만들지 말라고 당부합니다. 분쟁이 일어나고 그것을 지키기 위한 또 다른 규칙이 생겨나게 되거든요. 정말 아이가 지켜야 하는 것만 약속으로 정해야 합니다. 나머지는 아이에게 협조를 구해야 해요. 약속으로 정해지는 것 또한 아이와 합의가 되어야 합니다. 일방적 지시는 안 돼요. 부모는 약속을 했다고 생각하지만 아이는 받아들이지 않습니다. 부모가 현실적이지 않은 약속을 제시하면, 그 앞에서는 "네"라고 대답하고, '에이, 몸으로 때우자' 식으로 나와요. 그런데 한 번 정한 약속은 너무나 상위에 있는 전제라 불가능한 것이라도 못 지키게 되면 아이는 실패감을 느끼고 자기 효능감이 떨어집니다. 외부에서도 아이가 약속을 못 지켰다는 것을 전제로 자꾸 타율로 가려고 합니다. 아이의 자율성과 책임감, 자기 효능감을 위해서라도 아이와의 약속은 지킬 수 있는 현실적인 기준으로 최소한만 정하되, 융통성 있게 적용하는 것이 필요해요.

귀가 시간에 대한 약속도 마찬가지입니다. 아이가 친구를 6시에 만나기로 했는데, 부모가 "7시까지 와" 해요. 아이는 약속을 지키기가 어렵습니다. 이보다는 아이가 나갈 때, "네가 생각하기에 몇 시까지 올 수 있을 것 같니?"라고 물어줘야 해요. 아이가 "8시요" 그러면, "글쎄, 거기서 집에 오는 시간이 얼마나 걸리니?"라고 확인합니다. 아이가 "40분이요"라고 한다면, "너 오는데 40분을 빼면 1시간 20분밖에 안 되는데 괜찮겠어?"라고 시간을 계산해주세요. 아이가 "그럼 10시요?"라고 말할 수도 있겠지요. "10시는 너무 늦다. 오늘은 9시까지 들어와. 이번에는 2시간 20분 정도 놀고 다음에 또 만나" 이렇게 현실적으로 지킬 수 있는 지침을 줘야 합니다. 저는 아이들에게 "네가 못 지킬 것 같으면 엄마한테 분명하게 얘기해"라고 말해줘요. 아이들은 "그렇게 말하면 엄마가 못 나가게 해요"라고 말합니다. "나가서 엄마한테 전화를 하든 톡을 보내든 얘기를 해. '아무리 생각해도 그 시간에는 못 들어갈 것 같아요. 약속을 지키고 싶어서 이러는 거니까 9시까지는 들어갈게요'라고 말을 해." 이렇게 말하고 그 시간은 반드시 지키라고 조언해요. 그래야 부모가 아이에게 신뢰감이 생기고 아이도 자율성과 자기 효능감을 키울 수 있습니다.

일관성에 대해서 한마디 더 보탤게요. 부모들은 '일관성'을 무조건 한 번 정한 원칙대로 가는 것이라고 생각합니다. 그 원칙을 어떤 상황에서도 누구든 그대로 지켜야 한다고 믿어요. 하지만 일관성은 그러한 것도 포함하지만 훨씬 더 깊고 넓은 개념입니다. 일관성에는 부모가 정한 규칙이나 원칙에 대한 것 위에 아이를 잘 자라도록 돕는 대원칙이 있어요. 아이를 잘 관찰해서 아이 스스로 자신의 어떤 능력에 믿음을 가질 수 있도록 부모가 일관되게 잘 돕는 것이 가장 상위개념입니다. 부모가 고수하는 원칙이나 규칙은 '아이를 잘 자라도록 돕는 것'이라는 목표 아래 너무 과하지도 부족하지도 않아야 해요.

마지막으로 생각해봤으면 하는 것이 있습니다. 우리는 왜 아이들을 가르칠 때 약속이라는 말을 이렇게 자주 사용하게 될까요? 어른들 중에 다이어트를 하면서 "나는 한 달 안에 몇 kg를 빼겠습니다", "오늘부터 밀가루를 안 먹겠습니다" 하면서 자기와의 약속을 하는 경우가 있습니다. 그런데 그것이 한 번에 잘 되시가 않지요. 그래서 눈 떠서 잘 때까지 끊임없이 자기와의 약속을 저버린 사람으로 죄책감을 갖기도 합니다. 그런데 왜 굳이 '약속'을 선언하는 걸까요? 그만큼 자신에게 그 일이 중요하기 때문입니다. '약속'이라는 말을 붙여서 '중요도'를 강조하는 거예요. 부모도 아마 그런 이유일 겁니다. 단순히 아이를 통제하기 위한 수단이 아니라 내가 아이에게 꼭 가르치고 싶은 것, 아이가 꼭 배워서 실천했으면 하는 것에 '약속'이라는 말을 붙이게 되는 겁니다. 그런데 '정리를 잘 못 하는 사람'보다 '약속을 잘 안 지키는 사람'이라는 이름표의 무게는 상당히 무겁습니다. 마음에 주는 부담이 너무 커요. 육아 상황에서 '약속'이라는 말이 너무 많이 붙으면 아이가 힘들어지는 것은 물론이고 부모 마음도 너무 불편해집니다.

사실 저는 육아 상황뿐 아니라 일상생활에서도 친구와 어디에서 몇 시에 만나기로 하는 약속 빼고는 쉽게 '약속'이라는 말을 쓰지 않았으면 해요. 약속은 '사람을 해치면 안 된다'와 같은 상위 레벨의 명제예요. 우린 모두 꼭 지켜야 하는 것이라고 생각합니다. 그런데 일상의 수많은 상황에서 '약속'이라는 말을 붙어버리면 상황 상황이 지나치게 비장해질 수 있어요. 살다 보면 어쩔 수 없는 상황조차 큰 실망감과 죄책감을 느낄 수 있습니다. 우리가 쓰는 '약속'이라는 말은 삶의 목표이기도 하고, 방향이기도 하고, 노력해 보려고 하는 동기이기도 하고, 바램이기도 한 것 같아요. 그런데 그 단어를 쓰고 나면 그것에 도달하지 않은 자신을 약속을 못 지키는 신뢰하지 못할 사람이라고 생각해버리는 경향이 있습니다. 그럴 필요는 없지 않을까요?

아이에게 '약속'이라는 말을 붙이지 말고, "이건 꼭 배워야 하는 중요한 거야. 네가 따라줬으면 좋겠어"라고 했으면 좋겠습니다. 우리 자신에게도 '약속' 대신 "앞으로 이런 방향으로 가는 것이 좋겠어" 정도로 말해줬으면 좋겠어요. 다이어트를 하면서 어느 날은 더 먹기도 하고 어느 날은 또 지키기도 하면 괜찮아요. 매일 운동하기로 마음먹었을 때도 마찬가지입니다. 아이도 우리도 오랜 기간 동안 시행착오를 거치면서 조금씩 진일보하면 되는 거예요. 한 번에 다다르지 못해도, 여러 번에 다다라도 조금씩 나아가고 있다면 그것으로 괜찮은 겁니다.

무서운 엄마 무서운 아빠

세상에 무서운 사람은 정말 많아요. 무서운 아저씨, 무서운 선배, 무서운 일진, 무서운 유괴범, 무서운 도둑, 무서운 학생주임… 그런데 부모마저 무서워서야 되겠습니까? 아이에게 부모는 세상에서 가장 좋고 편안해야 해요.

아이들이 무섭다고 생각하는 부모는 두 부류입니다. 폭력적이고 화를 자주 내는 부모와 지나치게 근엄한 부모예요. 이런 부모들은 아이가 가까이 다가갈 수 없는 거리감과 벽이 있습니다. '무섭다'라는 감정 자체도 사실 스트레스예요. 부모가 무서우면 아이는 이 스트레스를 항상 곁에 두고 살아야 합니다.

폭력적인 부모는 문제가 너무 많기 때문에 간단한 조언으로는 해결될 수 없어요. 경미한 화라도 자주 내는 부모 중에서 자신이 잘못하고 있다는 것을 아는 부모라면 화를 내놓고 많이 후회해요. 그때는 아이에게 자신이 후회하고 있음을 빨리 사과해야 합니다. 그러면 아이들은 마음속으로 '맨날 저래 놓고 또 화낼 거면서'라고 생각할 수 있어요. 그것까지 예상해서 사과하세요. "매번 화를 내놓고 후회하지 말아야 하는데, 아빠도 사람인지라 노력은 하고 있는데 참 안 되네. 더 노력할게. 아빠가 화내서 미안하다. 그런데 이 점은 네가 좀 고치기는 해야 돼. 그래도 혼내면서 할 이야기는 아니었는데…" 이렇게 얘기해줘야 합니다. 부모 역시 어떤 상황에서는 자신의 감정을 잘 다루지 못한 미숙함과 유치함이 있다는 것을 아이한테 솔직하게 고백하세요.

아이에게는 지나치게 근엄한 부모가 화를 자주 내고 폭력적인 부모 못지않게 무섭습니다. 아이는 나이가 몇 살이든 간에 심지어 스무 살이 넘었어도 다른 사람도 아닌 부모가 자신을 바라볼 때 늘 표정이 없고 말도 잘 안 하고 무게만 잡고 있다면 마음이 행복하지 않아요. 어떤 부모들은 '상냥하고 친절한 것이 그렇게 중요합니까? 제가 부모로서 아이를 잘 키우려고 뒷바라지하고 나가서 열심히 일하면 되는 것 아닌가요? 아이들 비위까지 맞춰야 합니까?'라고 생각할 수도 있어요. 하지만 부모는 이 세상에서 아이를 가장 사랑해줘야 하는 사람입니다. 부모가 너무 근엄하면 아이와 감정적인 교감을 하기 어려워요. 부모와 감정적인 교감이 없으면 아이들은 생각보다 많이 힘들어합니다.

부모가 지나치게 엄하면 아이는 긍정적이고 아주 따뜻한 사랑의 감정 교감이 없기 때문에 어린아이들은 부모가 자신을 사랑하지 않는다고까지 생각해요. 큰 아이들은 자신이 부모로부터 마음으로 사랑을 받았다는 생각을 안 합니다. 아이들은 자라면 "부모로서 책임은 다하셨죠. 저를 나쁘게 대하지는 않으셨으니까 부모를 원망할 구석은 없어요. 그런데 마음으로 사랑을 받았다고 느껴지는 않아요"라고 얘기합니다. 부모로서는 억울할 수 있어요. 하지만 아이들은 부모에게 사랑받았다고 느끼고 부모와 관계가 좋아야 행복해요. 그러니 지금부터라도 아이에게 좀 편해지고 상냥해지려고 노력해야 해요. 거울을 보고 상냥하게 말하는 것, 미소 지으면서 말하는 것, 활짝 웃는 것을 많이 연습하세요. 지나치게 근엄하면 아이는 부모와 친할 수 없어요. 양육에서는 아이와 부모가 친한 것이 가장 중요합니다.

자주 우는 엄마

부모는 아이 앞에서 항상 웃는 모습만 보여줘야 하는 것은 아닙니다. 너무 지나치지 않는 선에서 희로애락의 감정은 모두 표현하고 살아야 해요. 그래야 아이가 감정을 배울 수 있습니다. 부모가 자주 울더라도 영화를 보면서 운다거나 상황이 어려운 사람들을 보고 가슴이 아파서 눈물을 흘리는 것이거나 아이가 슬퍼할 때 그 마음을 이해하고 공감하면서 같이 눈물을 흘리는 것은 괜찮습니다. 여기에서 말하는 자주 우는 것은 문제 해결을 잘 못해서 툭하면 우는 것, 부부 사이가 너무 안 좋아서 삶이 불행해서 부모가 늘 울고 있는 것 등을 말해요.

엄마가 자주 울면 아이는 두 가지 감정이에요. 일단 가엽고 불쌍합니다. 한편으로는 엄마가 하찮게 느껴져요. 엄마를 좋아하기는 하지만, 울기 시작하면 무시하는 마음도 생깁니다. 어른들은 자주 우는 아이들에게 "울지 말고 말해봐. 울면 네가 뭘 말하려고 하는지 잘 모르겠어"라고 말을 해요. 똑같습니다. 엄마가 아이에게 울면서 말하면 아이도 엄마가 자기한테 도대체 무슨 말을 하고 싶은지를 알 수 없어요.

부모는 아이가 느끼기에 자신보다 나은 사람이어야 합니다. 어려움이 있을 때 자식을 품어주고, 잘 대처하고, 배울 점도 있고, 지도 받을 점도 있어야 해요. 그런데, 엄마가 자주 울면 그런 생각이 들지 않습니다. 엄마가 우는 이유가 아빠 때문이라면, 아빠에 대한 분노와 적개심도 생길 수도 있어요. 엄마가 불쌍하기도 하면서 저런 아빠하고 사는 엄마가 바보처럼 생각되기도 합니다. 엄마가 우는 이유가 아이 때문이라면, 엄마를 괴롭히는 자신에게 죄책감이 듭니다.

아이 앞에서 자주 우는 엄마는 마음이 여린 사람이에요. 그리고 문제 해결 능력이 떨어지는 사람입니다. 그 상황에서 자기의 감정을 어떻게 해야 하는지 모르기 때문이지요. 어린아이들이 화나도 울고, 짜증 나도 울고, 슬퍼도 우는 것과 같습니다. 이런 엄마들은 자신이 어떤 상황에서 눈물이 나는지 잘 살펴보아야 해요. 그때 어떤 감정이었는지, 어느 정도의 수준인지 숫자로 표시해 적어보세요. 그렇게 감정을 구분하고 처리하는 연습을 해야 합니다.

나라도 강하게 키우겠다는 아빠

강하게 키워야겠다는 생각이 드는 아이는 그 반대의 성향을 가진 아이일 가능성이 높아요. 소심하거나 겁이 많거나 예민하거나 불안하거나 좌절에 취약해서 쉽게 포기하는 아이일 겁니다. 약한 아이일 거예요. 그런 아이를 훈련이라는 명목으로 강하게 몰아붙이면, 아이에게 아빠는 공격자가 됩니다. 가뜩이나 세상의 모든 스트레스에 취약한 아이가 아빠의 공격으로 더 약해져요. 이런 아이는 아빠가 생각한 그 방법으로는 강해질 수 없습니다.

아빠들은 "얘 같은 애는 고생을 해봐야 해. 그래야 정신을 차려"라고 쉽게 말해요. 아빠들이 이렇게 말하는 이유는 '이 아이가 이래서 이 험난한 세상을 어떻게 살아갈까' 하는 걱정 때문입니다. 그래서 나라도 훈련을 시키려고 하는 것이지요. 또 '이 세상에 이상하게 대하고 못되게 굴고 험하게 대하는 사람도 있다는 것을 알게 하려면 내가 경험을 시키는 것이 낫겠네'라는 마음도 있습니다. 현실을 무시한 채로 아이를 온실에서 키우듯이 곱게만 대해주면 나중에 막상 그 현실에 맞닥뜨렸을 때는 대처를 못해내니까 나라도 미리 경험시킨다는 거예요.

그런데 문제는요, 아이가 겁을 내거나 무서워하거나 불안해하는 것도 그 아이 나름대로 가지고 있는 특성이나 취약성으로 잘 고려해서 결국은 내면이 좀 단단해져야 한다는 겁니다. 오해하지 마세요. 내면이 단단해져야 한다는 것은 강해져야 한다는 말이 아니라 아이가 자신의 특성을 잘 알아서 그 부분을 편안하게 적응하면서 살아가는 것을 말합니다. 너무 두드러진 것은 좀 낮추게 하고 다른 면들은 좀 보완되게 하는 것이지요. 사실 소심하면 좀 어떻습니까? 소심하게 살아도 괜찮아요. 자기 안정감을 유지하면서 자기가 살고 싶은 삶을 살아가는 데 크게 불편하지 않으면 되는 겁니다.

아이의 취약한 면은 그대로 받아들여야 해요. 받아들여야 취약한 면을 정확하게 인식할 수 있고 그다음 단계인 어떻게 이 아이를 돕고 성장시킬 것인지에 대한 진지한 고민을 할 수 있는 토대가 마련되기 때문입니다.

부모는 내 아이가 조금 덜 고생하고 조금이라도 행복하게 살 수 있게 돕는 방법을 생각해야 해요. 아이의 행복만 생각하면 됩니다. 체육 교사가 될 필요도 없고, 멘토가 될 필요도 없고, 훈련소 교관이 될 필요도 없습니다. 물론 아이에게 "이 부분은 네가 좀 힘들기는 할 거야. 하루 아침에 나아지지는 않겠지만, 조금씩 노력해서 결국 네가 외부에서 오는 자극에 덜 상처를 받게끔 해야 돼"라는 방향을 제시해주기는 해야 합니다. 하지만 아이를 키울 때는 나그네의 옷을 벗기는 것은 강한 바람이 아니라 따뜻한 해님이었다는 것을 항상 기억하고 있어야 해요.

뭐든 조건부터 다는 부모

부모가 아이에게 "숙제를 해야지만 TV를 볼 수 있어"라고 말합니다. 부모의 말은 'TV 보는 것은 중요하지 않아. 숙제를 하는 것이 훨씬 중요해'라는 의미겠지요. 하지만 아이는 이 조건을 'TV를 보려면 숙제를 해야 하는구나' 즉, '이런저런 것들이 충족된다면 TV를 볼 수 있구나' 식으로 TV에 훨씬 더 큰 비중을 두고 받아들입니다.

대개 부모는 "너 숙제 다 하면 게임하게 해줄게"라고 말해요. 당근은 아이가 좋아하는 것이어야만 당근으로서 의미가 있기 때문입니다. 그런데 아이는 계속 당근만 생각해요. 점점 당근을 위해서 숙제를 합니다. 숙제에 대한 내적 동기가 안 생겨요. 아이는 그저 '나는 당근을 빨리 얻고 싶은데, 엄마는 왜 조건을 달까? 그냥 기분 좋게 좀 주면 안 되나?' 하는 생각만 듭니다.

부모가 의도한 대로 아이가 책임 분량을 해내게 하고 싶다면, 아예 처음부터 "무슨 일이 있어도 이것은 해야 하는 거야"라고 말하는 것이 좋아요. 조건을 달면 아이에게 동기부여가 될 것이라고 생각하지만, 그것은 아주 일시적입니다. 거듭될수록 맨 마지막에 부수적으로 얻는 것이 목표가 되어버려요. 그것이 아이들의 목적이 됩니다.

정말 내적 동기를 가지고 해야 하는 일은 조건 없이 "이건 네가 지금 해야 하는 거야"라고 말해야 해요. 조건은 서로가 타협을 통해서 바꿀 수 있는 일에만 답니다. 예를 들면 "지금 병원에 가면 대기자가 적어서 빨리 끝나니까 더 많이 놀 수 있어. 그렇게 할래? 먼저 놀고 가면 대기자가 많아지기 때문에 병원에 있는 시간이 좀 더 길어지니까 네가 노는 시간이 줄어들 수 있어. 어떻게 할래?"와 같은 거지요.

아이가 꼭 해야 하는 일들에는 조건을 달면 안 됩니다. 아이가 성장을 위해 꼭 해야 하는 것, 먹는 것, 공부하는 것 들이 그것이에요. 부모가 뭐든 자꾸 조건을 걸면 아이는 부모의 사랑이 무조건적인 것이 아닌 것 같습니다. 조건이 붙는다는 것은 '내가 잘못하면 엄마가 나를 사랑하지 않겠구나'라는 말 같아요. 아이가 그렇게 오해할 수도 있습니다.

Chapter 5

아이의 마음은 언제나
신호를 보낸다

불안하고, 외롭고, 억울하면
마음이 힘들어지는 아이들

　이제 막 초등학교에 들어간 여자아이가 "엄마 때문에 정말 스트레스가 많아요"라고 말했어요. 아이는 정확히 '스·트·레·스'라는 단어를 썼습니다. 사실 라틴어로 '팽팽하게 죄다, 긴장'이라는 단어에서 비롯된 '스트레스(stress)'라는 단어를 우리가 사용하기 시작한 지는 100년도 채 되지 않았어요. 스트레스는 '외적 혹은 내적 자극으로 인해 감당하기 어려운 상황이 되었을 때 느끼는 불안의 감정' 정도로 정의할 수 있습니다. 보통 만병의 근원으로 이야기되지요. 아이가 사용한 '스트레스'는 '짜증이 난다, 답답하다'의 감정을 나타내고 있습니다.

이 아이는 왜 스트레스가 많다고 했을까요? 이유를 물어보니, 엄마가 "옷 빨리 갈아입어"라고 해서 옷을 갈아입으려고 생각하고 있으면 말한 지 5초 만에 나타나 "너 빨리 갈아입으라고 했잖아! 왜 안 갈아입어?"라고 한답니다. 엄마는 매사가 그런 식이래요. 시켜놓고 하려고 하면 왜 아직 안 했냐고 혼낸답니다. 어떤 때는 옷 갈아입으라고 해서 옷 갈아입고 있는데, 다시 "책가방 빨리 챙겨"라고 말한대요. 그래서 옷 갈아입고 책가방 챙겨야지 생각하고 있는데, 또 엄마가 들어와 "거봐 너 또 안 하잖아. 책가방 챙기라고 했는데 안 챙겼지?"라고 말했습니다. 아이는 하도 화가 나서 "왜 하려고 하는데 혼내기만 해!"라고 따졌대요. 엄마는 "네가 말해도 맨날 잘 안 하니까 그렇지"라고 말했습니다. 아이는 굉장히 억울해했어요. 자기는 느릴 뿐이지, 한 번도 엄마 말을 듣지 않은 적이 없었기 때문입니다. 아이들은 억울할 때 마음이 많이 힘들어져요.

겁이 많은 어린아이가 너무 무서워서 자기도 모르게 아빠를 때렸어요. 아빠가 "얘가 왜 이렇게 폭력적이지?"하며 무서운 얼굴이 됩니다. 그러면 아이는 억울해요. 마음이 힘들어져요. 또래들과 어울리는 데 품위(?) 떨어지지 않게 조금 꾸몄을 뿐인데, 부모가 "발랑 까졌네. 못된 송아지 엉덩이에 뿔 난다더니…" 합니다. 억울해요. 마음이 힘들어집니다. 복도를 지나가다가 실수로 어깨가 좀 닿은 것뿐인데, 친구가 "왜 때려? 뭐 기분 나쁜 거 있어?"라고 오해를 해요. 속상해요. 마음이 힘들어집니다. 나쁘게 말할 의도는 없었는데 습관적으로 좋지 않은 말이기는 하지만 "아이씨"라는 말이 담임교사의 훈시 끝에 튀어나왔어요. 담임교사가 "너 어디서 선생님한테 욕지거리야. 너 같은 아이는 학교 다닐 필요도 없어"라고 합니다. 너무너무 억울하겠지요. 마음이 힘들어집니다.

특히 아이들은 공부와 관련해 억울한 게 많아요. 공부를 정말 열심히 했습니다. 열심히 했다고 성적이 꼭 잘 나오지는 않아요. 이때 교사나 부모가 "너 공부를 이렇게 안 해서 어쩌니?"라고 말합니다. 억울합니다. 누구보다 아이가 제일 속상한 상황이에요. 그런데 필요한 도움은 못 줄 망정, 오해까지 하니 억울함은 배가 됩니다. 우리가 '아이의 마음속'에 대해서 다양한 사례를 들어 공부한 이유는 아이의 이런 억울함이 덜 생기게 하기 위해서입니다. 육아 중에 부모가 아이의 마음을 오해하면 상황은 꼬일 수 있어요. 부모는 아이가 공부를 더 열심히 해줬으면 하는 마음에서 하는 말이지만, 아이는 마음에 상처를 받습니다. 마음이 편안하지 않은데 공부가 잘될 리도 없어요.

'아이의 마음속'에 대해서 알아야 하는 이유는 아이만을 위해서가 아니에요. 부모 자신의 육아의 짐을 덜기 위해서이기도 합니다. 공부를 정말 잘하고 싶어서 나름대로 열심히 했었다는 아이의 진심을 알면 부모는 똑같은 상황에서도 "네가 열심히 했는데도 결과가 좋지 않구나. 우리 함께 이유를 좀 찾아볼까? 이왕이면 네가 한 만큼 결과가 나오는 것이 좋으니까"라고 말해줄 수도 있을 거예요. 혼을 내기보다 어떻게 도와주어야 할지를 더 고민할 거예요. 그게 '부모'라는 사람들이 '아이의 마음'을 알게 되었을 때 하게 되는 일관된 행동입니다.

아이들이 억울함을 느끼는 상황에 대해서 조금 더 말하자면, 부모가 이전에 잘못한 것으로 낙인을 찍어서 말하거나 그러리라고 지레짐작해서 말할 때입니다. 아이는 지금 이 순간 그대로 봐주길 원해요. 아이의 억울함이 줄어들려면 부모는 늘 아이의 사건 하나하나를 독립된 사안으로 다뤄줘야 합니다. 예전에 아이가 늘 그래 왔다고 계속 그러리라고 생각하면 안 됩니다. 가끔 아닐 때도 있어요. 이번에는 그렇게 하지 않았는데 부모가 늘 그랬다고 하면서 아이를 야단칠 때 아이는 부모에 대한 신뢰가 떨어집니다. 아이의 억울함이 줄이려면 부모는 요즘 아이들의 또래 문화를 이해하고 인정하는 것도 필요해요. 또래 10명 중 8명이 하는 것을 내 아이가 했을 때는 그들만의 문화라고 존중해주기도 해야 합니다.

아주 어린아이들은 본인이 안전하다고 느끼지 못할 때 마음이 힘들어져요. 자신의 안정감을 깨는 어떤 일들에 불안해합니다. 안정감이란 정서적인 것을 말해요. 부모가 자신을 잘 돌봐주지 않거나 엄마 아빠가 싸움을 자주 하거나 새롭고 낯선 경험을 덜 컥하게 될 때 아이들은 마음이 힘들어집니다. 새로운 성장 발달 과제를 해야 할 때도 안정감 있던 전 단계가 깨지기 때문에 조금 스트레스를 받아요.

또 부모가 항상 뭔가 지적할 때도 정서적인 안정감이 깨집니다. 부모들은 가정교육이라고 말할 거예요. 앉으면 "똑바로 앉아야지" 하고, 똑바로 앉으면 "허리도 펴야지" 하고, 일어나면 "다시 앉아"라고 합니다. 먹으면 "흘리지 말아라. 골고루 먹어라" 하고 안 먹으면 "왜 안 먹어?" 하고, 많이 먹으면 "왜 이렇게 많이 먹어"라고 합니다. 울면 "바보처럼 왜 울어?" 하고, 안 울면, "넌 애가 어쩜 그렇게 냉정하니?"라고 해요. 부모들은 상황마다 그렇게 말한 이유가 있겠지요. 하지만 아이들은 사사건건 지적 받고 있다고 느낍니다. 스트레스가 발생해요. 그래서 부모는 한 자리에서는 딱 한 건만 말하는 연습을 해야 합니다. 한꺼번에 다 가르치려고 하면 결국 지적이고 잔소리라 아이의 마음만 상하고 교육은 되지 않아요.

아이를 잘 키운다는 것은 마음이 편안한 아이로 키우는 겁니다. 그러려면 아이의 반응에 민감해야 해요. 더불어 아무리 어리더라도 이 말을 했을 때, 아이의 기분이 어떨지 꼭 한 번 더 생각해보아야 합니다. 아이의 비위를 맞추라는 것이 아니에요. 아이에 대한 '배려'이고 '존중'에 대해서 늘 고민해보자는 말입니다.

부정적인 감정을 말할 수 있어야
아이의 마음이 건강

chapter 1~4까지 주제들은 아이들의 마음을 힘들게 하는 것들이었어요. 주제마다 실린 아이의 사정, 마음, 생각, 목소리는 솔직히 부모를 조금 당황하게 했을지도 모릅니다. 아이들의 불편하고 부정적인 감정들이 적나라하게 적혀 있었으니까요. 우리는 아이들의 이런 감정 표현을 편안하게 받아들이는 연습을 해야 합니다.

아이가 불편한 감정이나 부정적인 감정을 표현할 때 나쁜 아이 혹은 부모에게 대드는 아이라고 생각하는 경우가 많아요. 그래서 두 가지로 대응합니다. 대놓고 억압하거나 무언의 압력을 가해서 부정적인 감정을 다시는 표출하지 못하도록 막아요. 대놓고 억압하면 아이들은 '되로 주고 말로 받았네'라고 느낍니다. 무언의 압력을 가할 때는 '불편한 감정을 표현했더니 안전하지가 않네. 뭔가 끝이 안 좋구나'라고 생각합니다. 불편한 감정을 아예 표현하지 않게 되지요. 정말 심각한 것은 아이는 단지 부모에게만 부정적인 감정을 표출하지 않는 것이 아니라 그 누구에게도 불편한 감정을 표출하는 것이 어색해진다는 점입니다. 특히 권위가 있는 사람과의 관계에서는 더욱 그래요.

불편한 감정을 적절하게 표현하지 않으면 그 자체가 억압과 억제의 기전을 통해서 없어지지 않고 남아서 아이들이 말하는 그런 스트레스가 아니라 치료를 요하는 스트레스가 됩니다. 그것이 응집되면 다른 형태로 표현되기도 하는데, 엉뚱한 감정으로 표현되거나 여기저기가 아파지기도 해요. 스트레스성 또는 신경성이라고 불리는 많은 질환이 이렇게 시작됩니다. 신경성 두통, 신경성 위장병, 신경성 대장 증상 등이 다 이런 것이에요.

아이가 학교에 가기 시작하면 부모들은 왕따나 괴롭힘 등 학교 폭력이 은근히 걱정입니다. 해마다 이런 일로 절망적인 선택을 하는 아이들의 기사가 끊이질 않으니까요. 대부분 착하고 마음이 여린 아이들이 많습니다. 왜 이 아이들은 또래들의 나쁜 짓을 그대로 받기만 한 것일까요? 한 대 맞으면 한 대 때려주고 싶은 것이 사람의 마음인데, 왜 그렇게 하지 못한 걸까요?

가슴이 아프네요. 저는 아이들이 자기 자신을 지킬 정도로는 사나울 필요도 있다고 봐요. 거친 말 한마디도 못 하는 것이 꼭 좋은 것은 아닙니다. 이런 것으로 마음고생을 많이 하는 부모들은 제가 "아이가 정말 착하네요"라고 말하면 "원장님, 저는 우리 아이가 착하다는 말, 순하다는 말이 정말 싫습니다"라고 합니다. 그런데 인간은 원래 착해야 합니다. 착한 것은 좋은 거예요. 이 아이의 문제는 착한 것이 아니라 인간관계에서 대립이 생겼을 때 적절히 대처하지 못하는 것에 있습니다. 이 착한 아이는 왜 이렇게 되었을까요? 우리는 아이를 키울 때 '착하게 행동해야지'를 자주 강조합니다. 아이가 "때려주고 싶어요. 나 화났어요"라고 말하면 대뜸 "사람이 착하게 살아야지. 그런 나쁜 마음 먹으면 안 돼"라고 말해요. 부모 말에 따박따박 자기 의견을 말하면 "어디서 대들어? 공손해야지"라고 혼을 냅니다. 이런 아이들에게 우리가 가르친 것이 진짜 '착함'일까요? 저는 아닌 것 같습니다. 어떻게 보면 형식적 도덕성이 아닐까 싶습니다. 이런 '착함'을 강요받고 자란 아이들은 누군가와 대립할 때 어떻게 처리해야 할지 알지 못해요. 상황에 따라서는 상대가 기분 나빠 해도 자기 의견을 말할 수 있어야 합니다. 이런 교육은 가정에서 이뤄져야 해요. 사실 우리 부모들이 아이가 자기표현을 하는 것을 잘 안 받아주는 경향이 있습니다. 부모가 아이의 말을 '대든다'라고 생각하기 시작하면, 아이는 상대의 눈치를 보지 않고 자기 의견을 말해보는 경험을 하기가 어려워요.

사납게 구는 것을 가르치라는 것이 아니에요. 잘 대처할 수 있도록 좀 담대해지는 것이 필요하다는 이야기입니다. 부모는 아이가 담대함을 키울 수 있게 도와줘야 한다는 말이에요. 그래야 웬만한 일에 잘 흔들리지 않고 꿋꿋할 수 있습니다. 담대함은 '자존감'이라고도 표현할 수 있어요. 누가 나에게 누명을 씌우거나 비난하면 "감히 나에게 이 따위로 대해? 네가 뭔데 감히 나한테 도둑 누명을 씌워?"라고 대응하게 만드는 것이 '자존감'입니다. 지나치게 '착함'을 강요받으면서 자란 아이들은 이게 잘 되지 않아요.

친구랑 절대 싸우면 안 된다, 친구한테 자주 맞고 오는데도 사이좋게 지내야 한다, 선생님 말씀은 무조건 잘 들어야 한다, 부모한테는 절대 대들면 안 되고 예쁘게 말해야 한다…. 틀린 말은 아니지만 육아 현장에서는 굉장히 다양한 상황과 갈등이 생기는데, 늘 유연성 없이 이런 말들이 강조되면서 아이의 부정적인 감정 표현이나 다른 의견을 받아주지 않게 되는 것이 문제입니다. 부모 입장에서는 잘 키운다고 생각할지 모르지만, 갈등 상황에서 문제 해결을 잘하는 아이로 키우기는 어려워요. 자기 자신을 지키게 키우지 못합니다. 모든 것은 직면하도록 가르쳐야 합니다. 부모 또한 모든 것에 직면해야 합니다. 부모와 자녀 간의 갈등도 마찬가지예요. 아이가 부모에게 막 소리를 지릅니다. 그럴 때 "어디서 부모한테 소리를 질러?"라고 하지 말고, "요즘 너 엄마한테 하는 말투가 좀 심하다고 생각하진 않니? 그럴 때는 너한테도 무슨 이유가 있겠지? 뭐가 좀 불만이거나 무슨 말이 좀 하고 싶은 거 같은데, 네가 사춘기라는 것도 이해해. 너도 화날 때도 있고 엄마가 널 건드릴 때도 있을 거야. 그럴 때는 네 마음을 얘기해. 그런 상황에서 소리 지르는 것은 좀 좋은 방법이 아니지"라고 말해줘야 해요. 부모가 그냥 혼내고 화를 내버리면, 아이의 불편한 감정을 다뤄주지 못하는 겁니다. 그렇게 되면 아이는 자신의 불편한 감정과 직면하지 못해요.

우리 부모들은 아이가 불편한 감정을 표현하면 자신이 더 불편해져 그 부분을 다루질 못합니다. "밥 먹었어?", "엄마는요?", "나도 먹었어", "추우니까 옷 따뜻하게 입고 가. 밥 잘 챙겨 먹어야 돼. 늦지 마. 혹시 돈 필요해?"라는 대화는 잘 해요. 그런데 아주 미묘한 갈등 관계가 있었을 때는 피해버립니다. 비슷한 갈등 상황이 몇 번 반복되면 직면해서 그것을 잘 다뤄줘야 해요. 그러지 않으면 아이도 그런 상황이 발생했을 때 해결하기보다는 피하는 것을 선택합니다. 직장에 들어갔는데, 윗사람이 너무 이상하게 굴어요. 가서 얘기할 수 있어야 합니다. "제가 일을 잘 못하는 면이 있으면 잘 알려주시고 꾸짖더라도 일을 잘 가르쳐주셨으면 좋겠습니다. 제가 잘 못한 부분을 구체적으로 가르쳐주시면 고쳐나가겠습니다. 부장님이 그냥 '다시 해와!' 이렇게 말씀하시면 상당히 당황스럽습니다. 뭐가 마음에 안 드시는지를 좀 알려주십시오." 이렇게 말할 수 있어야 해요. 어릴 때 부모가 갈등 상황에서 아이가 감정을 잘 표현하도록 다뤄주지 않으면, 그럴 때 어떻게 해야 할지 몰라 계속 스트레스만 받아 위축되거나 사표를 내버리거나 매일 혼나면서도 발전이 없는 사람으로 크기 쉽습니다.

많은 부모들이 아이한테 화를 내고, 비난하고, 지적하고, 모욕하고, 강압적으로 말하는 것이 나쁘다는 것을 알아요. 그래서 "저는 언제나 아이가 웃을 수 있으면 좋겠어요. 행복했으면 좋겠어요"라고 말하는 부모들도 있습니다. 이런 것을 바라는 부모들은 어쩌면 아이의 불편한 감정을 직면하는 일을 힘들어하는 것은 아닌가 걱정이 좀 들어요. 아이를 키우면서 갈등이 한 번도 생기지 않는다는 것은 불가능합니다. 부모든 아이든 서로에게 완벽하게 만족할 수는 없어요. 불편한 감정은 생기기 마련입니다. 그런 일이 한 번도 없었다는 것은 해야 할 싫은 소리마저 안 하고 참아버린 것은 아닌지 걱정돼요. 저는 언제나 화내지 않고 아이를 키우는 것이 중요하다고 말해왔습니다. 화내지 말 것을 강조한 가장 큰 이유는, 아이한테 도에 지나친 분노 폭발을 하지 말라는 거예요. 화를 너무 가감 없이 날것의 상태로 내는 것이 문제라는 겁니다. 날것의 화에는 분노와 노여움이 들어가 있거든요. 분노와 노여움은 아이에게 정말 좋지 않습니다. 무조건 화를 내지 말라는 것이 아니에요. 어떻게 살면서 인간이 화를 한 번도 내지 않을 수 있을까요? 어떠한 상황에서 느끼는 적당한 화라는 감정은 아이도 배워야 합니다.

'아이인데 뭘. 내가 이해하고 말지'라든가 '아이가 속상해하는 모습을 어떻게 봐. 그냥 넘어가자'라는 마음이었을 겁니다. 그런데 그것은 절대 아이에게 좋은 것이 아니에요. 왜냐면 아이는 불편한 감정이 얽혀 있는 주제를 부모하고 안전하게 소통해볼 줄 알아야 하기 때문입니다. 그래야 다른 사람하고도 그렇게 할 줄 알아요. 자신이 불편하고 당황스러운 상황에서 "이것이 어떻게 된 것인지 나도 좀 확인해봐야겠어. 나는 그러지 않았거든"이라고 말할 수 있습니다. 아이가 잘못하는 것이 있으면 부모는 싫은 소리도 해야 해요. 그리고 마찬가지로 아이의 불편한 감정도 들을 수 있어야 합니다. 부모라는 안전한 창구를 통해 그런 소통을 경험해야 아이는 그런 감정을 다른 사람과 소통하며 살 수 있어요. 마음이 건강한 사람으로 자랄 수 있습니다.

회사에 상사가 한 명 왔어요. 이 사람은 누가 봐도 아주 이상한 사람입니다. 이 상사는 오자마자 부하 직원 몇몇을 괴롭히기 시작했어요. 이럴 때 사람들이 보이는 반응은 다 달라요. "아유, 짜증 나. 우리 한잔합시다"하면서 음주가무로 스트레스를 푸는 사람도 있고, 어떤 사람은 회사를 안 나와버리기도 합니다. 또 어떤 사람은 상사가 부임한 후로 몸이 계속 아파요. 이유 없이 속도 쓰리고 머리도 아파서 회사 근처 내과에 자주 다녀옵니다. 수시로 화장실을 들락거리는 사람도 있고, 어떤 사람은 상사만 안 보이면 "저 사람 진짜 웃기지 않냐?" 하면서 욕을 해요. 그냥 아무렇지도 않게 회사를 잘 다니다가 어느 날 갑자기 사표를 내버리는 사람도 있습니다.

이런 상황에서 스트레스를 잘 다루는 사람은 마음을 나눌 수 있는 사람과 이야기를 해요. "요즘 힘들지 않아? 부장님이 새로 오셔서 내가 좀 예민한 건가?" 상대방도 스트레스를 잘 다루는 사람이라면 이렇게 말할 겁니다. "아니야, 나도 좀 힘들어." 그러면 "그렇지? 이걸 어떻게 해야 하나? 새로 오셔서 파악이 안 돼서 그러는 것이니까 우리가 좀 기다려야 하나, 아니면 간곡히 말씀을 드려야 하나? 이런 상태로는 일을 제대로 해나가기 어려울 것 같은데…"라고 이야기를 풀어갈 거예요. 그러면서 이런 대화가 오가기도 합니다. "그렇긴 한데, 유난히 네가 좀 더 스트레스를 받은 것도 있어." 상대가 이렇게 말하면 좀 생각할 거예요. "내가 왜 그럴까?" 그러면 상대가 "네가 좀 남한테 싫은 소리 듣는 것 싫어하는 완벽주의자잖아"라고 진솔하게 말해줄 수도 있습니다. "그래 맞아. 내가 지금까지 인정도 좀 받았고 조금이라도 싫은 소리 안 들으려고 야근까지 해왔잖아. 그런데 어떻게 해도 잘 못한다고 하니까 좀 힘들어"라고 솔직하게 자기의 고민을 털어놓으면 상대방이 위로를 하기도 합니다. "그래도 너만큼 일 잘하는 사람이 어디 있냐?" 그러면 "그런가? 그래 내가 좀 잘하긴 하지"하면서 마음이 조금은 편안해집니다. 마음이 건강한 사람이 스트레스를 다루는 방법이지요.

이 대화에는 스트레스를 다루는 모든 방법이 담겨 있습니다. '나 힘들어'라는 내 감정의 표현도 있고, '부장님도 새로 오셔서 뭔가 적응이 좀 안 될 거야'라는 타인에 대한 공감도 있어요. '우리 어떻게 해야 할까?'라는 문제 제기도 있습니다. '너만큼 잘하는 사람도 없어'라는 상대방에 대한 위로도 있어요. '그래. 내가 좀 싫은 소리를 못 듣지'라고 다른 사람의 조언을 받아들이는 것도 있습니다. 어른들 중에도 이런 대화를 나눌 수 있는 사람이 많지 않아요. 이런 대화는 정서가 잘 발달된 사람, 즉 정서 지능이 높은 사람이라야 가능합니다. 스트레스는 대부분 정서로 표현되기 때문이에요. 정서를 잘 발달시키는 것이 스트레스 대처 능력을 강화시키는 중요한 포인트입니다.

아이의 모든 스트레스에 반드시 도움이 필요한 것도 스트레스가 정서 표현이기 때문이에요. 아이들은 아직 스트레스를 잘 다룰 만큼 정서가 발달하지 않은 상태이니까요. 아이는 "엄마, 난 이래저래서 힘들어"라고 엄마한테 정확하게 설명할 수가 없습니다. '아빠의 성격이 이래서 힘들어' 혹은 '친구가 이런 상황이고, 나는 이런 성격이라 이런 일이 벌어졌구나. 그러니 이제부터는 저렇게 하겠다'는 식의 해답을 내기가 어려워요. 아이의 정서 발달은 유아기는 물론이고 청소년기까지도 완성되었다고 볼 수 없거든요. 중고등학생도 미숙한 아이들이 많습니다. 자신의 스트레스를 긍정적인 방향으로 잘 다루지 못해요. 하지만 부모의 정서 지능이 높으면 아이가 스트레스를 받을 때, 위 사례의 친구처럼 "엄마가 보기에 요즘 네가 좀 힘든 것 같아"라고 아이의 마음을 대신 읽어주면서 스트레스를 긍정적인 방향으로 겪어나가게 도울 수 있습니다. 하지만 정서 발달이 조금 미숙한 부모라도 이런 책을 읽으면서 계속해서 '아이의 마음'을 공부하고 수긍과 공감에 대해서 고민하면 내 아이의 스트레스를 조금 더 나은 방향으로 도울 수 있습니다.

부모는 항상 아이의 마음에 관심을 갖고 있어야 해요. 부모는 아이가 어릴 때는 아이의 '또 다른 나'가 되어주어야 하기 때문입니다. 아이가 무언가 배우려고 하는데 잘 못하면 그냥 "해봐" 하는 것이 아니라 그림자처럼 아이 등 뒤에 딱 붙어서 아이의 미숙한 발달을 보조해요. 아이가 젓가락질을 배우고 있는 중이라면, 아이의 손을 감싸 잡고 여러 번 젓가락 잡는 법을 가르쳐줍니다. 수행뿐 아니라 정서적인 것도 그래요. "아빠 같아도 그때 굉장히 화가 났을 거야. 걔가 그렇게 하면 너무 아프고 속상하지" 이런 식으로 아이의 마음 상태가 이럴 것이라는 추정하며 부모가 직접적으로 아이의 감정을 설명해줘야 해요. 아이는 그것을 통해서 '아, 내 마음이 이런 것이었구나. 화나는 것이 당연하구나. 화내야 하는 거구나' 이렇게 느끼게 됩니다. 그러면서 정서가 발달해나가요.

아이가 초등학교 고학년이나 중고등학생 정도가 되면 그때는 철저히 조력자가 되어야 합니다. 조력자는 먼저 나서는 것이 아니라 상대방이 조언을 구하면 도와주는 사람이에요. 회사에 갓 들어온 후배가 선배에게 "이거 어떻게 처리해야 하죠?"라고 물으면 가르쳐주듯이 해야 합니다. 혼자 해결해내는 능력을 기를 수 있도록 도와주고, 결정적인 실수를 하지 않도록 중요한 정보는 짧고 굵게 제공해야 해요. 아이가 자랄수록 부모의 역할은 조금씩 뒤로 물러서서 필요할 때만 나서는 모습이 되어야 합니다. 조금 중립적이고 객관적인 거리를 유지해야 해요. 그것이 아이의 마음을 존중하는 겁니다.

스트레스가 넘칠 때
아이가 보내는
신호들

　그런데 아이가 스트레스를 너무 많이 받고 있을 때는 어떻게
해야 할까요? 우선 어떻게 알아봐야 하는지부터 살펴보겠습니
다. 아이가 스트레스를 적당하게 잘 이겨내고 있을 때는 물어보
면 대답을 잘합니다. "너 요즘 학교 공부하는데 스트레스 받니?"
라고 물어보면, "받죠. 공부가 되게 어려워졌고요. 수학은 혼자
하는 게 어려워서 학원에 가니까 조금 도움이 되는 것 같아요"
라고 이야기합니다. 유아들도 "어린이집 가기 싫어", "그 아이

가 나를 때려" 이렇게라도 말을 해요. 아이가 표현을 잘하고 부모와 이런 문제를 드러내놓고 이야기하는 것을 편안해하면 스트레스가 있어도 비교적 잘 대처하고 있는 중이라고 생각해도 됩니다. 부모는 거기에 맞게 대응해주면 돼요. 아이가 이렇게까지 말해줬는데 부모가 알아차리지도 못하고 잘못 대응하면 상황이 꼬이기도 합니다. 아이가 "엄마, 선생님이 때려"라고 말했는데, 부모가 "네가 말을 안 들으니까 그렇지"라든가, "너 집에서도 말 진짜 안 듣더니 유치원 가서도 그러는구나"라든가, "그러게. 선생님 말 잘 들어야지"라든가, "어, 그래"라고 해버리면 아이는 다음부터 마음의 어려움을 말하지 않아요. 혼자서 스트레스를 쌓아갑니다.

아이는 자신이 견뎌낼 수 없을 정도로 마음이 힘들어지면 말보다 행동으로 신호를 보내요. 유아들이 보이는 스트레스 신호 중 일반적인 것이 복통과 두통입니다. 자주 머리가 아프다고 하거나 배가 아프다고 하면 주의해서 아이를 관찰하세요. 사실 복통과 두통은 상당히 비특이적인 증상이라 다양한 이유로 생겨날 수 있습니다. 병원을 데려가봐도 이상이 없다고 말하는데, 아이가 빈번하게 복통과 두통을 호소하면 무언가에 스트레스를 받고 있을 가능성이 높아요.

아이가 요 근래 자주 우는 것 같거나 말수가 줄어들었을 때도 뭔가 주변에 스트레스 요인이 없는지 찾아봐야 합니다. 갑자기 때리거나 물거나 물건을 집어던지는 난폭한 행동이 늘어났을 때도 스트레스를 받고 있을 수 있어요. 갑자기 산만해지고 도무지 집중을 못할 때, 계속 흥분한 상태인 것 같을 때도 뭔가 아이 마음속에 고민이 있을 수 있습니다. 잘 먹던 아이가 잘 먹지 않을 때, 잠을 잘 자던 아이가 잠들기 어려워하거나 자주 깨거나 할 때도 주의해야 해요. 성장의 속도가 괜찮았던 아이인데, 요즘 부쩍 몸무게도 늘지 않고 키도 잘 자라지 않을 때도 스트레스를 받고 있을 가능성이 높습니다. 잘 가던 유아 기관을 갑자기 안 가겠다고 하거나 그러지 않던 아이가 유난히 엄마한테서 떨어지지 않으려고 한다면, 그 또한 스트레스를 의심해보아야 해요.

학교에 다니는 아이들의 스트레스 신호는 그렇지 않던 아이가 갑자기 학습 능력이 떨어지는 것 같을 때, 갑자기 책이나 공책이 허옇게 비어서 올 때, 잘 먹던 아이가 자주 급식을 먹지 않고 교실에 혼자 있을 때, 아이가 창밖을 물끄러미 보는 횟수가 많거나 말수가 급격히 줄어들 때, 아이가 잘 웃지 않거나 쉽게 울 때, 친구가 나를 건드린다거나 혹은 괴롭힌다며 계속 한 아이의 이름을 언급할 때, 말을 하는 중에 계속 교사를 언급할 때, 특정인에 대한 불편하고 부정적인 이야기를 반복할 때는 스트레스를 받고 있는 것은 아닌지 살펴봐야 합니다. 아이가 "괜찮다"고 말해도 스트레스를 받는 것 같은 증상들이 보인다면, 아이의 주변을 세

심하게 알아봐야 해요. 중고등학생은 여러 가지 복합적인 이유로 물어보면 "아니다"라고 말하는 때가 많습니다. 혼자 해결하고 싶은 마음도 있고, 말을 함으로써 또래 간의 관계가 꼬이는 것도 두렵고, 보복을 당할까 봐 걱정되기도 하고, 부모에게 미안하고 창피하다는 생각도 있거든요.

스트레스 신호 중에 가장 응급 상황은 아이의 입에서 "죽고 싶다"라는 말이 나올 때입니다. 아이가 습관적으로 쉽게 내뱉는 말이든, 아니면 극도의 스트레스로 한 말이든 아이 입에서 "죽고 싶다"라는 말이 나오면 빨리 병원으로 데려가세요. 부모가 해결하려고 드는 것보다 빨리 전문가를 찾아야 합니다. 아이가 그냥 하는 소리였다고 해도 그렇게 하세요. 부모 스스로 '요즘 애들 그런 소리 워낙 많이 하잖아'라고 생각하면 안 됩니다. 아이에게 "뭘 그런 것 가지고 그래. 죽을 일도 많다"라며 아이의 감정을 축소해서도 안 돼요. 어떤 부모는 한번 호되게 충격을 주려고 "죽어. 죽어. 이 자리에서 죽어. 지금 뛰어내려"하기도 합니다. 아이가 충격을 받고 겁이 나서 다시는 그런 말을 안 할 거라고 생각해요. 또 어떤 부모는 "너 그런 말 하지 마. 엄마 아빠는 너 그런 말 하면 무서워. 그런 말 하지 마" 이러기도 해요. 아이가 "죽고 싶다"라고 말할 때는 아이의 힘든 마음 상태를 봐야 합니다. "죽고 싶다"라는 말을 안 하게 하는 것을 목표로 삼으면 안 됩니다.

그 자체로 '우리 아이가 정말 힘들구나'라고 아주 심각하고 진지하게 받아들여야 합니다. 아이가 부모 앞에서 "죽고 싶다"고 말했다면, "너 정말 마음이 힘들구나"라고 말하고 "성적? 네가 있기 때문에 성적이라는 것도 거론하는 거야. 학교? 너보다 더 중요할 수는 없어. 어떤 상황에서도 엄마 아빠는 네가 건강하고 마음이 편안한 것이 중요해"라고 얘기해주고 전문의를 찾아갑니다. '죽고 싶다'는 말은 아이가 지나가는 말로 하더라도 절대 '응급 상황'으로 받아들이세요.

정리하자면, 아이가 평소 보이지 않던 모습을 보이는 것은 지나치게 스트레스를 받고 있다는 신호라고 할 수 있습니다. 이것은 부모 자녀 관계가 좋고 애착이 잘 형성되어 있을수록 민감하게 알아차릴 수 있어요. 민감한 엄마들은 아이가 조금이라도 바뀌면 금방 압니다. 아이는 비단 신생아 때만이 아니라 무언이든 유언이든 부모에게 항상 신호를 보내고 있어요. 돌 전에는 아이가 뭔가 불편해하면 빨리 알아보고 그 불편함을 해결해주는 '행동의 민감성'이 필요했습니다. 그 이후는 '마음의 민감성'이 필요합니다. 양육에서 민감성은 아이를 키우는 내내 필요합니다. 다만, 아이가 자라면서 아이가 받아들일 수 있는 수준으로, 아이에게 유용한 방식으로 바뀌어야 하는 거예요.

내 앞에서 내 아이가 '아 스트레스 받아' 혹은 '죽고 싶어'라고 말한다면 어떻게 반응해야 할까요? 대부분의 부모들이 아이의 스트레스를 가볍게 해주어야겠다는 마음보다는, 너무 당황스러워서 내 아이가 스트레스를 받는다는 사실을 인정하고 싶지 않아 할지도 모릅니다. 부모는 부모이기 때문에 아이가 자신이 알 수 없는 무언가로 괴로워하고 있다는 사실 자체가 무서워요. 자신이 아이를 구해줄 좋은 방법을 알고 있지 않다는 것도 괴롭습니다. 그래서 아이가 힘들어 죽겠다고 아우성을 치는데도 억지로 아무것도 아닌 것이라고 믿고 싶어 하기도 해요. 굉장히 위험한 생각입니다.

어떻게 해야 할까요? 가장 좋은 방법은 직면해서 그때그때마다 부모로서 최선을 다해 다루어주는 거예요. 모르면 모르는 대로 알면 아는 대로 최선을 다해 다룹니다. 아이가 무엇에 스트레스를 받는지 모를 때도 아이의 스트레스에 직면해야 해요. "네가 이렇게까지 말하는 것을 보니 정말 많이 힘들구나"라고 아이의 감정을 충분히 인정해준 후, 아이에게 묻습니다. "엄마가 네 말을 듣자마자 그 이유를 딱 떠올릴 수 있는 유능한 엄마였다면 좋겠다만 그렇지 못하구나. 엄마는 지금 네가 그렇게 생각하는 이유를 몰라서 너무 당황스러워. 네가 좀 알려줬으면 좋겠어." 이때 "너 왜 그러는데?"라고 물어서는 안 돼요. 그러면 아이는 "엄마가 뭘 알아!"라고 반항적으로 말할 것이고 아이와 부딪히게 됩니다.

요즘 아이들은 '스트레스'라는 말을 괴로운 것뿐 아니라 하기 싫은 것, 피하고 싶은 것, 마음에 안 드는 것에도 사용해요. 그래서 부모의 말에 '나는 그 주제에 동의하지 않으니까 더 이상 이야기하지 않았으면 좋겠어'라는 의미로 "아, 스트레스 받아"라고 하기도 합니다. 아이가 "아빠가 자꾸 그런 이야기를 하니까 나 스트레스 받아"라고 말하면, 부모는 아이가 받는 것이 스트레스인지 아닌지를 구분해주세요. 부모의 잔소리가 싫어서 하는 말이라면 "내가 여러 번 똑같은 이야기를 하니까 힘들다는 얘기지?"라고 바꿔줍니다. 아이가 "맞아"라고 한다면, "아빠도 정말 똑같은 이야기 안 하고 싶은데 정말 웃은 네가 걸어줬으면 좋겠어"라고 말해주세요. 아이의 말을 정확한 표현으로 고쳐줘서 자신이 스트레스를 받고 있다고 오해하지 않도록 하는 겁니다. 이것 또한 아이의 스트레스를 줄이는 방법이에요. 아이가 정확한 의미 없이 "아빠 나 스트레스 받아. 그만해"라고 하는 말에, "뭐 나는 스트레스 안 받는 줄 알아? 나도 스트레스 받아"라고 말하지 마세요. 그러면 대화가 끊깁니다.

스트레스에 대한 반응 자체는 감정 반응이 많아요. 아이의 스트레스를 다룰 때는 아이가 자신의 감정을 잘 포착할 수 있게 하고, 아이가 긍정적인 방향으로 갈 수 있는 여러 가지 해결 방법들을 넌지시 제시해주는 것이 좋습니다. 예를 들어 아이가 학교에서 소중한 물건을 잃어버렸어요. 집에 온 아이는 큰일 났다고 울고불고해요. 이럴 때는 아이의 감정을 읽어주면서 대화를 시작합니다. "굉장히 화났겠다. 네가 소중해하던 것인데, 아빠는 네 마음을 알겠어." 정도로 반응해준 다음 아이가 좀 진정되면 "어떻게 할까? 지금 아빠랑 가서 찾아볼까? 찾을 수 있을까? 아니면 내일 선생님이나 다른 친구들한테 본 사람이 있는지 물어볼까? 어떻게 할까?"라고 감정적으로 흥분할 일이 아니라 찾는 방법을 생각해봐야 한다는 것을 슬쩍 알려주는 거지요. 더불어 여러 가지 해결 방법이 있다는 것도 일러줍니다. 그래도 아이가 "없단 말이야"라고 난리를 치면 "어쨌든 너에게 소중한 것이지만 지금 상황에서는 찾을 수가 없네. 마음은 안타깝지만 먼저 진정하자" 하면서 또 다른 해결 방법을 알려주세요. 살 수 있는 것이라면 "다음번 생일 때까지 용돈을 좀 모아봐. 모자라는 것은 아빠가 보태줄게"라고 대안을 제시하거나 살 수 없는 것이라면 "정말 안타깝지만 어쩔 수 없어"라며 한계를 얘기해주기도 해야 합니다. 이때 "울지 마, 울지 마 아빠가 사줄게"라고 금방 문제를 해결해버리려고 하거나 "그러니까 가져가지 말라고 했잖아? 누가 가져가래?"라고 비난하는 것은 아이에게 전혀 도움이 되지 않아요. 현실을 직시하게 하고 긍정적인 방향으로 스트레스를 줄일 수 있도록 도와야 합니다.

스트레스를 다루는 것은 결국 훈련이에요. 자꾸 다뤄서 연습이 되고 훈련이 되면 비슷한 문제가 왔을 때 감정적 격분 없이 능숙하게 다룰 수 있게 됩니다. 그러므로 직면해서 최선을 다해 다뤄야 합니다. 이때는 반드시 방향이 있어야 해요. 우리가 어떤 방향으로 가고 있다는 것을 아이에게 꼭 알려주어야 합니다. 아이가 화를 버럭 내고 있을 때, "화는 낼 수 있지. 사람이 화날 때가 있지. 화는 표현도 해야 돼. 그런데 우리가 살아가면서 화를 낼 일이 굉장히 많아. 제대로 내는 것이 중요해"라는 식으로 말해주는 거지요. 여기서 '제대로 내는 것'이 방향입니다. "제대로 내는 것은 연습도 하고 좀 배워야 해. 화를 내지 말라는 것이 아니라 제대로 내라는 거야." 이렇게 알려주어야 아이가 '아 내가 화를 내게 될 때는 제대로 내야 되는 것이구나'라고 생각하면서 그 방향으로 가요. "너 어디서 화를 내?"라고 하거나 "사람이 화낼 때도 있어야지. 화 잘 냈어"라고 해버리면 아이는 자신이 도대체 어느 방향으로 가고 있는지 모릅니다. 비슷하게 마음이 불편해지면 매번 똑같이 반응해버리고 말아요. 부모는 아이의 스트레스마다 옳은 방법과 방향을 제시해주는 것이 필요해요.

우리가 아이에게 첫 걸음마를 가르칠 때를 기억하세요? 부모는 앞에서 아이의 손을 잡고 걷습니다. 아이가 발을 떼는 것 같으면 부모는 뒷걸음을 해요. 아이에게 앞으로 나와야 한다고 방향을 가르쳐주는 겁니다. 아이는 부모의 그 모습을 보면서 '아 내가 저쪽으로 가야 하는구나'를 알아요. 부모가 웃으면서 뒷걸음질하면, '아 저 방향으로 가는 것이 안전하구나'라고 생각합니다. 아이의 스트레스를 다룰 때도 그렇게 해야 해요. 옳은 방법과 방향을 제시해주되, 부모가 화를 내거나 흥분해서는 안 됩니다. 편안한 말과 분위기로 격려하고 지지해줘야 아이가 안심하고 그 과정을 밟아나갑니다.

아이의 마음은 아이 것, 불편한 마음도 아이 것

  아이의 마음을 알게 되면, 우리는 아이의 마음 안에 있는 수많은 불편감들을 모두 깨끗이 해결하고 싶을지도 모릅니다. 할 수만 있다면 뭐든 다 해주고 싶은 것이 부모 마음이에요. 하지만 아이의 마음은 아이의 것이에요. 아이의 문제도 아이의 것입니다. 아이의 스트레스도 아이의 것이에요. 함께 의논해서 줄이고 해결해나갈 수는 있지만, 대신 해결해주어서는 안 됩니다. 아이 것과 내 것, 아이 책임과 내 책임, 특히 마음에 있어서는 그 경계가 반드시 지켜져야 해요.

  초등학교를 다니는 아이가 담임교사에게 가정통신문을 받아와야 했는데 못 받아왔어요. 집에 온 아이가 걱정합니다. 부모는 내일 가서 달라고 하면 된다고 말했어요. 그런데 아이가 "난 말 못해. 엄마가 해"라고 합니다. 신입생 때는 이런 일이 종종 있어요. 그럴 때 부모는 "네가 한번 해봐"라고 다시 말해줘야 해요. 그러면서 "선생님, ○○ 가정통신문 주세요. 저 어제 못 받았어요"라고 말하는 방법을 자세히 가르쳐줍니다. 그런데 다음날 아이가 말을 못 했어요. 그러면 "선생님께 얘기해봤니?"라고 물어준 후, 아이가 "창피해서 도저히 말을 못 하겠어"라고 하면, "그럼 엄마가 선생님이라고 생각하고 얘기해봐"라고 말한 뒤 담임교사에게 물어보는 상황을 역할극을 하듯 연습해봅니다. 아이가 "선생님" 하고 부르면 "왜?"라고 부모가 대답해요. 다음은 "못 받은 것이 있어요"라고 말해보도록 합니다. 이렇게 여러 번 연습하고 가면 좀 쭈뼛거리기는 해도 아이가 해내게 돼요.

혹 그래도 아이가 말을 못 꺼내면 '쪽지'로 대신할 수도 있습니다. "네가 정 입이 떨어지지 않는다면 쪽지를 선생님한테 드리는 방법도 있어" 하면서 쪽지에 하고 싶은 말을 적어 담임교사에게 드리도록 하는 것이지요. 이것이 아이가 해결해가도록 도와주는 겁니다. 사실 부모가 바로 담임교사에게 연락하면 간단히 해결될 수 있는 일이에요. 하지만 이렇게 되면 아이가 자신의 문제를 해결하는 것이 아닙니다. 부모가 해결해준 거예요. 아이의 문제를 대신 해결해주고 싶은 부모의 마음에는 문제를 빨리 해결하고 싶은 조급함도 있지만, 담임교사 앞에서 내 아이가 쭈뼛거리는 모습을 보고 싶지 않은 것도 있습니다. 하지만 아이를 돕는다면 그렇게 해서는 안 돼요. 아이가 스트레스를 받는 이유는 담임교사와의 상호작용이 어렵기 때문입니다. 부모는 될 수 있는 한, 한 발짝 물러서서 아이가 조금이라도 교사와 상호작용을 해볼 수 있는 기회를 만드는 것이 아이를 돕는 거예요.

아이는 앞으로 생존을 위해서 끊임없이 자신을 둘러싼 환경과 적극적인 상호작용을 해야 합니다. 부모는 아이가 굉장히 약하다고 생각해 매번 걱정하고 대신 해주고 싶어요. 하지만 아이는 약하지 않습니다. 생각보다 능동적인 존재예요. 기어 다니던 아이가 손에 잡히는 것만 있으면 잡고 일어나고, 걸음마를 배우는 아이가 수십 번 넘어져도 다시 일어나 뒤뚱거리며 걷는 것은 아이가 스트레스에 능동적으로 반응하는 모습 중 하나입니다. 이것은 인간의 유전자에 코딩되어 있는 생존 본능이에요. 심각한 질병이 있는 아이가 아닌 이상, 아이는 환경에 적응하기 위해서 스스로 노력합니다. 부모는 이 노력을 잘 도와주기만 하면 됩니다. 걱정하고 염려하고 같이 의논하고 조언도 해주고 같이 해결할 방법도 찾는 것이 부모의 도움이에요.

부모 선에서 그런 도움을 줄 수 없을 때는 전문가를 찾으면 됩니다. 안쓰러운 마음에 아이의 문제를 나서서 해결해버리면, 오히려 아이가 환경에 적응하는 능력을 키워가는 것을 방해하는 꼴이 되어버려요. 이렇게 되면 아이는 어른이 되어서도 혼자 겪어내야 하는 스트레스들에 잘 대처하지 못합니다. 어쩌면 똑같은 스트레스라도 남들보다 더 힘들게 겪게 될지도 몰라요. 극단적인 스트레스는 최대한 겪지 않도록 해주어야겠지만, 다른 정상적인 스트레스는 아이가 직접 겪어나가도록 해야 합니다.

아이의 스트레스에 자꾸 개입하는 부모는, 스트레스는 무조건 나쁜 거라고 생각하기 때문일 거예요. 그래서 없애주고 싶습니다. 없애려고 하다 보니 너무 많이 개입해버려요. 이런 부모는 아이가 괴로워하는 것을 지나치게 못 봐요. 아이가 불편하고 괴로워하는 것인데, 그것으로 인해 생기는 부모 본인의 감정을 제대로 처리하지 못합니다. 부모의 감정은 부모의 것, 부모가 견뎌내야 해요. 스트레스를 받으면 누구나 아프고 고통스러워요. 하지만 이로써 성장도 합니다. 인간에게는 스트레스를 이겨내게 하는 시스템이 이미 유전자에 마련되어 있어요. 완성되어 있지는 않지만, 신도시를 만들 때 지적도를 보면 이곳은 학교, 이곳은 상가, 저곳은 공원을 만들 부지라고 위치가 표시되어 있는 것처럼, 아이도 그런 것을 잘 처리할 수 있는 시스템이 내재화되어 있습니다. 부모는 그것을 잘 활성화시켜주기만 하면 돼요. 마음의 어려움은 알아주되, 해결해주려고 하지는 마세요. 아이가 해결해야 아이의 도시가 건설됩니다.

모르면 모르는 대로,
마음에는 언제나 진솔한 것이
최선

이 책에서 다룬 주제 외에도 아이의 마음이 힘들어지는 상황은
얼마든지 발생할 겁니다. 그럴 때 당황하지 마세요. 마음이 힘들
어질 때 가장 힘이 되는 것은 언제나 나에게 중요한 사람과의 진
솔한 소통, 교류, 교감입니다. 아이나 어른이나 똑같아요. 어떻게
하는 것이 진솔한 소통, 교류, 교감일까요?

아이가 막 울면 "네가 이렇게 우는 것 보니까 뭔가 불편한 모양
이구나. 그게 뭘까?" 이렇게 말해주는 것이 진솔한 겁니다. 아이
가 우는 모습을 보면서 아이가 왜 울까를 억지로 알아내려고 하
지 마세요. 부모가 추정해서 이상한 이유를 막 가져다 붙이면 오

히려 아이는 스트레스가 더 쌓입니다. 부모들 중에는 이상한 이유를 하나씩 대면서 "너 이래서 슬프니?" 또는 "너 저래서 슬프니?"하다가 급기야는 "왜 슬퍼? 나는 도대체 죽어도 네가 왜 그런지 네 마음 모르겠다"라고 포기해버리는 경우도 종종 있어요. 공감은 그런 것이 아닙니다. 긍정적인 감정은 누구나 다루기가 편해요. 반면 불편한 감정을 다루기는 누구나 매우 어려워요. 그래서 아이가 불편한 감정을 가졌을 때 아이가 다루기 어렵기 때문에 더 공감해주라는 겁니다. 아이가 가진 감정을 일단 나무라지만 않으면 돼요. 아이가 우는 것은 누구나 알 수 있습니다. "네가 뭔가 괴로우니까 울겠지? 뭔가 화가 나니까 울겠지? 왜 화가 났는지는 모르겠는데, 어쨌든 네가 지금 굉장히 불편하다는 것은 엄마가 알겠어"라고만 해주면 돼요. 이것이 공감입니다. 너무 빨리 원인을 찾으려고 하지 말고 먼저 아이가 지금 표현하는 감정 상태를 진솔하게 읽어주기만 하면 돼요. 이것만 잘해도 아이 마음의 어려움을 반으로 줄여줄 수 있습니다.

아이와 소통할 때 진솔하게 하지 않으면 반드시 문제가 생겨요. 아이가 버럭 화를 내서 부모가 짜증이 난 상황이라고 가정합시다. 꾹 참으면서 부모가 인터넷이나 책에서 본 대로 "알았어. 네가 속상해서 그런 거 알아"라고 이해하고 공감하는 척했어요. 몇 번 그렇게 했는데도 아이가 계속 울거나 화를 냅니다. 부모의 속마음은 '내가 이렇게까지 말해주는데 쟤는 도대체 왜 저래?'가

됩니다. 참을 수 없는 수위를 넘으면 갑자기 "야!"라고 소리치게 돼요. 화가 금세 분노가 됩니다. '내가 이렇게 맞벌이까지 하면서 새벽부터 일어나서 아침밥 차려 먹여서 유치원 보내고, 머리 한 번 못 말리고 출근하고, 집에 와서는 미친 듯이 설거지하고, 집안일을 하고, 그러면서도 네가 화내도 화도 안 내고 네 마음까지 읽어주려고 애쓰는데, 너 자꾸 왜 그래?' 이렇게 되거든요.

사실 부모가 부모의 감정을 제대로 처리하지 못했기 때문에 부모가 해결할 문제입니다. 화낸 아이 탓이 아니에요. 그런데 부모는 이것을 자신이 해결해야 할 문제라고 생각하지 않고, '얘는 나랑 좀 안 맞는 것 같아. 우리 애는 너무 까다로운 것 같아. 얘는 정말 방법이 없는 애야. 도대체 이길 수가 없어'라고 생각해 버립니다. 이러면 아이는 너무 놀랄 수밖에 없어요. 5분 전까지만 해도 다 이해한다고 해놓고, 갑자기 부모가 눈을 치켜뜨고 자기한테 소리를 지르니 말이에요. 진솔하게 하라는 것은 "지금 네가 화가 났다는 것은 네가 더 화를 내지 않아도 엄마가 알겠어"라고 말해주고, 아이가 계속 화를 내면 "네가 이렇게 화를 계속 내면 엄마도 힘들고 당황스러워. 지금 어쩔 줄 모르겠어. 조금만 화를 가라앉혀보자"라고 말해주는 것입니다.

진솔하지 않은 의사소통의 피해는 또 있어요. 한 번 이해하고 공감하는 척하다가 잘 되지 않아 폭발한 후에는 그 죄책감으로 아이를 제대로 지도하지 못한다는 겁니다. 아이를 키우면서 올바른 것들을 분명하게 가르치는 것은 필요해요. 특정 장소에 따라 아이가 하지 말아야 하는 행동이 있고, 위험하기 때문에 단번에 거절해야 하는 것도 있습니다. 이때는 아이가 눈물을 보여도 "안 돼", "그만해", "내려와. 어서!"라고 단호하게 말해주어야 합니다. 물론 이 말을 할 때 화를 내거나 격분해서는 안 돼요. 그래야 생활 속 지침들을 분명하게 배울 수 있어 편안하게 자랍니다. 이전 행동 때문에 죄책감이 있는 부모들은 이런 가르침도 제대로 주지 못해요. 죄책감에 처음에는 애걸하듯이 말하다가 나중에는 "너 엄마가 그만하라고 했지!"라고 화를 내는 것으로 끝냅니다.

그런데 많은 연습 끝에 드디어 아이에게 진솔하게 말을 한 부모들은 간혹 기대를 하기도 해요. 아이가 감동받아 한 번에 싹 바뀔 거라는 생각입니다. 그런 것은 없어요. 그런 건 부모가 기대할 바가 아니에요. 부모는 조건 없이, 아이가 느끼는 감정이 불행이든, 슬픔이든, 열등감이든 그 감정에 진솔하게 직면해주기만 하면 됩니다. 대신 부모가 아이와의 진솔한 소통이 익숙해질 즈음, 아이는 자신에게 무슨 일이 생기면 가장 먼저 부모를 떠올리고 있을 거예요.

저는 아이의 멘토가 되고 싶어 하는 부모들을 자주 만나요. 그런 부모들은 쉴 새 없이 아이에게 목표점을 제시하고 빨리 달리라고 채찍질합니다. 그러면서 은근히 아이의 성취에 자신의 자존심을 걸어요. 그런 부모들에게 종종 묻습니다. "자신이 진정으로 도움이 되는 멘토라고 생각하십니까?" 멘토는 지혜와 신뢰로 한 사람의 인생을 이끌어주는 지도자와 같은 사람이에요. 만약 그 모든 것을 갖췄다 해도 부모는 내 아이의 멘토가 될 수 없습니다. 부모는 부모이기 때문에 늘 객관적이기는 힘들어요. 부모는 부모이기 때문에 내 자식에 대해서는 주관적일 수밖에 없습니다.

부모는 단지 부모가 되려고 했으면 좋겠습니다. 숨겨진 아이의 아픔을 보았을 때, 뒤늦게 아이의 어려움을 발견했을 때, 우연히 아이의 진심을 알게 되었을 때 부모들은 하나 같이 가슴을 치면서 뜨거운 눈물을 흘려요. 그 '뜨거운 마음'을 잊지 않았으면 합니다. 아이가 마음에 상처를 받고 힘들어해요. 아이를 충분히 위로해주는 것이 우선입니다. 물론 진정이 된 후에는 올바른 방향도 알려줘야지요. 하지만 부모는 비판자가 아니라 철저히 조력자의 입장이어야 합니다. 부모가 비판자가 되면 아이는 너무나 외롭고 힘들어요. 아이의 마음이 가장 아파지는 순간은 그럴 때입니다. 상처 입은 마음이 더 큰 상처를 입게 되는 것은 바로 그런 순간이에요.

어린아이들이 가끔 이런 말을 해요. "엄마는 내 편이 아니라 친구 편이에요." 저는 아이들 입에서 "우리 엄마는 언제나 내 편이에요", "우리 아빠는 언제나 내 편이에요"라는 말이 나왔으면 좋겠어요. 몸이든 마음이든 아이가 힘들 때 부모는 든든한 나무가 되어야 합니다. 아이에게 너무 많은 것을 해주려고 하지도 말고, 너무 많은 역할을 하려고 들지도 마세요. 아이가 너무 많은 것을 이루기를 바라지도 말고, 부모로서 아이에게 대단한 위치에 서려고 하지도 마세요. 바라보는 것만으로 마음이 편안해지고 마음이 든든해지는 아름드리나무, 그런 나무가 되려고 하세요. 그 무엇도 아닌 단지 부모가 되려고 하면 됩니다.

무뚝뚝 무표정한 부모

부모가 항상 무뚝뚝 무표정하다면 아이의 정서 발달에는 정말 좋지 않습니다. 아이는 생후 6개월 정도 기어 다니게 되면서 신체적으로 엄마와 분리되고, '어? 나는 여기 있는데, 엄마는 저기 있네' 하면서 엄마와 내가 공생이 아니라는 깨달아요. 아이는 엄마와 자신을 구별하는 행위를 하면서 동시에 '사회적 참조'라는 개념이 생깁니다. 무엇을 하든지 엄마의 눈길을 의식하면서 '엄마가 이걸 좋아하나?'를 의식합니다. 엄마의 표정이 좋으면, '아 해도 되나 보다', '아 내가 잘했나 보다', '아 이렇게 하는 건가 보다'라는 메시지를 받아요. 엄마의 표정이 좋지 않으면 '만지면 안 되는 것인가 보다', '잘못한 건가?', '이건 이렇게 하는 것이 아니구나'라는 생각을 하고 하던 것을 멈추게 됩니다. 이때부터 건강한 눈치가 발달하지요.

부모의 표정으로부터 적절한 신호가 오지 않으면, 아이는 타인이 자신을 바라보는 시선, 타인의 평가에 너무 예민하거나 지나치게 둔감한 아이로 자랄 수도 있습니다. 따라서 부모의 목소리나 표정에서 희로애락의 표현이 잘 드러나야 합니다. 즐거우면 즐거워해주어야 하고, 행복하면 행복한 표정을 지어주어야 하고, 슬프면 슬픈 표정을 지어야 해요. 화가 나면 좀 정화시켜서 표현할 필요는 있지만 때로는 그것도 표현해야 합니다.

아이가 자라면 감정 표현을 잘 하지 않는 부모를 '우리 부모는 원래 그래'라고 이해해줄지도 몰라요. 하지만 정서가 발달되는 성장 초기에는 좋지 않은 영향을 줍니다. 목소리가 높으면 좀 낮추세요. 말의 속도가 빠르면 좀 늦추세요. 말투가 너무 딱딱하면 끝을 부드럽게 올리는 연습을 하세요. 놀란 표정, 크게 웃는 표정, 살짝 미소 짓는 표정 등도 연습하세요. '원래'였다면 쉽지는 않을 거예요. 하지만 부모가 애를 쓰면 아이는 훨씬 긍정적인 아이로 자랍니다.

예전 얘기만 하는 부모

공부는 혼자 하는 거라며 절대 학원에 못 보내게 하는 아빠가 있었어요. 이 아빠는 툭하면 "우리 때는 말이야. 너는 지금 행복한 줄 알아"라고 말했습니다. 저는 이 아빠에게 "그때 냉장고 있었어요?"라고 물었어요. 지금은 한 집에서 냉장고에 김치냉장고까지 두고 사는 세상이에요. 예전과는 다른 시대입니다. 아이들이 부모에게 듣기 싫어하는 소리 1위가 바로 부모 세대 고생했던 얘기예요. "우리 때는 먹을 것도 없었고, 입을 것도 없었고, 돈도 없어서 학교도 못 다녔다. 너네는 편한 줄 알아라"라는 말은, 아이에게 지금 가진 것에 감사히 여기게 하기보다 '우리 부모는 융통성 없고 고지식하고 세상의 변화를 수용하지 못하는 사람이구나'라는 생각이 들게 합니다. 무엇보다 현재 나의 문제를 의논하기에는 어려운 사람이라고 판단해버려요. 이런 부모는 현재가 아니라 과거에 사는 사람이거든요. 현실적인 해결책을 내놓을 거라는 생각이 안 듭니다. 부모인 자신이 자꾸 '나 어릴 적엔' 타령만 하게 된다면, 혹 내가 지금 내 아이의 현실을 잘 모르는 것은 아닌지 생각해보세요. 잘 모르면 자신이 잘 아는 예전 정보만 끌어오게 되는 법입니다.

아이가 뭔가 어려움을 얘기하면, "넌 지금 얼마나 행복한 줄 모르는 거야"라고 모든 대화를 귀결시키는 것도 아이들에게 비슷한 느낌이에요. 아이가 "나 급식이 너무 맛이 없어서 삼각김밥 좀 먹어야겠어. 용돈 좀 올려줘"라고 말했는데, 부모가 "아프리카 아이들은 굶어 죽고 있어. 너는 참 고마워할 줄 모르는구나"라는 식으로 대답하는 거지요. 아이는 답답해져요. 부모에게 자신의 어려움을 얘기하는 것을 포기해버립니다. "알았어요. 알았어요" 하고는 '에이 그냥 굶지 뭐'라고 생각해요. 엄청난 벽이 느껴져 부모와는 소통할 수 없다는 생각이 들기 때문이에요.

무조건 안티인 부모

부모들 중에는 반대를 위한 반대를 하는 사람들이 있어요. 어떤 뉴스가 나오면 "저게 무슨 말이야? 저걸 어떻게 믿어" 하면서 뭐든 삐딱하게 듣습니다. 물론 우리의 역사상 믿지 못할 일들이 많았지만 부모가 '늘 안티'이면 그 모습을 그대로 보고 자란 아이들 역시 부모에게 안티일 수 있어요. 부모 말을 뭐든 잘 안 듣습니다. 모든 것에 안티이면 스트레스가 많을 수밖에 없어요. 누구도 믿을 수 없기 때문에 항상 화가 납니다. '안티'인 사람들은 비판이 아니라 비난을 해요. 그런데 그 비난의 밑면에는 분노, 적개심, 복수심이 있습니다. 비판은 상대편 입장을 생각해보는 것입니다.

부모인 내가 세상에 대해 합리적이고 이성적이고 냉정한 비판이 아니라 비난을 하고 있다면, 자기 마음 안에 분노와 적개심과 복수심이 있는지를 살펴봐야 해요. 아이 앞에서 안티가 되어서 세상에 대해 마구잡이로 비난하는 것은, 아이에게 세상을 가르쳐주는 것이 아니라 자기의 분노감과 적개심을 보일 뿐입니다. 일종의 복수예요. 대개 비난은 사안을 이야기하지 않아요. 사람이나 집단 모두를 비난합니다. 그런 모습을 자주 보여주게 되면 아이에게 학습이 되어서 아이 또한 '안티'인 사람이 될 수도 있어요.

아이를 잘 안다고 자신하는 부모

진료실에 와서 엄마가 아이의 상황을 설명할 때가 있어요. 그때 옆에서 듣던 아이가 "엄마 그거 아니야"라고 합니다. 엄마는 "아니야. 내가 잘 알아" 하면서 아이 말을 잘라요. 아이는 "아니라는데 왜 자꾸 그래?" 하면서 어쩔 줄을 모르지요. 많은 부모들이 아이의 생각이나 일을 본인이 설명하고 싶어 합니다. 아이가 말을 하고 있어도 수시로 끼어들어서 말을 잘라요. 그래서 저는 진료를 볼 때 보통 아이 먼저 혼자 들어오게 합니다.

부모는 아이를 자신이 아주 잘 알고 있다고 생각해요. 물론 누구보다 잘 알고 있는 것이 부모이긴 하지만, 아이 본인만큼 아이를 잘 알 수는 없습니다. 부모는 잘 안다고 생각해서 종종 주관적인 판단으로 결론을 내리기도 해요. 이것이 엄청나게 오답인 경우가 많습니다. 예를 들어 아이가 급식을 안 먹고 왔어요. 교사도 "○○이가 요즘 급식을 잘 안 먹어요"라고 말합니다. 부모가 아이를 잘 안다고 생각하면 "걔가 편식이 좀 있어요"라고 말하고 말아요. 그런데 사실 아이는 괴롭힘 때문에 고민이 많아 급식을 먹지 않은 거였습니다.

어떤 문제가 생기면 아이에게 물어봐야 해요. "너 요즘 급식을 좀 안 먹는다고 하던데 왜 그런 거야?"라고 말입니다. 아이가 "그냥요"라고 해도 "무슨 걱정거리가 좀 있니? 네가 요즘 안색이 안 좋던데, 그것이랑 관련이 있는 거야?"라고 조심스럽게 다시 물어줘야 합니다.

아이 앞에서도 너를 잘 안다고 자신하는 부모들이 많아요. 그런데 정작 아이 마음을 잘 모르면 아이는 부모에게 신뢰가 생기지 않습니다. 아무리 아이를 잘 안다는 생각이 들어도 사안마다 아이에게 물어서 확인해주세요. 절대 취조하듯이 캐지 마시고요. 그야말로 모르는 것을 묻듯 말을 걸어야 합니다. 끝으로 부탁드릴 것이 있어요. 내 아이의 마음을 검색 포털 사이트에 물어보지 마세요. 아이가 왜 그런 행동을 했는지 궁금하면 용기를 내서 아이에게 직접 물어주었으면 좋겠습니다.

오은영 박사가 전하는
금쪽이들의
진짜 마음속